教育部高等农林院校理科基础课程教学指导委员会
审定教材

高等农林教育“十三五”规划教材

有机化学实验

Organic Chemistry Experiments

盛显良　主编

中国农业大学出版社
·北京·

内容简介

本书是教育部高等农林院校理科基础课程教学指导委员会审定教材，也是高等农林教育“十三五”规划教材。

全书共6章。第1章有机化学实验的基础知识，第2章有机化学实验的基本操作，第3章有机化合物的性质实验，第4章有机化合物的合成，第5章天然有机化合物的提取和分离，第6章设计性实验。

全书阐述了有机化学实验的基础知识、基本技能、实验原理和实验步骤，对实验中的难点与关键步骤配有较详尽的注释，每个实验后均有思考题，供学生实验中参考，以满足实验教学的需要。

本书可作为高等农林院校本科各专业的有机化学实验教材，也可供专科各相关专业选作实验教材或从事有机化学实验的人员作为参考书。

图书在版编目(CIP)数据

有机化学实验／盛显良主编.—北京：中国农业大学出版社，2017.8(2023.8重印)
ISBN 978-7-5655-1861-4

Ⅰ.①有…　Ⅱ.①盛…　Ⅲ.①有机化学-化学实验-教材　Ⅳ.①O62-33

中国版本图书馆CIP数据核字(2017)第164865号

书　名　有机化学实验
作　者　盛显良　主编

策划编辑　梁爱荣　潘晓丽　　**责任编辑**　韩元凤
封面设计　郑　川　　**责任校对**　王晓凤
出版发行　中国农业大学出版社
社　址　北京市海淀区圆明园西路2号　　**邮政编码**　100193
电　话　发行部 010-62818525,8625　　**读者服务部** 010-62732336
编辑部 010-62732617,2618　　**出　版　部** 010-62733440
网　址　http://www.cau.edu.cn/caup　　**E-mail**　cbsszs@cau.edu.cn
经　销　新华书店
印　刷　涿州市星河印刷有限公司
版　次　2017年8月第1版　2023年8月第4次印刷
规　格　787×1 092　16开本　10.75印张　270千字
定　价　25.00元

编 写 人 员

主　编　盛显良

副主编　代红光　王丽荣

编　者　（按姓氏笔画排序）

王丽荣　代红光　刘娜仁　赵　霜　盛显良

出版说明

在教育部高教司农林医药处的关怀指导下，由教育部高等农林院校理科基础课程教学指导委员会(以下简称“基础课教指委”)推荐的本科农林类专业数学、物理、化学基础课程系列示范性教材现在与广大师生见面了。这是近些年全国高等农林院校为贯彻落实“质量工程”有关精神，广大一线教师深化改革，积极探索加强基础、注重应用、提高能力、培养高素质本科人才的立项研究成果，是具体体现“基础课教指委”组织编制的相关课程教学基本要求的物化成果。其目的在于引导深化高等农林教育教学改革，推动各农林院校紧密联系教学实际和培养人才需求，创建具有特色的数理化精品课程和精品教材，大力提高教学质量。

课程教学基本要求是高等学校制定相应课程教学计划和教学大纲的基本依据，也是规范教学和检查教学质量的依据，同时还是编写课程教材的依据。“基础课教指委”在教育部高教司农林医药处的统一部署下，经过批准立项，于2007年底开始组织农林院校有关数学、物理、化学基础课程专家成立专题研究组，研究编制农林类专业相关基础课程的教学基本要求，经过多次研讨和广泛征求全国农林院校一线教师意见，于2009年4月完成教学基本要求的编制工作，由“基础课教指委”审定并报教育部农林医药处审批。

为了配合农林类专业数理化基础课程教学基本要求的试行，“基础课教指委”统一规划了名为“教育部高等农林院校理科基础课程教学指导委员会推荐示范教材”(以下简称“推荐示范教材”)。“推荐示范教材”由“基础课教指委”统一组织编写出版，不仅确保教材的高质量，同时也使其具有比较鲜明的特色。

一、“推荐示范教材”与教学基本要求并行 教育部专门立项研究制定农林类专业理科基础课程教学基本要求，旨在总结农林类专业理科基础课程教育教学改革经验，规范农林类专业理科基础课程教学工作，全面提高教育教学质量。此次农林类专业数理化基础课程教学基本要求的研制，是迄今为止参与院校和教师最多、研讨最为深入、时间最长的一次教学研讨过程，使教学基本要求的制定具有扎实的基础，使其具有很强的针对性和指导性。通过"推荐示范教材"的使用推动教学基本要求的试行，既体现了"基础课教指委"对推行教学基本要求的决心，又体现了对"推荐示范教材"的重视。

二、规范课程教学与突出农林特色兼备　长期以来各高等农林院校数理化基础课程在教学计划安排和教学内容上存在着较大的趋同性和盲目性，课程定位不准，教学不够规范，必须科学地制定课程教学基本要求。同时由于农林学科的特点和专业培养目标、培养规格的不同，对相关数理化基础课程要求必须突出农林类专业特色。这次编制的相关课程教学基本要求最大限度地体现了各校在此方面的探索成果，"推荐示范教材"比较充分反映了农林类专业教学改革的新成果。

三、教材内容拓展与考研统一要求接轨　2008 年教育部实行了农学门类硕士研究生统一入学考试制度。这一制度的实行，促使农林类专业理科基础课程教学要求作必要的调整。"推荐示范教材"充分考虑了这一点，各门相关课程教材在内容上和深度上都密切配合这一考试制度的实行。

四、多种辅助教材与课程基本教材相配　为便于导教导学导考，我们以提供整体解决方案的模式，不仅提供课程主教材，还将逐步提供教学辅导书和教学课件等辅助教材，以丰富的教学资源充分满足教师和学生的需求，提高教学效果。

趁着即将编制国家级"十二五"规划教材建设项目之机，"基础课教指委"计划将"推荐示范教材"整体运行，以教材的高质量和新型高效的运行模式，力推本套教材列入"十二五"国家级规划教材项目。

"推荐示范教材"的编写和出版是一种尝试，赢得了许多院校和老师的参与和支持。在此，我们衷心地感谢积极参与的广大教师，同时真诚地希望有更多的读者参与到"推荐示范教材"的进一步建设中，为推进农林类专业理科基础课程教学改革，培养适应经济社会发展需要的基础扎实、能力强、素质高的专门人才做出更大贡献。

中国农业大学出版社

2009 年 8 月

前 言

党的二十大报告中提出："坚持为党育人、为国育才，全面提高人才自主培养质量""加强教材建设和管理""深入实施人才强国战略。培养造就大批德才兼备的高素质人才，是国家和民族长远发展大计。"

本教材是教育部高等农林院校理科基础课程教学指导委员会审定教材，也是高等农林教育"十三五"规划教材。

有机化学是一门理论和实践相结合的学科。有机化学实验是有机化学课程的重要组成部分，既要配合理论教学，又要有相对的独立性和系统性。为了使学生掌握有机化学实验的基础知识和基本技能，加深对有机化学基本概念与理论的理解，提升学生的实践能力，培养学生正确选择有机化合物的合成、分离与鉴定的方法以及分析和解决实验问题的能力，培养学生实验中实事求是的科学素养，我们在多年有机化学实验教学的基础上，根据教育部高等农林院校理科基础课程教学指导委员会制定的《普通高等学校农林类专业数理化基础课程教学基本要求》组织编写了本教材，本教材也是理科基础课程教学指导委员会审定教材之一。本教材可作为高等农林院校各相关专业的有机化学实验教材。

全书共由 6 章内容组成。第 1 章有机化学实验的基础知识。本章着重介绍有机化学实验室的安全规则、常见仪器设备、实验报告撰写、文献查阅等内容。第 2 章有机化学实验的基本操作。本章所占的篇幅较多，介绍了有机化学实验中的主要操作技术，大部分的项目安排了实验内容，而有些项目只作知识性介绍。使用时可根据实际情况将基本操作独立进行训练，或者采取基本操作与合成实验或天然产物的分离提纯实验相结合的方式。第 3 章有机化合物的性质实验。本章着重介绍了常见官能团的检验和鉴定方法。第 4 章有机化合物的合成。本章介绍了各类代表性有机化物的合成和纯化的方法。第 5 章天然有机化合物的提取和分离。本章结合农业院校有机化学实验的特点，介绍了油脂、中草药、食品等物质中有机化合物的提取、分离和鉴定方法。第 6 章设计性实验。在设计性实验中要求学生运用所学的基础知识，自己查阅文献，设计实验方案，分析验证实验结果，撰写实验报告等。最后为附录，着重介绍了常见有机试剂的配制方法和常见有机溶剂的纯化方法。全书各实验内容较为详细地叙述了实验原理、实验步骤和注意事项，对实验中的难点和关键步骤进行了较详细的注释，每个实验后均配有思考题，供学生实验中参考，使学生加深对实验原理和实验操作的理解并在实验的基础上有所提高。

本书编写分工如下：代红光（第 1 章、第 2 章 2.17—2.20）、刘娜仁（第 2 章 2.1—2.4、第 2 章 2.8—2.9、第 6 章、附录）、王丽荣（第 2 章 2.5—2.7、第 2 章 2.10—2.13）、盛显良（第 2 章 2.14—2.16、第 4 章）、赵霜（第 3 章、第 5 章）。

感谢内蒙古农业大学李蜀眉教授、孙景琦教授对本书编写给予的宝贵建议和对全书的校审。

本教材的编写得到教育部高等农林院校理科基础课程教学指导委员会推荐示范教材编审指导委员会、内蒙古农业大学、中国农业大学出版社的指导和支持；在编写的过程中参考并引用了一些优秀教材的图表和数据，在此一并表示衷心的感谢。

由于编者的水平有限，书中难免存在错误和不妥之处，敬请读者批评指正。

编　者
2023 年 7 月

目录 CONTENTS

Chapter 1 第 1 章

有机化学实验的基础知识

1.1 有机化学实验的目的和要求

有机化学实验是一门实验课程，它是有机化学的重要组成部分，其教学任务不仅是使学生验证、巩固和加深理解课堂所学的基础理论知识，更重要的是培养学生的实验操作能力、综合分析问题和解决问题的能力以及学生自主设计实验的能力，使学生养成严肃认真、实事求是的科学态度和严谨的工作作风。

本课程的主要目的如下：

(1)使学生通过实验的方式学习有机化学，加深对课堂上所学有机化学的基础知识和基本理论的理解，培养学生运用所学理论知识解决实际问题的能力。

(2)通过对有关实验的反复训练，使学生能够正确掌握有机化学实验的基本操作技能，达到熟练和运用自如；学会正确选择有机化合物的合成、分离提纯及分析鉴定的方法。

(3)培养学生严谨的科学态度和良好的科学素养，养成良好的实验室工作习惯，使学生掌握规范的实验操作，同时引导学生注意观察实验现象和解释实验现象，初步具备独立进行实验的能力，为后续课程的学习、研究工作的开展和参加实际工作奠定良好的基础。

做好有机化学实验，应遵守以下几个步骤：

(1)预习。实验前，学生应该认真阅读实验教材和教科书相关内容，明确实验目的、掌握实验原理、内容、步骤和注意事项，做到心中有数。

(2)讲解。学生动手实验前，指导教师要讲解实验，告诉学生实验难点和注意事项，通过提问的方式引导学生深入思考与实验现象有关的一些问题，着力培养学生观察实验现象、综合考虑问题的能力，使学生学会分析和解决问题的方法。

(3)实验。实验过程中学生应认真操作，细心观察，如实记录所观察到的实验现象和所获取的实验数据。如遇到异常现象，应该仔细查找原因。实验过程中保持环境安静、整洁。实验结束后，实验及原始记录经教师检查并签名方为有效。

(4)总结。学生应认真写好实验报告，简明扼要地解释实验现象，正确处理实验数据，写出有关反应方程式，得出正确结论。

1.2　实验室的安全规则和安全知识

有机化学实验，除了经常使用易燃、易爆、有毒和腐蚀性的药品以及易碎的玻璃仪器外，反应产生的副产物和性质尚不清楚的产物也存在较高的危险性。如果操作不当，有可能发生着火、爆炸、割伤、烧伤或中毒等事故。但是只要采取适当的防护措施，严格遵守操作规程，这些事故就可以不发生或少发生，即使发生事故，也能够及时得到妥善处理。因此，所有参与实验的人员都要掌握必要的安全常识并在实验过程中随时保持警惕，对实验室内的异常现象(声音、气味等)要保持警觉，及时查明原因并正确处理。

进入实验室要做好个人的防护，建议穿白色实验服，便于及时发现沾上的药品，更好地起到保护作用。实验进行时应经常注意仪器有无漏气、破裂，反应进行是否正常，蒸馏、回流和加热用仪器，一定要和大气接通。凡可能发生危险的实验，应采取必要的防护措施，在操作时应配戴防护眼镜、面罩和手套等。

熟悉消防器材如石棉布、沙箱、灭火器以及急救箱的放置地点和使用方法。

另外，更重要的是要熟悉有机化学实验室的安全知识，这样才能预防可能会发生的事故。

1.2.1　安全用电常识

违章用电可能造成人身伤亡、火灾、损坏仪器设备等严重事故。有机化学实验室使用电器较多，特别要注意用电安全。表1.1列出了50 Hz交流电通过人体的反应情况。

表1.1　不同电流强度时的人体反应

电流强度/mA	1～10	10～25	25～100	100以上
人体反应	麻木感	肌肉强烈收缩	呼吸困难甚至停止呼吸	心脏心室纤维性颤动、死亡

为了保障人身安全，一定要遵守实验室安全用电规则。

(1)预防触电　在实验室中，注意不用潮湿的手接触电器。电源裸露部分应有绝缘保护(例如电线接头处应包裹上绝缘胶布)。所有电器的金属外壳都应有接地保护。实验时，先连接好电路，再接通电源。实验结束时，先切断电源再拆卸实验仪器。如有人触电，应迅速切断电源，然后进行抢救。

(2)预防引起火灾　使用的保险丝要与实验室允许的用电量相符。电线的安全通电量应大于用电功率。若室内有氢气、煤气等易燃易爆气体时，应避免产生电火花。继电器工作和开关电闸时，易产生电火花，要特别小心。电器接触点(如电插头)接触不良时，应及时修理或更换。

(3)预防短路　电线、电器不要被水淋湿或浸在导电液体中，如实验室加热用的电热套不要洒上试剂。

(4)电器仪表的安全使用　在使用前，了解电器仪表要求使用的电源是交流电源还是直流电源，电器功率是否符合要求及直流电器仪表的正、负极。在电器仪表使用过程中，如发现有不正常声响，局部升温或闻到绝缘漆过热产生的焦味，应立即切断电源，并报告老师进行检查。

1.2.2 使用化学药品的安全防护

(1)防毒　化学试剂大多具有毒性,可引起急性或慢性中毒。中毒的主要原因是皮肤或呼吸道接触有毒试剂。为了防止中毒,除了保持室内良好通风和勤洗手外,还要注意下列几点:实验前,应当了解所用药品的毒性及防护措施,称量任何化学试剂都应使用药勺等工具移取,不得用手直接接触,更不能触及伤口。一旦药品粘或溅到手上,通常用水洗去。用有机溶剂清洗是一种错误做法,会使药品渗入皮肤或引起皮炎。

(2)防爆　在实验时也可能发生爆炸事故,应引起高度重视。可燃气体与空气混合,当两者比例达到爆炸极限时,受到热源(如电火花)的诱发,就会引起爆炸。一些气体的爆炸极限见表1.2。

表1.2　与空气相混合的某些气体的爆炸极限(20℃,1.013 25×10^5 Pa)　%

气体	爆炸高限体积分数	爆炸低限体积分数	气体	爆炸高限体积分数	爆炸低限体积分数
氢气	74.2	4.0	醋酸	—	4.1
乙烯	28.6	2.8	乙酸乙酯	11.4	2.2
乙炔	80.0	2.5	一氧化碳	74.2	12.5
苯	7.1	1.4	水煤气	72.0	7.0
乙醇	19.0	3.3	煤气	32.0	5.3
乙醚	36.5	1.9	氨	27.0	15.0
丙酮	12.8	2.6			

为杜绝事故,应注意以下几点:使用易燃易爆物质(如乙炔、氢气、过氧化物、重氮盐等)或遇水易爆炸的物质(如钠、钾等),应严格按照操作规程进行;浓硝酸、高氯酸和过氧化氢等氧化剂与有机物接触,极易引起爆炸,使用时应特别小心;有的反应放热过于猛烈,生成大量气体,可能引起爆炸,所以应根据不同情况,采取控制加料速度、冷冻或防护措施(如戴防护面罩等);常压蒸馏或加热回流时,切勿在密闭系统内进行,并经常检查仪器各部分有无堵塞现象;减压蒸馏时,不得使用受压不均的仪器(如锥形瓶等),必要时要戴上防护面罩。

(3)防火　许多有机溶剂如乙醚、丙酮、乙醇、苯等非常容易燃烧,大量使用时室内不能有明火、电火花或静电放电。实验室内不可过多存放这类药品,用后还要及时回收处理,不可倒入下水道,以免聚集引起火灾。有些物质如磷、钠、钾、电石及金属氢化物等,在空气中易氧化自燃。还有一些金属如铁、锌、铝等粉末,因其比表面积大也易在空气中氧化自燃,这些物质要隔绝空气保存,使用时要特别小心。

(4)防灼伤　有机化学实验室经常会进行加热的实验,注意不要接触灼热的物品,以免烫伤。

另外,强酸、强碱、强氧化剂、溴、磷、钠、钾、苯酚、冰醋酸等都会腐蚀皮肤,特别要防止溅入眼内。液氧、液氮等低温物质也会严重灼伤皮肤,使用时要小心。万一灼伤应及时治疗。

1.2.3 汞的安全使用

汞中毒分急性和慢性两种。急性中毒多为高汞盐(如 $HgCl_2$)入口所致,0.1～0.3 g 即可致死。吸入汞蒸气会引起慢性中毒,症状有:食欲不振、恶心、便秘、贫血、骨骼及关节疼、精神衰弱等。汞蒸气的最大安全浓度为 0.1 $mg \cdot m^{-3}$,而 20℃时汞的饱和蒸气压为 0.16 Pa,超过安全浓度 100 倍。所以汞的使用必须严格遵守安全用汞操作规定。

(1)不要使汞直接暴露于空气中,盛汞的容器应在汞面上加盖一层水。

(2)装汞的仪器下面一律放置浅瓷盘,防止汞滴散落到桌面和地面。

(3)一切转移汞的操作,都应在浅瓷盘内进行(盘内装水)。

(4)实验前要检查装汞的仪器是否放置稳固。橡皮管或塑料管连接处要缚牢。

(5)若有汞滴掉落在桌面上或地面上,先用吸汞管尽可能将汞滴收集起来,然后用硫黄盖在汞滴溅落的地方,并摩擦使之生成 HgS。也可用 $KMnO_4$ 溶液使其氧化。

(6)擦过汞或汞齐的滤纸或布必须放在有水的瓷缸内。

(7)盛汞器皿和有汞的仪器应远离热源,严禁把有汞仪器放进烘箱加热。

(8)手上若有伤口,切勿接触汞。

1.2.4 高压钢瓶的使用及注意事项

在有机化学实验中,有时会使用气体作为反应物,例如氢气、氧气等;也会用到气体作为保护气,例如氮气、氩气等;有时会用到气体来作为燃料,例如煤气、液化气等。所有这些气体都需要装在特制的容器中,一般使用的是压缩气体钢瓶。将气体以较高压力贮存在钢瓶中,既便于运输又可以在一般实验室里随时用到非常纯净的气体。由于钢瓶里装的是高压的压缩气体,因此在使用时必须注意安全,否则将会十分危险。有机化学实验室里常用的压缩气体压强一般接近 2.0265×10^7 Pa。整个钢瓶的瓶体是非常结实的,而最易损坏部位是安装在钢瓶出气口的排气阀,一旦排气阀被损坏,后果则不堪设想,因此为安全起见,都要在排气阀上安装一个保护罩。除此之外,这些压缩气体钢瓶应远离火源和有腐蚀性的物质,如酸、碱等。

如何正确识别钢瓶所装的气体种类,也是一件非常重要的事情。虽然,所有的气体钢瓶外面都会贴有标签来说明瓶内所装气体的种类及纯度,但是这些标签往往会被损坏或腐蚀。为保险起见,所有的压缩气体钢瓶都会依据一定的标准根据所装的气体被涂成不同的颜色,表 1.3 是我国常用气体钢瓶的颜色标记。

表 1.3 我国气体钢瓶常用的标记

气体类别	瓶身颜色	标字颜色	字样	气体类别	瓶身颜色	标字颜色	字样
氮气	黑	黄	氮	氯	草绿	白	氯
氧气	天蓝	黑	氧	乙炔	白	红	乙炔
氢气	深绿	红	氢	氟氯烷	铝白	黑	氟氯烷
压缩空气	黑	白	压缩空气	石油气体	灰	红	石油气
二氧化碳	黑	黄	二氧化碳	粗氩气体	黑	白	粗氩
氨	棕	白	氨	纯氩气体	灰	绿	纯氩
液氨	黄	黑	氨				

1.2.5 事故的处理

实验中如果按照操作规程操作，多数事故是可以预防的。如果操作不慎，造成实验事故，切莫惊慌，只要采取正确的处理方法，可防止事故扩大。下面介绍一些实验室里经常遇到的事故的处理方法。

(1)割伤　割伤是实验中最常见的事故之一。为了避免割伤应注意以下几点：玻璃管或玻璃棒折断时不能用力过猛，以防破碎。截断后断面锋利，应在小火上烧熔使之变圆滑；将玻璃管或温度计插入塞子或橡胶管中时，应先检查塞孔大小是否合适，再涂点水或甘油润滑后，用布裹住逐渐旋转而入，同时拿玻璃管的手应靠近塞子，否则易使玻璃管折断，引起严重割伤；清理桌面上的碎玻璃及毛细管时，要小心以避免划伤。发生割伤事故要及时处理，取出伤口内的玻璃碴，用水洗净伤口，涂以碘酒消毒后包扎或用创可贴贴紧，严重者要送医院治疗。

(2)灼伤　皮肤接触火焰或灼热物体(如烧热的铁圈、煤气灯管、玻璃管等)会造成灼伤，可涂以凡士林或烫伤膏，重伤者要请医生处理。如遇化学试剂灼伤，要根据不同情况采取不同的处理方法：被酸或碱灼伤时，应先用大量水冲洗，酸灼伤再用1%碳酸氢钠溶液冲洗，碱灼伤再用1%硼酸溶液冲洗，最后用水冲洗片刻，涂少量油脂；如果酸的灼伤特别严重，应立即用水冲洗，然后用乙醇或2%硫代硫酸钠溶液洗至患处不再有黄色，再用甘油按摩，保持皮肤滋润；试剂溅入眼内，应立即用大量水冲洗，并尽快送医院治疗。

(3)着火　着火是有机化学实验室内经常面临的危险，如发生着火事故，切勿惊慌，应根据情况进行灭火。实验室起火一般是由少量溶剂引起的，刚开始很容易控制，只要处理得当，一般不会造成严重的危害。水一般不能用来扑灭有机物着火，因为有机物往往比水轻，泼水后不但不会熄灭，有机物反而漂浮在水面上燃烧；少量溶剂着火，可用湿布或石棉布盖灭；如火势较大，首先要切断电源，关闭燃气开关，移开未着火的易燃物，然后根据燃烧物的性质设法扑灭；油脂、电器及贵重仪器等着火时，要用二氧化碳灭火器灭火，灭火后不留痕迹，使用时应打开灭火器上面开关，对准火源喷射，要注意手不能握住喇叭筒，以免冻伤；泡沫灭火器虽具有较好的灭火性能，但喷出大量碳酸氢钠和氢氧化铝，会给后处理带来困难；如遇金属钠着火，要用细沙或石棉布扑灭；衣服着火时，不要在室内乱跑，应就近用水扑灭或卧倒打滚，闷熄火焰。

(4)中毒　化学试剂大多具有毒性，可能会引起急性或慢性中毒。产生中毒的主要原因是皮肤或呼吸道接触有毒试剂。若试剂沾在皮肤上应及时用水冲洗干净；操作有毒气体(如H_2S、Cl_2、Br_2、NO_2、浓HCl和HF等)应在通风橱内进行。苯、四氯化碳、乙醚、硝基苯等的蒸气会引起中毒。它们虽有特殊气味，但久嗅会使人嗅觉减弱，所以应在通风良好的情况下使用。有些药品(如苯等有机溶剂、汞等)能透过皮肤进入人体，应避免与皮肤接触。氰化物、高汞盐[$HgCl_2$、$Hg(NO_3)_2$等]、可溶性钡盐($BaCl_2$)、重金属盐(如镉、铅盐)、三氧化二砷(As_2O_3)等剧毒药品，应妥善保管，使用时要特别小心。禁止在实验室内喝水、吃东西。饮食用具不要带进实验室，以防毒物污染，离开实验室及饭前要洗净双手。若出现中毒症状，应到空气新鲜的地方休息，严重者应及时送医院治疗。

1.3 有机化学实验常用的玻璃仪器

有机化学实验室玻璃仪器可分为普通玻璃仪器和标准磨口玻璃仪器。

1.3.1 普通玻璃仪器

使用玻璃仪器都应轻拿轻放，除试管外，其他玻璃仪器一般不能直接用火加热。锥形瓶不耐压，不能在减压实验中用。厚壁玻璃器皿（如量筒、抽滤瓶）不耐热，不能加热。广口容器（如烧杯）不能存放有机溶剂。带活塞的玻璃仪器用过洗净后，在活塞口之间应垫上纸片，以防粘住。温度计不能作搅拌棒使用。温度计用后应使其自然冷却，不可立即用冷水冲洗，以免炸裂。常用的普通玻璃仪器见图 1.1。

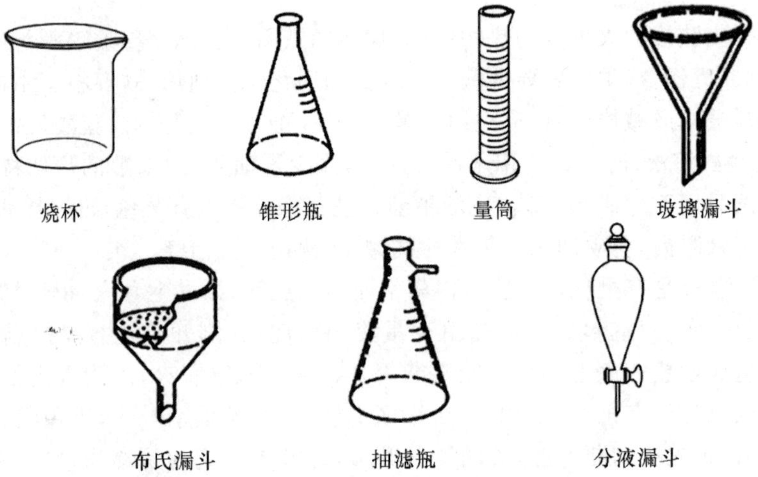

图 1.1 有机化学实验室常用的普通玻璃仪器

1.3.2 标准磨口玻璃仪器

有机化学实验室常用具有标准磨口的组合玻璃仪器，见图 1.2。由于仪器磨口的尺寸标准化、系统化、磨砂密合，凡属于同类规格的接口，均可任意连接，各部件能组装成各种配套仪器。与不同类型规格的部件无法直接组装时，可使用转换接头连接。使用标准磨口玻璃仪器，既可免去配塞子的麻烦，又能避免反应物或产物被塞子污染的危险，磨口仪器性能良好，使用密合性可达较高真空度，对蒸馏尤其是减压蒸馏有利，对于使用毒物或挥发性液体的实验较为安全。

标准磨口玻璃仪器，均按国际通用的技术标准制造，当某个部件损坏时，可以选购。

标准磨口仪器的每个部件在其瓶（管）口和塞子的上或下显著部位均具有烤印的白色标志，标明规格。常用的有 10、12、14、16、19、24、29、34、40 等，这些编号表示磨口仪器最大端的直径。有的标准磨口玻璃仪器有两个数字，如 10/30，10 表示磨口仪器最大端的直径为 10 mm，30 表示磨口的长度为 30 mm。使用标准磨口玻璃仪器应注意以下几点：

(1)磨口应保持清洁,使用前用软布擦拭干净,但不能粘上棉絮。

(2)通常使用时磨口不必涂润滑剂,以免污染反应物和产物。进行减压蒸馏实验时,使用前应在磨口表面涂以少量凡士林或真空油脂,以增强磨口的密合性,避免磨面的相互磨损,同时也便于接口的拆装。

(3)装配时,把磨口轻轻地对旋连接,不宜用力过猛,也不能装得太紧,只要达到润滑密闭要求即可。

(4)用后应立即拆卸洗净。否则,对接处常会粘住,导致拆卸困难。

(5)装拆时应注意相对的角度,不能在角度偏差时进行硬性装拆,否则极易损坏仪器。

圆底烧瓶

平底烧瓶

梨形烧瓶

梨形蒸馏烧瓶

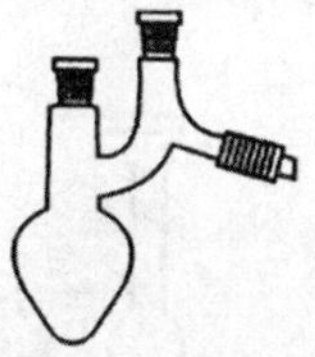
梨形克氏蒸馏瓶

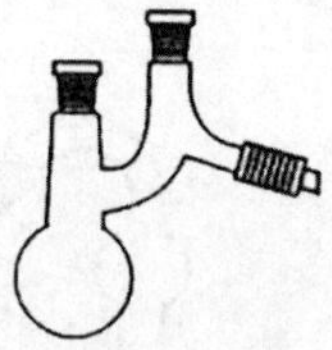
圆形克氏蒸馏瓶

圆形蒸馏烧瓶

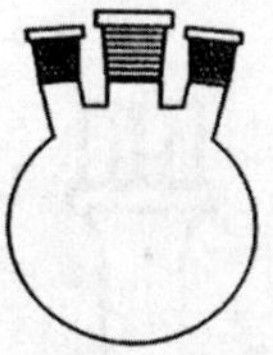
直形三口烧瓶

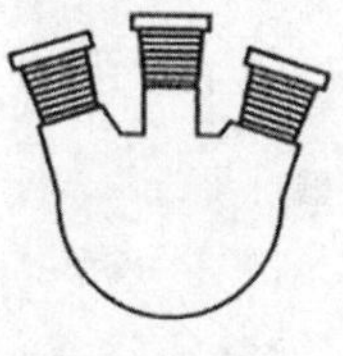
斜形三口烧瓶

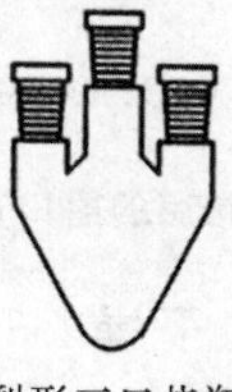
梨形三口烧瓶

锥形瓶

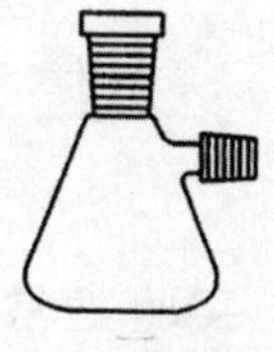
抽滤瓶

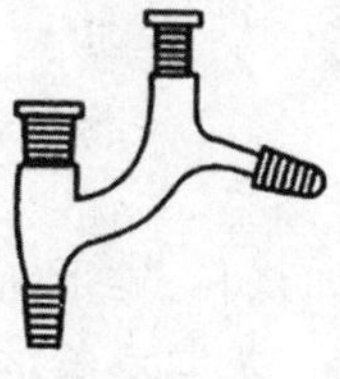
克氏蒸馏头

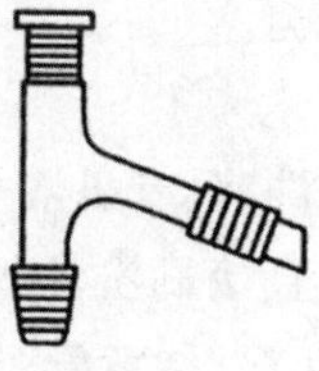
蒸馏头

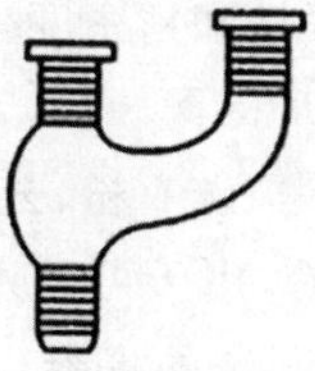
两口连接管

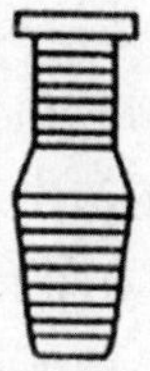
转换接头

球形分液漏斗

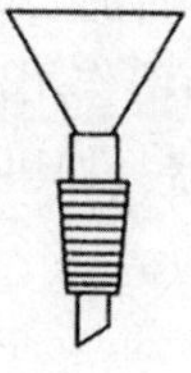
漏斗

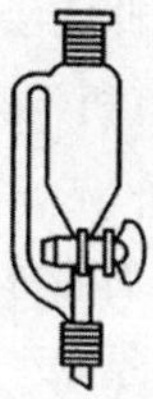
恒压式筒形滴液漏斗

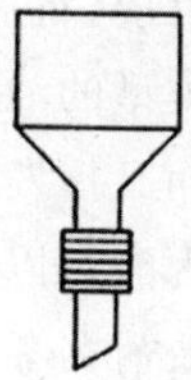
砂芯漏斗

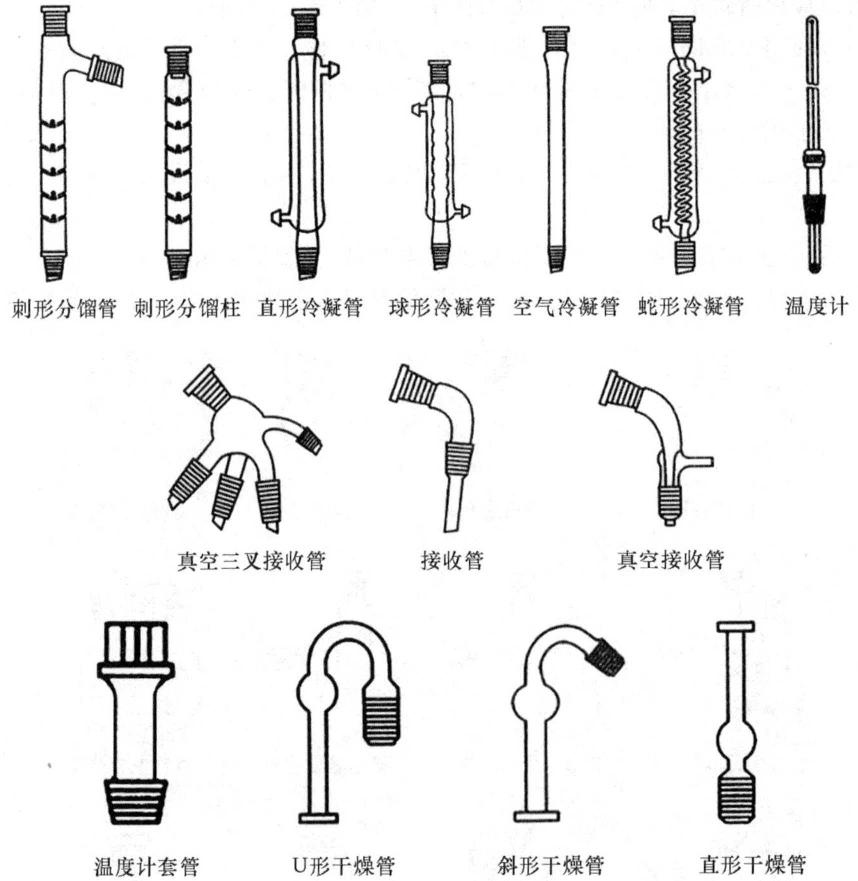

图1.2 有机化学实验室常用的磨口玻璃仪器

1.3.3 实验室常用玻璃仪器的洗涤和干燥

在有机实验工作中，洗涤玻璃仪器是一项必须做的实验前的准备工作，仪器洗涤是否符合要求，对检验结果的准确性和精密度均有影响。

1. 洁净剂的种类和使用范围

最常用的洁净剂是肥皂、洗衣粉、去污粉、洗液、有机溶剂等。

肥皂、洗衣粉和去污粉，用于可以用刷子直接刷洗的仪器，如烧杯、锥形瓶、试剂瓶等。洗液多用于不便使用刷子刷洗的仪器，如滴定管、移液管、容量瓶、蒸馏器等特殊形状的仪器，也用于洗涤长久不用的器皿和刷子刷不净的结垢。用洗液洗涤仪器，是利用洗液本身与污物起化学反应，将污物去除，因此需要浸泡一定的时间使其充分作用。有机溶剂是针对污物属于某种类型的油腻物，借助有机溶剂能溶解油脂的作用洗去污物，或借助某些有机溶剂能与水混合而又挥发快的特性，冲洗一下带水的仪器。如甲苯、二甲苯、汽油等可以洗涤油污，而酒精、丙酮可以冲洗刚洗净而带水的仪器。

2. 洗涤液的制备及使用注意事项

洗涤液简称洗液，根据不同的要求可选用不同的洗液。现将较常用的几种洗液介绍如下。

(1)强酸氧化剂洗液　强酸氧化剂洗液是用重铬酸钾($K_2Cr_2O_7$)和浓硫酸(H_2SO_4)配成。$K_2Cr_2O_7$ 在酸性溶液中,有很强的氧化能力且对玻璃仪器无腐蚀作用。所以这种洗液在实验室内使用最广泛。

配制方法是将重铬酸钠或重铬酸钾先溶解于水中,用玻璃棒搅拌并缓慢加温,使之溶解。冷却后缓慢加入浓硫酸,边加边搅拌。例如:将研细的重铬酸钾 20 g 溶于 40 mL 水中,缓慢加入 360 mL 浓硫酸,冷却后即得铬酸洗液。

配好后的洗涤液是棕红色或橘红色。这种洗液具有强腐蚀性,使用时要切忌溅到身上,以防"烧"破衣服和损伤皮肤。洗液倒入要洗的仪器中,应使仪器周壁全浸洗一段时间后,再倒回洗液瓶。第一次用少量水冲洗刚浸洗过的仪器后,废水应倒入废液缸中,缸满后倒入指定地方集中处理。废水不要倒入水池里或下水道里,否则会腐蚀水池或下水道。盛洗涤液的容器应始终加盖子。洗涤液可反复使用,但当其变为墨绿色时即已失效,不能再用。

(2)碱性洗液　碱性洗液用于洗涤有油污物的仪器,用此洗液是采用长时间(24 h 以上)浸泡法,或者浸煮法。从碱洗液中捞取仪器时,要戴乳胶手套,以免烧伤皮肤。

常用的碱性洗液有:碳酸钠溶液(Na_2CO_3,纯碱),碳酸氢钠溶液($NaHCO_3$,小苏打),磷酸钠溶液(Na_3PO_4,磷酸三钠),磷酸氢二钠溶液(Na_2HPO_4)等。

(3)碱性高锰酸钾洗液　用碱性高锰酸钾作洗液,作用缓慢,适合于洗涤有油污的器皿。配法:称取高锰酸钾($KMnO_4$)4 g,加少量水溶解后,再加入 10%氢氧化钠(NaOH)100 mL 即可。

(4)纯酸纯碱洗液　根据器皿污垢的性质,直接用浓盐酸(HCl)或浓硫酸(H_2SO_4)、浓硝酸(HNO_3)浸泡或浸煮器皿(温度不宜太高,否则浓酸挥发)。纯碱洗液多采用 10%以上的浓氢氧化钠(NaOH)、氢氧化钾(KOH)溶液浸泡或浸煮器皿(可以煮沸)。

(5)有机溶剂　带有脂肪性污物的器皿,可以用汽油、甲苯、二甲苯、丙酮、酒精、三氯甲烷、乙醚等有机溶剂擦洗或浸泡。但用有机溶剂作为洗液浪费较大,能用刷子洗刷的大件仪器尽量采用碱性洗液。只有无法使用刷子的小件或特殊形状的仪器才使用有机溶剂洗涤,如活塞内孔、滴管、小瓶等。

3. 玻璃仪器洗涤的步骤与要求

洗刷仪器时,应首先将手用肥皂洗净,免得手上的油污附着在仪器上,增加洗刷的困难。如仪器长久存放附有灰尘,先用清水冲洗,再按要求选用洁净剂洗刷或洗涤。如用去污粉,将刷子蘸上少量去污粉,将仪器内外全部刷一遍,边用水冲边刷洗直至肉眼看不见有去污粉时,用自来水洗 3～6 次,再用蒸馏水冲洗 3 次以上。一个洗干净的玻璃仪器,应该以不挂水珠为宜。如仍能挂住水珠,需要重新洗涤。用蒸馏水冲洗时,要用顺壁冲洗方法并充分振荡。

4. 玻璃仪器的干燥

实验室所用玻璃仪器应在每次实验完毕后洗净、干燥备用。

(1)晾干　不急用的仪器,可在蒸馏水冲洗后在无尘处倒置控去水分,然后自然干燥。可用装有木钉的架子或带有透气孔的玻璃柜放置仪器。但必须注意,若玻璃仪器洗得不够干净时，水珠不易流下，干燥较为缓慢。

(2)烘干　洗净的仪器控去水分，放在烘箱内烘干，烘箱温度为105～110℃，烘1 h左右。也可放在红外灯干燥箱中烘干。放入烘箱中干燥的玻璃仪器，一般要求不带水珠，器皿口侧放。带有磨砂口玻璃塞的仪器，必须取出活塞才能烘干，玻璃仪器上附带的橡胶制品在放入烘箱前也应该取下。待烘箱内的温度降至室温时才能取出。切不可把很热的玻璃仪器取出，以免骤冷使之破裂。当烘箱已工作时，不能往上层放入湿的器皿，以免水滴下落，使热的器皿骤冷而破裂。

带实心玻璃塞以及厚壁仪器，烘干时要注意慢慢升温并且温度不可过高，以免破裂。量筒不可放于烘箱中烘干。

硬质试管可用酒精灯加热烘干，把试管口向下倾斜，从底部烤起，以免水珠倒流使试管炸裂，烘干到无水珠后把试管口向上倾斜赶净水汽。

(3)热(冷)风吹干　对于急于干燥的仪器或不适于放入烘箱的较大仪器可用吹干的办法。通常用少量乙醇、丙酮倒入已控去水分的仪器中摇洗，然后用电吹风机吹，开始用冷风吹1～2 min，当大部分溶剂挥发后吹入热风至完全干燥，再用冷风吹去残余蒸气从而避免热蒸气冷凝在容器内。

5. 玻璃仪器的保管

贮藏室内玻璃仪器要分门别类地存放，以便取用。经常使用的玻璃仪器放在实验柜内，要放置稳妥，高的、大的仪器放在里面，带塞子的磨口仪器最好在洗净前就用橡皮筋或小线绳把塞子和管口缚好，以免打破塞子或互相弄混。需长期保存的磨口仪器要在塞子与瓶口之间垫一张纸片，以免日久粘住。长期不用的滴液漏斗要擦掉凡士林后垫纸，用皮筋缚好活塞保存。成套仪器如索氏提取器等用完要立即洗净，放在专门的纸盒里保存。

总之，我们要本着对工作负责的精神，对所用的一切玻璃仪器用完后要清洗干净，按要求保管，要养成良好的工作习惯，不要在仪器里遗留油脂、酸液、腐蚀性物质(包括浓碱液)或有毒药品，以免造成后患。

1.4　有机化学实验常用的设备

1.4.1　电子天平

电子天平，用于称量物体质量。电子天平根据使用目的不同，其精度有多种规格可供选择。与普通托盘天平相比，它具有称量简单、方便快捷的优点。图1.3就是一种常用的电子天平。

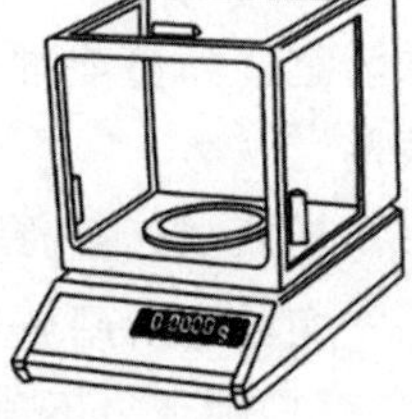

图1.3　电子天平

使用电子天平的注意事项：

(1)将天平置于稳定的工作台上避免振动、气流及阳光照射电子天平，使用前调整水平仪气泡至中间位置。

(2)电子天平应按说明书的要求进行预热。

(3)称量易挥发和具有腐蚀性的物品时，要盛放在密闭的容器中，以免腐蚀和损坏电子天平。

(4)天平不可过载使用，以免损坏天平；电子天平若长期不使用，应装箱保存。

1.4.2 电热套

电热套是实验室常用的一种加热设备，实际上是一只改装的小电炉。外壳由金属制成，里面凹进去由玻璃纤维织品做成半球形或圆锥形刚好使烧瓶套入。玻璃纤维织品下面埋着盘旋的电热丝，通电后即可加热。电热套具有使用安全、快速、方便的特点，其配有调压变压器，容易控制温度而且不易使有机溶剂着火，是有机实验中用于加热、回流或蒸馏液体的一种比较理想的加热设备。使用时必须注意电热套内不能有异物、不可加热空瓶，否则容易损坏电热套。电热套见图 1.4。

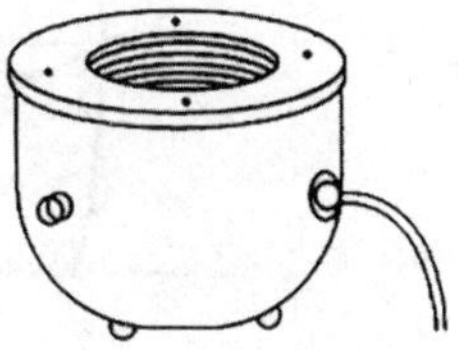

图 1.4 电热套

1.4.3 测压计

测压计(压差计)的作用是指示系统内的压力，通常采用水银测压计。水银测压计是将汞装入 U 形玻璃管中制成的，分为开口式和封闭式，如图 1.5 所示。开口式水银压力计的特点是管长必须超过 760 mm，读数时必须配有大气压计，因为两管中汞柱高度的差值是大气压力与系统内压之差，所以蒸馏系统内的实际压力应为大气压力减去这一汞柱之差，其所测量的压力准确。封闭式水银压力计轻巧方便，两管中汞柱高度的差值即为系统内压，但所测量的压力准确性不及开口式水银压力计，常用开口式水银压力计来校正。

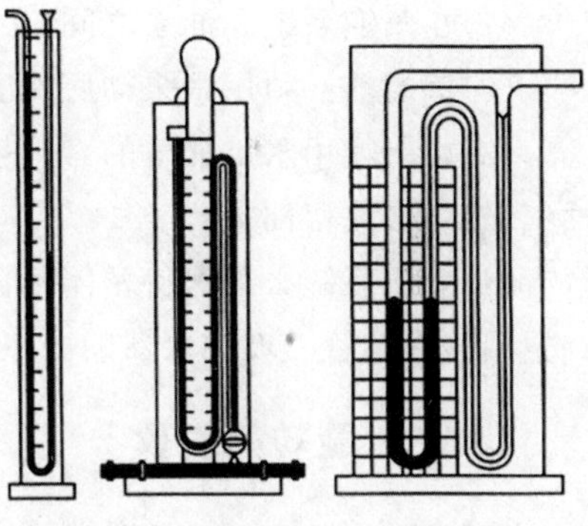

图 1.5 U 形管水银压差计

1.4.4 真空泵

根据使用的范围和抽气效能可将真空泵分为三类：

(1)一般水泵　压强可达到 1.333～100 kPa(10～760 mm Hg)，为“粗”真空。

(2)油泵　压强可达到 0.133～133.3 Pa (0.001～1 mm Hg)，为“次高”真空。

(3)扩散泵　压强可达到 0.133 Pa 以下(＜0.001 mm Hg)，为“高”真空。

在有机化学实验室里常用的减压设备有水泵和油泵两种，若对压力要求不是很低的时候，可用水泵，如果水泵的构造好且水压又高，抽空效率可达 1 067～3 333 Pa。水泵所能抽到的最低压力理论上相当于当时水温下的水蒸气压力。用水泵抽气时，应在水泵前装上安全瓶，以防水压下降，水流倒吸；停止抽气前，应先放气，然后关水泵，图 1.6 为 SHB-Ⅲ形循环水多用真空泵外观示意图。

若要较低的压力，就要用油泵，性能好的油泵能抽到 1.33 Pa。油泵的好坏取决于其机械结构和泵油的质量，使用油泵时必须保养好。如果蒸馏挥发性较大的有机溶剂时，有机溶剂会被油吸收导致蒸气压增加，从而降低了抽真空效能，如果是酸性气体，那就会腐蚀油泵，

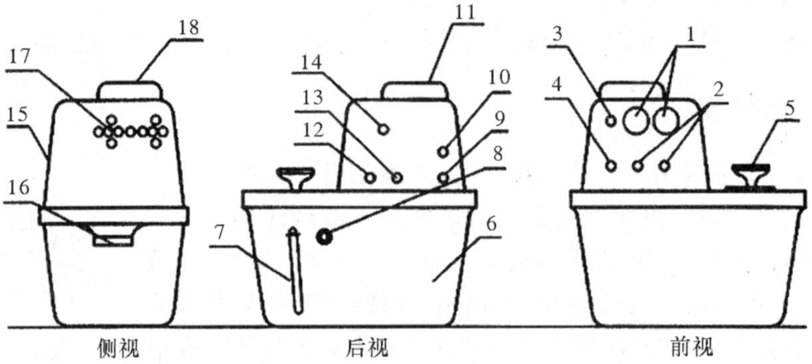

图 1.6　SHB-Ⅲ形循环水多用真空泵外观示意图

1.真空表　2.抽气嘴　3.电源指示灯　4.电源开关　5.水箱上盖手柄　6.水箱　7.放水软管　8.溢水嘴　9.电源线进线孔　10.保险座　11,18.电机风罩　12.循环水出水嘴　13.循环水进水嘴　14.循环水开关　15.上帽　16.水箱把手　17.散热孔

如果是水蒸气就会使油成乳浊液而损坏真空泵。因此使用油泵时必须注意以下几点：

(1)在蒸馏系统和油泵之间,必须装有吸收装置。

(2)蒸馏前必须用水泵彻底抽去系统中有机溶剂的蒸气。

(3)如果能用水泵抽气的,则尽量用水泵;如果蒸馏物质中含有挥发性物质,可先用水泵抽气,然后再改用油泵。

(4)减压系统必须保持密闭不漏气,所有的橡胶塞的大小和孔道要合适,橡胶管要用抽真空用的橡胶管。玻璃仪器的磨口要涂上真空油脂。

1.4.5　旋转蒸发仪

旋转蒸发仪由一台电机带动可旋转的蒸馏瓶与蛇形冷凝管、接收瓶等一起组成,如图 1.7 所示。主要用于在减压条件下连续蒸馏大量易挥发性溶剂。尤其是用于萃取液的浓缩和色谱分离时接收液的蒸馏,也可以分离和纯化反应产物。旋转蒸发仪的基本原理就是减压蒸馏,也就是在减压情况下,当蒸馏溶剂时蒸馏烧瓶连续转动,使料液附于瓶的内壁形成薄膜,加大了蒸发面积,蒸发均匀,速度加快,而且产物不易分解。使用时注意,应先减压,再开动电动机转动蒸馏烧瓶,结束时,应先停机,再通大气,以防蒸馏烧瓶在转动中脱落。作为蒸馏的热源,常配有相应的恒温水槽。

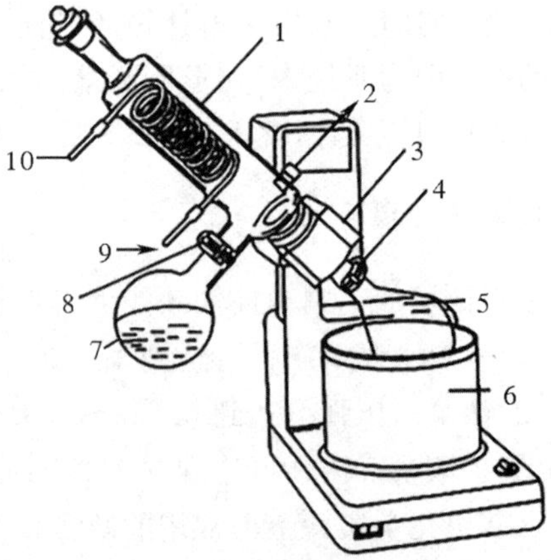

图 1.7　旋转蒸发仪

1.冷凝管　2.抽真空接口　3.变速器　4,8.夹子　5.蒸馏瓶　6.水浴加热锅　7.接收瓶　9.进水口　10.出水口

1.4.6 热气流烘干器

热气流烘干器是一种用于干燥玻璃仪器的快速烘干设备。使用时将玻璃仪器倒挂其上，经过滤的洁净热风被送到玻璃仪器内部而使其干燥。图 1.8 就是一种热气流烘干器。

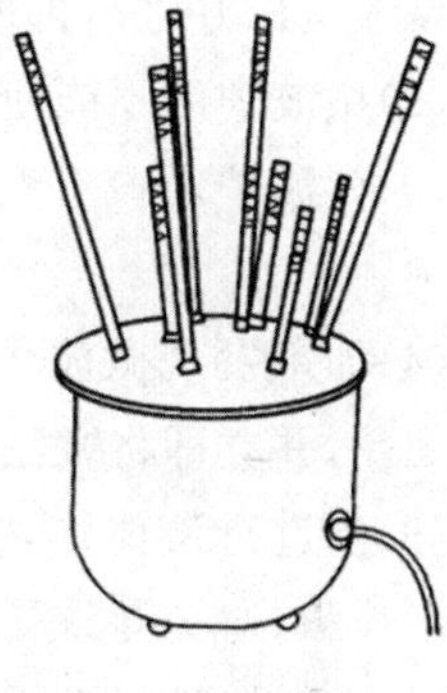
图 1.8 热气流烘干器

1.4.7 烘箱

烘箱又名“干燥箱”，分为鼓风干燥箱和真空干燥箱两种，鼓风干燥箱是通过循环风机吹出热风，保证箱内温度均衡；真空干燥箱是采用真空泵将箱内的空气抽出，让箱内气压低于常压，使样品在减压状态下干燥。烘箱是一种常用的仪器设备，主要用来干燥样品，也可以提供实验所需的温度环境。实验室常用的是恒温鼓风干燥箱。

实验室使用烘箱的注意事项：

(1)烘干玻璃仪器时，温度一般控制在 100～120℃，洗好的玻璃仪器从上到下依次放入。玻璃仪器口侧放并且尽量将水控干放入，以免烘干时流出的水滴到其他已烘干的仪器上，引起后者炸裂。

(2)烘干实验药品时，放入药品时应注意摆列不能太密，散热板上不应放药品，以避免影响热气流向上流动；禁止烘干易燃、易爆、易挥发及有腐蚀性的物品。

1.4.8 微波辅助合成反应仪

微波是指波长在 100 cm 至 1 mm，频率在 300 MHz 至 300 GHz 范围内的电磁波，介于电磁波的红外辐射和无线电波之间。自 1986 年 Gigurer R. J. 利用微波合成研究蒽与顺丁烯二酸酯的双烯合成反应开始，至今已在有机合成诸多反应的研究中取得重大进展，几乎涉及了有机反应的各种类型。与传统的加热方法相比，微波辐射具有反应速率快、操作方便、产率高和易于纯化等优点，反应速率比常规方法要快数十倍甚至数千倍，展示了广阔的应用前景。

不同于传统的加热方式，微波加热是将微波电磁能转变成热能，其能量是通过空间或介质以电磁波的形式来传递的，加热过程与物质内部分子的极化有着密切的关系。其频率与偶极子转向极化及界面极化的时间正好吻合。因此，介质在微波场中的加热也主要靠这两种极化方式来实现的，尽管微波辐射对于化学反应的促进和加速已是不争的事实，但对其加速或改善反应的机理还缺乏充分的了解。

近年来微波技术发展很快，性能不断改进，技术日趋成熟。国产常压微波辅助合成反应仪如图 1.9 所示。微波功率可根据反应要求温度自动变频控制，实时监测和控制反应温度，配备电磁或机械搅拌，按照需要加装反应容器及冷凝、滴加、补液和分水装置，甚至通过摄像装置，监测观察反应过程和变化。

简单的微波辐射合成也可使用家用微波炉。

由于微波反应的特殊性，在采用家用微波炉进行实验的过程中，应该注意相应的安全事项：

(1)微波炉炉门封及门体如有损坏，要经专业维修人员修好之后再使用；

(2)微波炉内不能使用金属器皿进行加热；

(3)微波炉内没有反应物时，不能空腔启动微波炉；

(4)如果发现微波炉内出现烟雾，注意保持炉门关闭，并立即将微波炉电源断开；

(5)当进行液体加热时，取放要注意沸腾液体延迟喷溅，避免导致受伤；

(6)在微波炉附近不要放置易燃、易爆物品。在微波炉工作运转期间，要注意监控反应状况、反应时间、反应体系温度，避免发生火灾。

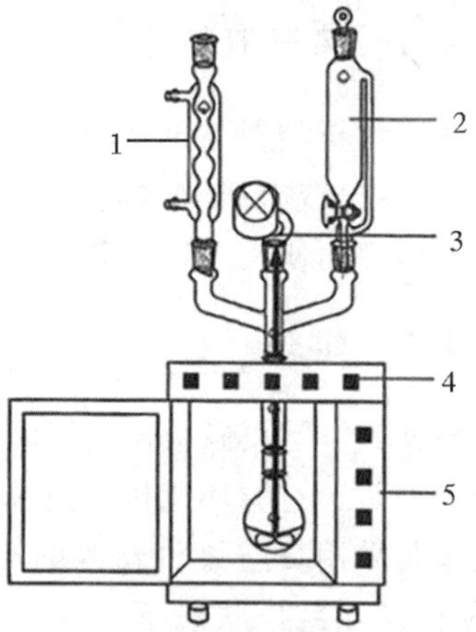

图 1.9　MAS-Ⅰ型常压微波辅助合成反应仪

1. 冷凝管　2. 恒压滴液漏斗　3. 机械搅拌器　4. 控制按钮　5. 微波反应器

1.5　实验预习、操作、记录和报告

1.5.1　实验预习

为达到良好的实验预期效果，避免由于不了解实验情况，而加错试剂等不必要的失误，必须在实验前认真预习有关实验内容，做好充分准备。每个学生都应准备一本实验预习和记录本。预习的具体要求如下：

(1)了解实验的目的和要求，理解实验原理，知道反应中所用到的方程式(包括主反应，主要副反应)，以及所需的仪器和装置的名称、主要试剂和产物的物理常数(查阅手册)，还有主要试剂的规格用量(克、毫升、摩尔)，这些都要记录在预习本上。

(2)写出实验简单步骤，根据实验内容用自己的语言正确地写出简明的实验步骤(不是照抄)，关键之处应加以注明。步骤中的文字可用符号简化。例如，化合物只写分子式；克用“g”，毫升用“mL”，加热用“△”，加入用“＋”，沉淀用“↓”，气体逸出用“↑”等；画出仪器装置图示，在实验前形成了一个工作提纲，实验时按此提纲进行。

(3)合成实验，应列出粗产品纯化过程及原理。

1.5.2　实验操作

实验开始前应检查实验用品是否齐全，安装仪器装置要正确稳妥，玻璃仪器磨口连接处不能有应力，实验时精神要集中、操作要规范、观察要细致、要积极独立思考，及时、如实地在专用记录本上记录实验过程、观察到的现象和实验结果，对实验现象和结果进行分析并作出科学的解释，努力提高分析问题和解决问题的能力和实验技能。

1.5.3 实验记录

完整而准确的实验记录是实验工作的重要组成部分，如果遗失这些记录即意味着实验工作白做。将观察到的实验现象及测得的各种数据如实地记录在记录本上，记录必须做到简明扼要、字迹整洁。实验完毕后，将实验记录交任课教师审阅。

1.5.4 实验报告

实验报告有8个主要环节：实验题目，实验目的，实验原理，实验仪器、药品和装置图，实验步骤及现象记录、结果处理，实验结论及问题讨论等。

实验报告是总结实验进行的情况、分析出现的问题和整理归纳实验结果必不可少的基本环节，也是从事科学实验的一项重要训练内容，因此必须认真地写好实验报告。实验报告的字迹要工整、文字要精练、画图要准确。

实验报告示例：

实验题目：正丁醚的合成

一、实验目的

掌握醇分子间脱水合成醚的原理和方法；学习分水器的使用方法；巩固回流、蒸馏等操作方法。

二、实验原理

醇分子间脱水是制备脂肪族低级醚的主要方法，实验室中常用浓硫酸作为脱水剂。

主反应：

$$2CH_3CH_2CH_2CH_2OH \xrightarrow[\text{约 }135^\circ C]{\text{浓 }H_2SO_4} (CH_3CH_2CH_2CH_2)_2O + H_2O$$

副反应：

$$2CH_3CH_2CH_2CH_2OH \xrightarrow[>140^\circ C]{\text{浓 }H_2SO_4} CH_3CH=CHCH_3 + CH_3CH_2CH=CH_2 + H_2O$$

三、实验仪器、药品和装置图

1. 仪器

100 mL三口瓶、分水器、球形冷凝管、250℃温度计、125 mL分液漏斗、锥形瓶、长颈漏斗、蒸馏装置、空气冷凝管。

2. 药品

正丁醇31 mL(25 g，0.34 mol)、浓硫酸、5%氢氧化钠、饱和的氯化钙溶液、无水氯化钙。

3. 仪器装置图

如图2.15(a)所示。

四、实验步骤及现象记录

实验步骤	实验现象
(1) 安装仪器	如图 2.15(a)所示。
(2) 反应	
在干燥的 100 mL 三口瓶中,加入 31 mL 正丁醇、慢慢加入 4.5 mL 浓硫酸,摇振混合均匀,加入 3～4 粒沸石。	
用小火加热烧瓶 30 min,使反应液保持微沸。	此时温度为 100～115℃。
适当提高加热温度保持回流。	分水器中液面不断升高,反应液的温度也不断上升。
停止加热。	此时烧瓶内反应液温度在 136℃,分水器全部充满水。
(3) 产品的纯化	
反应物冷却后倒入预先盛有 50 mL 水的分液漏斗中,充分摇振。	静置后液体分为两层,弃去下层水相。
上层粗产物依次用 25 mL 水、15 mL 5%氢氧化钠、15 mL 水和 15 mL 饱和氯化钙溶液洗涤,依次摇振、静置。	静置后液体分为两层,弃去下层水相。
用大约 1 g 无水氯化钙干燥产品。	液体清亮透明。
干燥后的产物滤入圆底烧瓶中,装上空气冷凝管进行蒸馏。	收集 139～143℃的馏分,产量 9.3 mL。

五、产率计算

正丁醚的理论产量:130.23 g/mol×0.17 mol=22 g

$$产率=\frac{实际产量}{理论产量}\times 100\%=\frac{7.2}{22}\times 100\%=33\%$$

六、讨论

1. 在合成正丁醚的反应中有副反应发生,使实际产量减少。
2. 在产品的提纯过程中,产品也有一部分损失。

1.6 有机化学文献简介

文献资料对科研工作者是至关重要的。检索、查阅文献的目的主要有两个方面:一是了解别人在这个领域曾经做过哪些研究;二是为即将进行的研究寻找概念和理论的基础以及方法与设计的借鉴。研究者必须熟悉图书馆文献资源的各种类型,掌握如何利用图书馆资源的方法。无论在进行科学研究还是科研设计时,研究人员都要充分掌握资料,否则心中无数、缺乏情报,难免重复别人的研究工作,查阅文献本身即是科学研究工作的一个重要组成部分。下面介绍一些常见的文献。

1.6.1 工具书文献

工具书系统汇集某方面的资料,按特定方法加以编排,具有内容广泛、所提供的知识信息比较成熟可靠、叙述简明扼要和概括性强等特点。例如：

(1)樊能廷.有机合成事典.北京:北京理工大学出版社,1992

本书依据经典有机合成反应的应用和进展,收入生产、教学、科研常用的1 700余种有机化合物,按反应类型分章编写。对于每一种有机化合物都详细介绍其化学文摘登记号、英文名、别名、分子式、相对分子质量、理化性质、合成反应、操作步骤和参考文献等内容。操作步骤的资料较为翔实可靠并在书后附有分子式索引。

(2)Cadogan J I G,Ley S V,Pattenden G. Dictionary of Organic Compounds. 6th ed. London:Chapmann & Hall, 1995(海氏辞典)

这套辞典列出了有机化合物的组成、分子式、结构式、来源、性状、物理常数、化学性质及其衍生物等,并附有制备的文献资料。全套书共9卷,收录常见有机化合物近3万余条,加上衍生物达6万余条。其中1～6卷为正文,按化合物名称的英文字母顺序排列,7～9卷分别为化合物名称索引(Name Index)、分子式索引(Molecular Formula Index)及化学文摘登录号索引(Chemical Abstracts Service Registry Number Index)。

1.6.2 期刊文献

在取得一定的科研成果后,通常会将自己的研究结果以论文的形式在不同的纸质刊物上发表出来,这就是期刊文献。期刊数目众多,所刊登的文章内容侧重点各不相同。例如:

1. 有机化学(Chinese Journal of Organic Chemistry)

《有机化学》是一份由中国化学会和中国科学院上海有机化学研究所共同主办的集中反映有机化学界的最新科研成果、研究动态以及发展趋势的学术类期刊。创刊于1980年,主要刊登有机化学领域基础研究和应用基础研究的原始性研究成果,是中国自然科学核心期刊之一。

2. 化学学报(Acta Chimica Sinica)

《化学学报》创刊于1933年,原名《中国化学会会志》,1952年更名为《化学学报》,目前是由中国化学会和中国科学院上海有机化学研究所主办的学术类月刊,面向国内外发行,是中国自然科学核心期刊,主要刊登化学方面有创造性、高水平的学术论文。

3. Tetrahedron

Tetrahedron创刊于1957年,刊登的是具有重要性和及时性的实验及理论研究结果。主要是有机化学及其相关应用领域特别是生物有机化学领域的研究成果。期刊包含内容为有机合成、有机反应、天然产物化学、机理研究以及各种光谱研究,同时也发表一些综述性文章。

4. The Journal of Organic Chemistry

The Journal of Organic Chemistry创刊于1936年。该刊的创办目的是为了与最新的有机进展保持一致,从而向全世界的化学工作者展示有关有机化学领域的最先进研究成果。除了收录正规的论文外,还有小的专题综述及国际会议文集等。

1.6.3 化学文摘文献

《化学文摘》(Chemical Abstracts,CA),是世界最大的化学文摘库,主要刊登的是文章的英文摘要。它是目前世界上应用最广泛、最为重要的化学化工及相关学科的检索工具。创刊于1907年,由美国化学协会化学文摘社编辑出版。CA报道的内容几乎涉及了化学家感兴趣的所有领域,其中不但包括无机化学、有机化学、分析化学、物理化学、高分子化学外,还包括冶金学、地球化学、药物学、毒物学、环境化学、生物学以及物理学等诸多学科领域。CA特点:收藏信息量大、收录范围广。

目前,CA可以通过基于Internet的SciFinder进行检索,SciFinder (https://www.cas.org/SCIFINDER/scicover2.html)提供在线查询CA数据库的服务。它基于客户机/服务器模型,用户通过直接访问美国化学文摘社的服务器来查询CA。

1.6.4 网络数据库文献

随着互联网业务的发展,网络数据库成为当前使用最普遍的文献收集方式,它具有信息量大、检索方便快捷、内容更新速度快等特点。例如:

1. 中国期刊全文数据库(http://www.cnki.net)

收录1994年至今的5 300余种核心与专业特色期刊全文,累积全文600多万篇,题录600多万条。分为理工A(数理科学)、理工B(化学化工能源与材料)、理工C(工业技术)、农业、医药卫生、文史哲、经济政治与法律、教育与社会科学综合、电子技术与信息科学9大专辑126个专题数据库,网上数据每日更新。

2. 万方数据库(http://www.wanfangdata.com.cn)

万方数据库是由万方数据公司开发的,涵盖期刊、会议纪要、论文、学术成果、学术会议论文的大型网络数据库;集纳了理、工、农、医、人文五大类70多个类目共4 529种;万方会议论文:《中国学术会议论文全文数据库》是国内唯一的学术会议文献全文数据库,主要收录1998年以来国家级学会、协会、研究会组织召开的全国性学术会议论文,是了解国内学术动态必不可少的帮手。

3. Elsevier Science电子期刊全文库(http://www.sciencedirect.com)

Elsevier Science公司出版的期刊是世界上公认的高品位学术期刊。清华大学与荷兰Elsevier Science公司合作在清华图书馆已设立镜像服务器,满足国内用户的需要。

4. 美国化学学会(ACS)数据库(http://pubs.acs.org)

美国化学学会(American Chemical Society, ACS)成立于1876年,内容涵盖化学以及与化学相关的学科。网站除具有索引与全文浏览功能外,还具有强大的搜索功能,查阅文献非常方便。

5. 英国皇家化学学会(RSC)期刊及数据库(http://www.rsc.org)

英国皇家化学学会(Royal Society of Chemistry, RSC)出版的期刊及数据库是化学领域的核心期刊和权威性数据库。

6. John Wiley电子期刊(http://www.interscience.wiley.com)

John Wiley出版的电子期刊其学科范围以科学、技术与医学为主。该出版社期刊的学术质量很高,是相关学科的核心资料。

Chapter 2 第2章 有机化学实验的基本操作

2.1 简单玻璃工操作

在有机化学实验中，玻璃工操作是重要操作之一。因为毛细管、弯管、滴管、玻璃钉和搅拌棒等常需自己动手制作。在玻璃工操作中最基本的操作是下面要介绍的拉玻璃管和弯玻璃管。

2.1.1 玻璃管的洁净和切割

所加工的玻璃管或玻璃棒应清洁和干燥。制备熔点管的玻璃管则要先用洗涤剂(或硝酸、盐酸等)洗涤，再用自来水清洗，最后用蒸馏水清洗、干燥，然后进行加工。

玻璃管(棒)的切割操作：一是锉痕，二是折断。锉痕是用小锉刀(三角锉、扁锉或小砂轮)在需要割断的地方朝一个方向锉一稍深的凹痕，痕深度约为管(棒)直径的1/10～1/4。然后两手分别握住凹痕的两边，凹痕向外，两个拇指抵住凹痕背面，轻力向外推，同时向两边拉，就可将玻璃管(棒)在凹痕处平整的断开，如图2.1所示。为安全起见，推拉时应尽可能离眼睛远些。已切断的玻璃管，断口很锋利，容易割破皮肤，使用之前需要烧圆。将断口一端放到酒精喷灯火焰的边缘，不断的转动，直到端口发黄为止。被烧圆的断口应不发生任何变形。

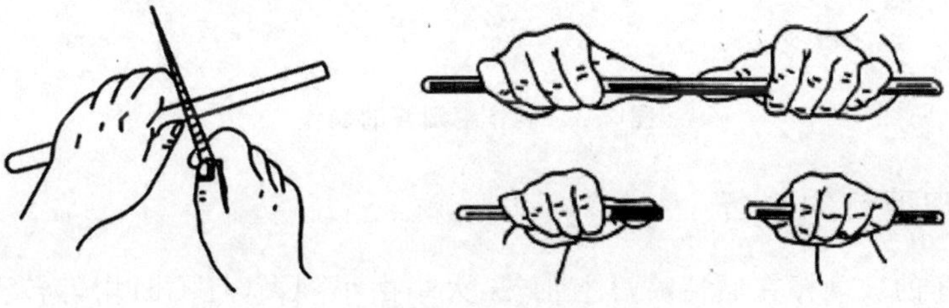

图2.1 玻璃管(棒)切割与折断

2.1.2 玻璃管的弯曲

玻璃管的弯曲操作，如图 2.2 所示。取适当长的干净玻璃管，按所需长度截断，先在灯焰上方左右移动以驱除管内水汽，然后两手握住玻璃管的两端，将需要弯曲的部分放在酒精喷灯上加热，缓慢转动使其受热均匀。当加热部位呈黄红色并开始软化时即离开火焰，两手水平持着轻轻着力，弯曲至所需的角度。此时注意不可用力过猛，否则在弯曲的位置易出现瘪陷和纠结。加工后的玻璃管应及时进行退火处理，退火方法是趁热在弱火焰中加热一会儿，然后将其慢慢移出火焰，再放在石棉网上冷却到室温。否则，玻璃管因急速冷却，内部产生很大的应力，使玻璃管断裂。即使不立即断裂，过后也会断裂。

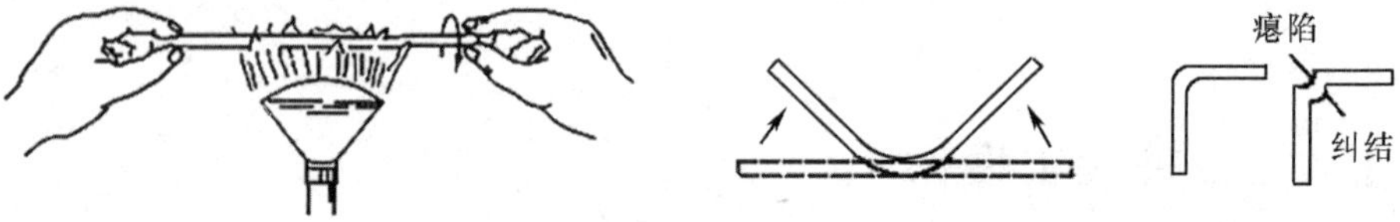

图 2.2 玻璃管的弯曲操作

2.1.3 毛细管的制作

取一根薄壁干净玻璃管（直径约 10 mm），双手拿着它的两端，放在喷灯上，一边加热，一边转动，当加热到玻璃管发黄红光且变软时，立即移出火焰，两手水平地向两端拉伸，如图 2.3 所示。拉时用力不要过猛，开始较慢，然后较快地拉长。在拉长的同时，应注意玻璃管粗细的变化，待拉成内径 1 mm 时，立即停止拉长，但两手仍要拉着玻璃管的两端呈直线状，让其稍冷后再放在石棉网上冷却。冷至室温后将拉长的毛细管截取成长度约 15 mm 的小段，两端用小火熔封。熔封时将毛细管呈 45°于小火的边缘处，一边烧，一边来回转动，至管口一合拢就立即拿出。

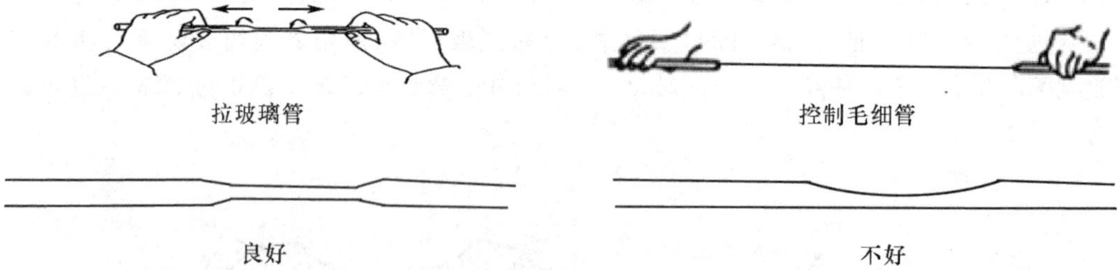

图 2.3 制作毛细管的操作

2.1.4 玻璃钉的制备

将一段干净的玻璃棒在酒精喷灯上加热，火焰由小到大，且不断均匀转动，到发黄变软时取出拉成直径为 2～3 mm 粗细的玻璃棒，从较粗的一端开始截取长度 6 cm 左右的一段，将粗的一端在火焰边缘烧红软化后在干净石棉网上按一下，再把较细的一端烧圆，即成玻璃钉。

2.2 加热和冷却

2.2.1 加热

化学实验的许多基本操作都要用到加热。由于不同的实验对加热的温度和加热方式的要求不一样，所以了解有关加热知识，对于做好每一个实验是必要的。实验室常用的热源有煤气灯、酒精灯、电热带、电热套、热水浴和油浴等。要注意，玻璃仪器一般不能用火焰直接加热，以免因温度剧烈变化和加热不均匀而造成仪器的破损或有机化合物的部分分解。加热时要根据液体的沸点、有机化合物的特性和反应要求，选用适当的加热方式。下面是有机化学实验中常用的加热方式。

(1)水浴　当加热温度在100℃以下时，最好用水浴加热。将容器浸入水浴中(注意：勿使反应器触及水浴锅的底部)，浴面应略高于容器中的液面。也可把容器置于水浴锅的金属环上，利用水蒸气来加热。如长时间加热，可用电热恒温水浴。涉及钠或钾的操作，切勿在水浴中进行，以免发生事故。若加热的温度高于100℃，可选择适当无机盐的饱和溶液作为热浴，如氯化钠饱和水溶液的沸点为109℃，硝酸钾饱和水溶液的沸点为116℃，氯化钙饱和水溶液的沸点是180℃。

(2)油浴　当加热温度在100～250℃时要用油浴。油浴的最大优点是传热均匀，并容易控制温度。油的品种以及油浴所能达到的最高温度如下：甘油140～160℃，聚乙二醇160～200℃，煤油、棉籽油、蓖麻油等植物油约220℃，液体石蜡约200℃，硅油250℃左右。除硅油外，用其他油浴加热要特别小心，当油冒烟时，表明已接近油的闪点，应立即停止加热，以免自燃着火。硅油是有机硅单体水解缩聚而得到的一类线型结构的油状物，尽管价格较贵，但由于加热到250℃左右仍较稳定，且无色、无味、无毒、不易着火，在实验室中已普遍使用。

(3)沙浴　沙浴使用方便，可加热到数百度以上。一般将清洁而又干燥的细沙平铺在铁盘上，盛有液体的容器埋入沙中进行加热，液体就间接受热。沙浴的缺点是热的传导能力较差，温度上升较慢，而散热却很快，所以容器底部与沙浴接触处的沙层要薄些，使容器容易受热；容器周围与沙接触的部分，可使用较厚的沙层，使其不易散热。

2.2.2 冷却

有些反应会产生大量热量，如果不迅速消除，将会使反应物分解或逸出反应容器，甚至引起爆炸。例如重氮化反应，此反应必须在低温下进行反应。此外，蒸气的冷凝、结晶的析出也需要冷却。

冷却的方法有直接冷却法和间接冷却法两种。在大多数情况下，使用间接冷却法，即通过玻璃容器壁，向周围的冷却介质自然散热，达到降低温度的目的。

根据冷却的温度不同，可选用不同的冷却剂，首选的冷却剂是水，具有价廉、不燃、热容量大等优点，可将容器浸在冷水中。若反应要求在室温以下进行，可选用冰或冰水混合液作冷却剂。若水对整个反应无影响也可将冰块直接投入反应容器内。

如果要进行0℃以下的冷却，可用碎冰加无机酸盐的混合物作为冷却剂，如在100 g冰水中加入 33 g 的氯化钠形成的冰盐浴能达到的最低温度为－21℃。

固体二氧化碳（干冰）和某些有机溶剂（乙醇、氯仿等）混合，可得更低的温度（－50～－78℃）。液氮可冷至－188℃。

为了保持冷却剂的效力，通常把干冰或其他的溶液及液氮盛放在保温瓶（也叫杜瓦瓶）或其他绝热较好的容器中，上口用铝箔覆盖，降低其挥发的速度。

应当注意，温度若低于－38℃时，则不能使用温度计，因为低于－38℃时，水银会凝固。应该改用内装有机液体的低温温度计。

2.3 干燥和干燥剂

干燥是除去固体、液体或气体中少量水分或少量有机溶剂的方法。如在进行有机物波谱分析、定性或定量分析以及测量物理常数时，往往要求预先干燥，否则测定结果便不准确。液体有机物在蒸馏前也需要干燥，否则前馏分较多，产物损失，甚至沸点也不准。此外，许多有机反应需要在无水条件下进行，因此，溶剂、原料和仪器等均要干燥。可见，在有机化学实验中，试剂和产品的干燥具有重要的意义。

2.3.1 基本原理

干燥方法可分为物理方法和化学方法两种。

1. 物理方法

物理方法中有烘干、晾干、吸附、分馏、共沸蒸馏和冷冻等。近年来，还常用离子交换树脂和分子筛等方法进行干燥。

离子交换树脂是一种不溶于水、酸、碱和有机溶剂的高分子聚合物。分子筛是含水硅铝酸盐的晶体。

2. 化学方法

化学方法采用干燥剂来除水。根据除水作用原理又可分为两种：

(1)与水可逆地结合，生成水合物，例如：

$$CaCl_2 + nH_2O \rightleftharpoons CaCl_2 \cdot nH_2O$$

(2)与水发生不可逆的化学变化，生成新的化合物，例如：

$$2Na + 2H_2O = 2NaOH + H_2\uparrow$$

使用干燥剂时要注意以下几点：

①干燥剂与水的反应为可逆反应时，反应达到平衡需要一定时间。因此，加入干燥剂后，一般最少要两个小时或更长一点的时间后才能收到较好的干燥效果。因反应可逆，不能将水完全除尽，故干燥剂的加入量要适当，一般为溶液体积的5%左右。当温度升高时，这种可逆反应的平衡向脱水方向移动，所以在蒸馏前，必须将干燥剂滤除，否则被除去的水将返回液体中。

②干燥剂与水发生不可逆反应时，使用这类干燥剂在蒸馏前不必滤除。

③干燥剂只适用于干燥少量水分。若水的含量大，干燥效果不好。为此，萃取时应尽量

将水层分净，这样干燥效果好，且产物损失少。

2.3.2 液体有机化合物的干燥

1. 干燥剂的选择

干燥剂应与被干燥的液体有机化合物不发生化学反应，包括溶解、络合、缔合和催化等作用，例如酸性化合物不能用碱性干燥剂等。表 2.1 列出各类有机物常用干燥剂及其性能。

表 2.1 各类有机物常用干燥剂及其性能

干燥剂	吸水作用	吸水容量	干燥效能	干燥速度	应用范围
氯化钙	形成 $CaCl_2 \cdot nH_2O$ $n=1,2,4,6$	0.97 按 $CaCl_2 \cdot 6H_2O$ 计	中等	较快，但吸水后表面为薄层液体所盖，故放置时间要长些为宜。	能与醇、酚、胺、酰胺及某些醛、酮形成配合物，因而不能用来干燥这些化合物。工业品中可能含氢氧化钙和碱或氧化钙，故不能用来干燥酸类。
硫酸镁	形成 $MgSO_4 \cdot nH_2O$ $n=1,2,4,5,6,7$	1.05 按 $MgSO_4 \cdot 7H_2O$ 计	较弱	较快	中性，应用范围广，可代替 $CaCl_2$，并可用于干燥酯、醛、酮、腈、酰胺等不能用 $CaCl_2$ 干燥的化合物。
硫酸钠	$Na_2SO_4 \cdot 10H_2O$	1.25	弱	缓慢	中性，一般用于有机液体的初步干燥。
硫酸钙	$2CaSO_4 \cdot H_2O$	0.06	强	快	中性，常与硫酸镁(钠)配合，作最后干燥之用。
碳酸钾	$K_2CO_3 \cdot 1/2H_2O$	0.2	较弱	慢	弱碱性，用于干燥醇、酮、酯、胺及杂环等碱性化合物，不适于酸、酚及其他酸性化合物。
氢氧化钾(钠)	溶于水	—	中等	快	弱碱性，用于干燥胺、杂环等碱性化合物，不能用于干燥醇、酯、醛、酮、酸、酚等。
金属钠	$Na + H_2O = NaOH + 1/2H_2$	—	强	快	限于干燥醚、烃类中痕量水分。用时切成小块或压成钠丝。
氧化钙	$CaO + H_2O = Ca(OH)_2$	—	强	较快	用于干燥低级醇类。
五氧化二磷	$P_2O_5 + 3H_2O = 2H_3PO_4$	—	强	快，但吸水后表面为黏浆液覆盖，操作不便	用于干燥醚、烃、卤代烃、腈等中的痕量水分。不适用于醇、酸、胺、酮等。
分子筛	物理吸附	约 0.25	强	快	用于各类有机化合物的干燥。

2. 干燥效能

干燥效能是指达到平衡时液体被干燥的程度。对于形成水合物的无机盐干燥剂，常用吸水后结晶水的蒸气压来表示干燥剂效能。如硫酸钠形成10个结晶水，蒸气压为260 Pa；氯化钙最多能形成6个水的水合物，其吸水容量为0.97，在25℃时水蒸气压力为39 Pa。因此硫酸钠的吸水容量较大，但干燥效能弱；而氯化钙吸水容量较小，但干燥效能强。在干燥含水量较大而又不易干燥的化合物时，常先用吸水容量较大的干燥剂除去大部分水，再用干燥效能强的干燥剂进行干燥。

3. 干燥剂的用量

根据水在液体中溶解度和干燥剂的吸水量，可算出干燥剂的最低用量。但是，干燥剂的实际用量是大大超过计算量的。一般干燥剂的用量为每10 mL液体约需0.5～1 g干燥剂。但在实际操作中，主要是通过实验观察判断：

(1)观察被干燥液体　干燥前，液体呈浑浊状，经干燥后变成澄清，这可简单地作为水分基本除去的标志，例如在环己烯中加入无水氯化钙进行干燥，未加干燥剂之前，由于环己烯中含有水，环己烯不溶于水，溶液呈现浑浊状态。当加入干燥剂吸水之后，环己烯呈清澈透明状，这时即表明干燥合格。否则应补加适量干燥剂继续干燥。

(2)观察干燥剂　例如，用无水氯化钙干燥乙醚时，不管乙醚中的水是否除净，溶液总是呈清澈透明状，如何判断干燥剂用量是否合适，则应看干燥剂的状态。加入干燥剂后，因其吸水变黏，粘在器壁上，摇动不易旋转，表明干燥剂用量不够，应适量补加无水氯化钙，直到新加的干燥剂不结块，不粘壁，干燥剂棱角分明，摇动时旋转并悬浮(尤其 $MgSO_4$ 等小晶粒干燥剂)，表示所加干燥剂用量合适。

由于干燥剂还能吸收一部分有机液体，影响产品收率，故干燥剂用量应适中。应加入少量干燥剂后静置一段时间，观察用量不足时再补加。表2.2是各类有机物常用的干燥剂。

表2.2　各类有机化合物常用的干燥剂

化合物类型	干燥剂
烃	$CaCl_2$、Na、P_2O_5
卤代烃	$CaCl_2$、$MgSO_4$、Na_2SO_4、P_2O_5
醇	$MgSO_4$、Na_2SO_4、K_2CO_3、CaO
醚	$CaCl_2$、Na、P_2O_5
醛	$MgSO_4$、Na_2SO_4
酮	$MgSO_4$、Na_2SO_4、K_2CO_3、$CaCl_2$
酸、酚	$MgSO_4$、Na_2SO_4
酯	$MgSO_4$、Na_2SO_4、K_2CO_3
胺	KOH、NaOH、K_2CO_3、CaO
硝基化合物	$CaCl_2$、$MgSO_4$、Na_2SO_4

4. 干燥时的温度

对于生成水合物的干燥剂，加热虽然可加快干燥速度，但是远远不如水合物放出水的速度快，因此，干燥通常在室温下进行。

5. 干燥的操作步骤与要点

(1)首先把被干燥液中水分尽可能除净，不应有任何可见的水层或悬浮水珠。

(2)把待干燥的液体放入锥形瓶中，取颗粒大小合适(如无水氯化钙，应为黄豆粒大小并不夹带粉末)的干燥剂，放入液体中，用塞子盖住瓶口，轻轻摇振，经常观察，判断干燥剂是否足量，静置一段时间(0.5 h以上，最好过夜)。

(3)把干燥好的液体滤入蒸馏瓶中，然后进行蒸馏。

2.3.3 固体有机化合物的干燥

干燥固体有机化合物，主要是为除去残留在固体中的少量低沸点溶剂，如水、乙醚、乙醇、丙酮、苯等。由于固体有机物的挥发性比溶剂小，所以采取蒸发和吸附的方法来达到干燥的目的，常用干燥法如下：

(1)晾干　这是最简便的干燥方法。把要干燥的固体放在一张滤纸上面薄薄地摊开，用另一张滤纸覆盖起来，让它在空气中慢慢地晾干。

(2)烘干　用恒温烘箱烘干或用恒温真空干燥箱烘干；用红外灯烘干。

(3)冻干　使用冷冻干燥机在高真空度条件下，使试样中的冰升华将样品干燥。

(4)滤纸吸干　若遇难抽干溶剂时，把固体从布氏漏斗中转移到滤纸上，上下均放2～3层滤纸，挤压，使溶剂被滤纸吸干。

(5)干燥器干燥　普通干燥器一般适用于保存易潮解或升华的样品。但干燥效率不高，花费时间较长。真空干燥器比普通干燥器干燥效率高，但这种干燥器不适用于易升华物质的干燥。抽气时要接上安全瓶，以免在水压变化时使水倒吸入干燥器内。取样时要缓慢打开活塞，或用滤纸片挡住入口，防止气流进入太快冲散样品。放置对于空气敏感的物质，可通入氮气保护。图2.4为普通干燥器和真空干燥器示意图。

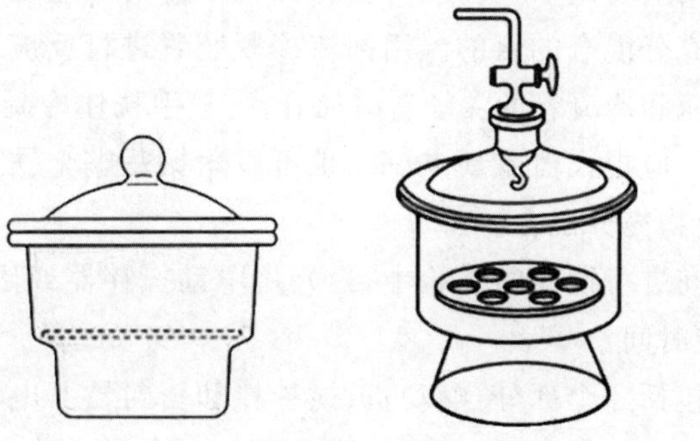

图2.4　普通干燥器和真空干燥器

2.3.4 气体的干燥

有机实验中常用气体有 N_2、O_2、H_2、Cl_2、NH_3、CO_2 等，有时要求气体中含很少或几乎不含 H_2O，因此，就需要对上述气体进行干燥。干燥气体常用仪器有干燥管、干燥塔、U 形管、各种洗气瓶（常用来盛液体干燥剂）等。表 2.3 为常用气体干燥剂。

表 2.3 常用气体干燥剂

干燥剂	可干燥气体
CaO、碱石灰、NaOH、KOH	NH_3类
无水 $CaCl_2$	H_2、HCl、CO_2、CO、SO_2、N_2、O_2、低级烷烃、醚、烯烃、卤代烃
P_2O_5	H_2、N_2、O_2、CO_2、SO_2、烷烃、乙烯
浓 H_2SO_4	H_2、N_2、HCl、CO_2、Cl_2、烷烃
$CaBr_2$、$ZnBr_2$	HBr

用无水氯化钙干燥气体时，切勿用细粉末，以免吸潮后结块堵塞。如用浓硫酸作干燥剂，酸的用量要适当，并控制好通入气体的速度。为了防止发生倒吸，在洗气瓶与反应瓶之间应连接安全瓶。

用干燥塔进行干燥时，为了防止干燥剂在干燥过程中结块，那些不能保持其固有形态的干燥剂（如五氧化二磷）应与载体（如石棉网、玻璃纤维、浮石等）混合使用。低沸点的气体可通过冷阱将其中的水或其他可凝性杂质冷冻而除去，从而获得干燥的气体，固体二氧化碳与甲醇组成的体系或液态空气都可用作为冷阱的冷冻液。

为了防止大气中的水汽侵入，有特殊干燥要求的开口反应装置可在开口处安装干燥管，进行空气的干燥。

2.4 搅拌和振荡

用固体和液体或互不相溶的液体进行反应时，为了使反应混合物充分接触，应该进行强烈的搅拌或振荡。在反应物量小、反应时间短，而且不需要加热或温度不太高的操作中，用手摇动容器就可达到充分混合的目的。用回流冷凝装置进行反应时，有时需要作间歇的振荡。这时可将固定烧瓶和冷凝管的夹子暂时松开，一只手扶住冷凝管，另一只手拿住瓶颈作圆周运动；每次振荡后，应把仪器重新夹好。也可以用振荡整个铁架台的方法（这时夹子应夹牢）使容器内的反应物充分混合。

在那些需要长时间进行搅拌的实验中，最好用电动搅拌器或磁力搅拌，其效率高、节省人力，还可以缩短反应时间。

电动搅拌器主要包括三个部分：电动机、搅拌棒和密封器。电动机是动力部分，固定在铁架台的支架上。电动机的转速用调压变压器调节。搅拌棒与电动机相连，当接通电源后，电动机就带动搅拌棒转动而进行搅拌，密封器是搅拌棒与反应器连接的装置，它可以防止反应器中的蒸气往外逸，如图 2.5(a)所示。搅拌棒通常用聚四氟乙烯或玻璃棒制成。玻璃棒必须选用圆形和直形的。棒的下端可以在火焰上烧制成不同式样，如图 2.5(b)所示。

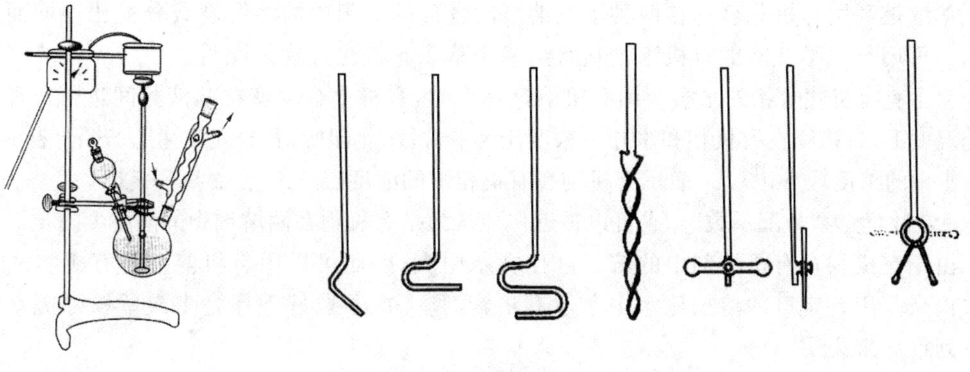

(a) (b)

图 2.5 电动搅拌装置(a)和几种形状的搅拌棒 (b)

机械搅拌的装配方法如下：首先选定三口烧瓶和电动机的位置。选择一个适合中间瓶口的橡胶塞，在塞子中心处钻一孔，孔必须钻得光滑笔直，插入一根长 6～7 cm 的玻璃管(或封闭管)；橡胶塞和玻璃管间一定要紧密。玻璃管的内径应比搅拌棒稍大一些，使搅拌棒在玻璃管内可以自由地转动。在玻璃管内插入搅拌棒，把搅拌棒和电动机轴头用短橡胶管(或连接器)连接起来，然后把配有搅拌棒的橡胶塞塞入三口烧瓶的中间瓶口内，塞紧橡胶塞。调整三口烧瓶的位置，使搅拌棒的下端距瓶底约 5 cm，中间瓶颈用铁夹夹紧。检查这几件仪器安装得是否垂直；电动机的轴和搅拌棒应在同一直线上。用手试验搅拌棒转动是否灵活，再以低转速开动电动机试验转动情况。当搅拌棒与封管(玻璃管)之间不发出摩擦声时，仪器装配合格。否则，需要进行调整。装上冷凝管、滴液漏斗(或温度计)，用铁夹夹紧。整套仪器应安装在同一个铁架台上。再次开动搅拌器。如果转动正常，才能加入物料进行实验。

为防止蒸气或反应中产生的有毒气体，从玻璃管和搅拌棒间逸出，需要封口。橡皮管和搅拌棒之间用少量甘油或凡士林润滑。

图 2.6 78-1 型磁力搅拌器

现在许多的加热或反应设备中都带有磁力搅拌功能，如果反应物不具有磁性，可以用磁力搅拌器(图 2.6)，磁力搅拌器比电动搅拌简单、方便得多。

2.5 萃取

萃取是从固体或液体混合物中分离所需有机化合物的最常用方法之一。通常将从固体或液体中分离所需的物质称为“萃取”，或“提取”、“抽取”，而将产物中的少量杂质除去称为“洗涤”。洗涤也是一种萃取。根据萃取物质形态的不同，萃取又可分为从溶液中萃取(液-液萃取)和从固体中萃取(固-液萃取)两种方法。

【实验原理】

萃取是利用有机化合物在两种不互溶(或微溶)的溶剂中的溶解度或分配比不同而进行分离。可用与水不互溶的有机溶剂从水溶液中萃取有机化合物来说明。

将含有有机化合物的水溶液用有机溶剂萃取时,有机化合物就在两液相间进行分配。在一定温度下,有机物在有机相和水相中浓度比为一常数,此即所谓"分配定律"。若 c_0 表示有机物在水中的浓度(g/mL),c_1 表示有机物在有机相中的浓度(g/mL)。温度一定时,$c_0/c_1 = k$,k 是一常数,称为"分配系数"。它可以被近似地认为是有机物在两溶剂中的溶解度之比。

由于有机物在有机溶剂中的溶解度比在水中大,因而可以用有机溶剂将有机物从水中萃取出来。用一定量的溶剂从水中萃取有机物,是一次萃取好呢还是多次萃取好呢?可以用下列推导来说明。

设 s_0 为水溶液的体积;s 为每次所用萃取剂的体积;x_0 为溶解于水中的有机物的质量;x_1,…,x_n 分别为萃取一次至 n 次后留在水中的有机物质量;k 为分配系数。则有机物在水中的浓度和在有机相中的浓度之比等于 k ,即:

一次萃取 $$k=\frac{c_0}{c_1}=\frac{x_1/s_0}{(x_0-x_1)/s} \qquad x_1=x_0\frac{ks_0}{ks_0+s}$$

二次萃取 $$k=\frac{x_2/s_0}{(x_1-x_2)/s} \qquad x_2=x_1\frac{ks_0}{ks_0+s}=x_0\left(\frac{ks_0}{ks_0+s}\right)^2$$

n 次萃取 $$x_n=x_0\left(\frac{ks_0}{ks_0+s}\right)^n$$

式 $\frac{ks_0}{ks_0+s}<1$,且当 n 值越大时,x_n 则越小,说明用同样多的溶剂分多次萃取比一次萃取效果要好。这一点十分重要,它是提高分离效率的有效途径。根据分配定律,即可求出每次萃取出的物质的数量,也可算出经萃取后的剩余量。

例如,100 mL 水中含有 4 g 正丁酸的溶液,在 15℃时用 100 mL 苯萃取,设已知在 15℃时正丁酸在水和苯中的分配系数为 1/3。

用 100 mL 苯一次萃取后正丁酸在水中剩余量为:

$$x_1=4\ \text{g}\times\frac{1/3\times100\ \text{mL}}{1/3\times100\ \text{mL}+100\ \text{mL}}=1.0\ \text{g}$$

如果将 100 mL 苯分 3 次萃取,则剩余量为:

$$x_3=4\ \text{g}\times\left(\frac{1/3\times100\ \text{mL}}{1/3\times100\ \text{mL}+33.3\ \text{mL}}\right)^3=0.5\ \text{g}$$

一般将一定体积的溶剂分为 3～5 次萃取即可,这时因为 n 增加 s 就要减少,当 n 大于 5 时,再增加 n ,n 和 s 这两个因素的影响就几乎相互抵消了。

【实验步骤】

1. *液-液萃取*

萃取的主要仪器是分液漏斗[1](图 2.7)。使用前需在下部活塞上涂凡士林,然后在分液漏斗中放入水,检查上面的玻璃塞和下面的活塞是否漏水。确定不漏才可使用。

(1)准备萃取　将分液漏斗置于铁架台的铁圈上，准确量取被萃取溶液，放入分液漏斗中，然后加入萃取剂[2]，盖紧顶部玻璃塞，使玻璃塞上的凹槽和小孔远离。

(2)振荡萃取　取下分液漏斗，用右手手掌(或食指根部)紧紧顶住漏斗上端玻璃塞，同时抓紧漏斗，左手的食指和中指拳握在活塞的柄上，无名指和小手指在塞座的另一边与中指一起夹住漏斗，左手悬空(图 2.8)。这样可以保证摇振时，玻璃塞和活塞均夹紧。摇振时，将漏斗的上口向下倾斜，下部支管指向斜上方(朝向无人处)，上下轻轻摇振分液漏斗，摇振几次后，用左手的拇指和食指旋开活塞，从指向斜上方的支管口放出漏斗内的气体，使内外压力平衡后关闭活塞。重复操作 2～3 次至放气时只有很小的压力后，再剧烈摇振 1～3 min，然后将分液漏斗放在铁圈上。

(3)静置分离　使玻璃塞上的凹槽和小孔相连，漏斗中的液体静置，待两层液体完全分开后[3]，打开上面的玻璃塞，把分液漏斗的下端靠在接收器的内壁上，缓缓旋开活塞，让液体流下[4]，当液面分界接近活塞时，关闭活塞，静置片刻，待下层液体汇集不再增多时，小心地把下层液体全部放出。然后将上层液体从上口倒出，切不可从活塞处放出，以免被残留在漏斗颈上的第一种液体污染。

2. 液-固萃取

固体物质的萃取通常用长时间浸出法或采用索氏(Soxhlet)提取器(图 2.9)。索氏提取器是利用加热使溶剂回流及虹吸原理，使固体有机物连续多次被溶剂萃取，因而效率较高。对受热易分解或变色的物质不宜采用，同时所用溶剂的沸点也不宜过高。

萃取前应先将固体物质研细，以增加溶剂的浸润面积，然后把固体物质放入滤纸套内(滤纸套的直径稍小于提取筒的内径)，上面盖一张滤纸，装入提取器内，样品的高度应略低于虹吸管上端。

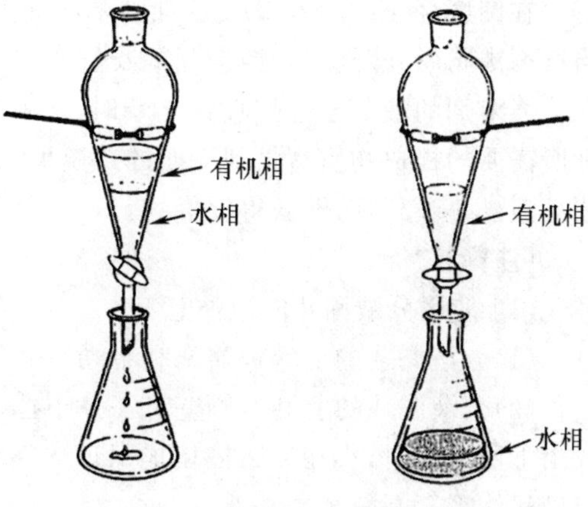

图 2.7　使用分液漏斗萃取

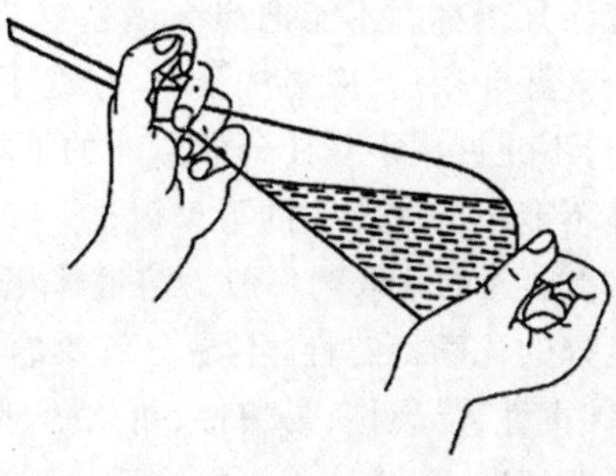

图 2.8　摇振分液漏斗

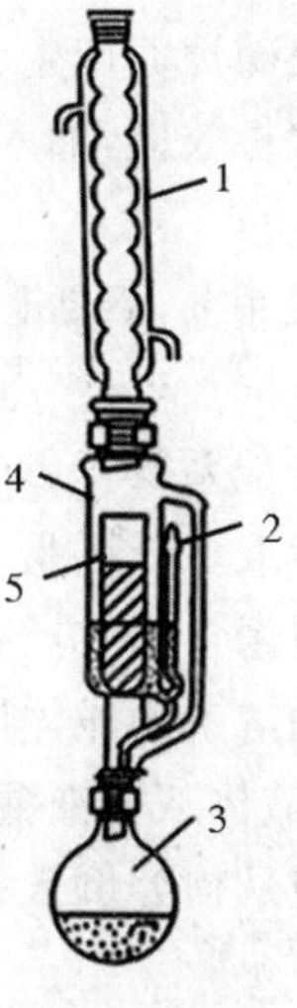

图 2.9　索氏提取装置

1. 球形冷凝管　2. 虹吸管　3. 圆底烧瓶
4. 索氏提取器　5. 滤纸筒

在圆底烧瓶中加入提取溶剂和沸石，连接提取器、回流冷凝管，接通冷凝水，然后加热。当溶剂沸腾时，蒸气从烧瓶进到冷凝管中，冷凝后的热溶剂滴入提取器中对样品进行浸泡提取。当溶剂的液面超过虹吸管上端时，会虹吸流回烧瓶。溶剂就这样在仪器内循环流动并把所需要的提取物质富集到下面的烧瓶里。一般需要数小时才能完成，提取液经浓缩后，将浓缩液进一步处理，即获得提取物。

【注释】

[1] 使用分液漏斗时应注意：

(1)分液漏斗的上端玻璃塞和下端活塞要用橡皮筋绑在分液漏斗上。

(2)分液漏斗的上磨口侧壁有一个小孔，配套的玻璃塞子侧面有一个凹槽。平时不用或放出下层液体时，小孔和凹槽相连保证体系通大气；进行检漏或摇振时，小孔和凹槽应该远离确保体系不漏气。

(3)凡士林切勿涂得太多或使凡士林进入活塞孔中，以免污染萃取液。漏斗上口的玻璃塞不能涂凡士林。不能把捆绑活塞橡皮筋或活塞上附有凡士林的分液漏斗放在烘箱内烘干。分液漏斗用后，应清洗干净，在塞子与瓶口之间垫一张纸片，以免日久粘住。

(4)不允许用手拿住分液漏斗的下端，也不允许用手拿住分液漏斗进行液体分离。上层的液体不能由分液漏斗的下口放出。

[2] 加入的萃取剂一般为溶液体积的 1/3。萃取剂对萃取分离的效果影响很大，萃取剂应有良好的化学稳定性，不易分解聚合。一般选择低沸点溶剂，易与溶质分离和回收。另外，对其毒性、易燃性、易爆性、价格等都应考虑。

一般情况下，难溶于水的物质用石油醚萃取，较易溶于水的物质用乙醚等萃取，易溶于水的物质用乙酸乙酯来萃取。用乙醚做萃取剂时，注意附近不能有明火，否则易引起火灾。

[3] 摇振时，特别是溶液呈碱性时易出现乳化现象。用来破坏乳化的方法有：

(1)较长时间静置，以达到乳浊液分层的目的。

(2)若因溶液碱性而产生乳化，可加入少量稀酸或采用过滤等方法破坏乳化。

(3)可利用盐析效应，加入食盐，使溶液饱和，提高水相密度，以破坏乳液的稳定性，达到破坏乳化的目的。

[4] 在实验结束前，不要把萃取后的溶液倒掉，防止万一分不清水层和有机层时无法挽救。

【思考题】

(1)什么是分配系数？影响萃取效率的因素有哪些？怎样才能选择好溶剂？

(2)什么是萃取？什么是洗涤？两者有何区别？

(3)使用分液漏斗时，应注意哪些问题？

(4)两种不相溶解的液体同在分液漏斗中，相对密度大的在哪层？下层液体从哪里放出来？为了让下层液体从分液漏斗下口放出时流速不要太快，应该怎样操作？留在分液漏斗中的上层液体，应从何处倒入另一容器中？

2.6 升华

升华是提纯固体有机化合物的方法之一。容易升华的物质含有不挥发性杂质时，可采用升华的方法进行精制。这种方法适用于以下情况:①被提纯的固体化合物在不太高的温度下就具有较高的蒸气压,在低于熔点时,即可产生足够的蒸气(在熔点前高于 2.67 kPa),使固体不经熔化直接变成气态;②固体化合物中杂质的蒸气压低,有利于分离。升华方法制得的产品纯度较高,但操作时间较长,损失较大,因此有一定的局限性。在实验室里只适用于较少量(1～2 g)物质的纯化。

升华法只能用于在不太高的温度下有足够大的蒸气压(在熔点前高于 2.67 kPa)的固体物质的提纯,因此有一定的局限性。

表 2.4 列出了樟脑和蒽醌的温度和蒸气压的关系。它们在熔点之前蒸气压已相当高,可以进行升华。

表 2.4 樟脑、蒽醌的温度和蒸气压的关系

樟脑(熔点/176℃)		蒽醌(熔点/285℃)	
温度/℃	蒸气压/Pa	温度/℃	蒸气压/Pa
20	19.9	200	239.4
60	73.2	220	585.2
80	1 216.9	230	944.3
100	2 666.6	240	1 635.9
120	6 397.3	250	2 660
160	29 100.4	270	6 995.8

【实验目的】

学习升华的原理和意义;熟悉实验室常用的升华方法。

【实验原理】

某些物质在固态时具有相当高的蒸气压,当加热时不经过液态而直接汽化,这个过程叫升华。

为了深入了解升华的原理,首先应研究固、液、气三相平衡,见图 2.10。

图 2.10 中纵轴是施于物质上的大气压力,横轴是它的温度。*GS* 表示固相与气相平衡时固相的蒸气压曲线,固体物质的蒸气压随着温度的升高而增大;*SY* 表示液相与气相平衡时液相的蒸气压曲线,液态物质的蒸气压也随温度的升高而增大;*SV* 则是固相与液相的平衡曲线,亦即压力对熔点的影响。*SV* 曲线与其他两曲线在 *S* 处相交。*S* 为三相点。在这一温度和压力下,固、液、气三相处于平衡状态。不同物质在三相点时,其温度与压力是各不相同的。例如樟脑三相点的温度是 179℃,压力是 49.3 kPa;六氯乙烷的三相点的温度是 186℃,压力是 104 kPa。任何固体物质在三相点的压力以上加热时,物质自固态经液态变为气态。但在三相点压力以下加热时,物质则直接由固态变为气态。因此对于在三相点时蒸气压已达到相当大的物质,很适宜在大气压下用升华法来进行纯化处理。樟脑在 160℃时的蒸气压为

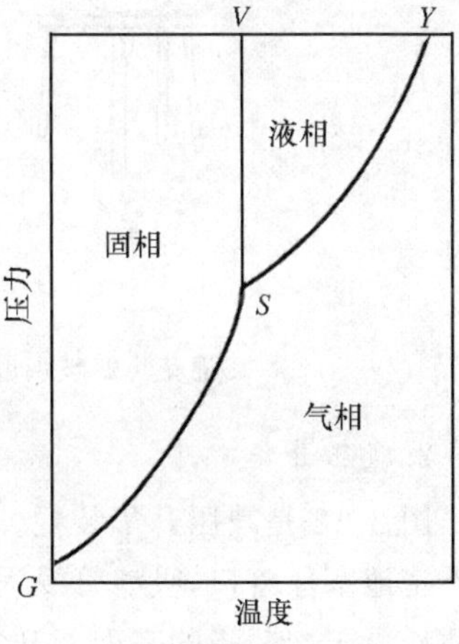

图 2.10 物质的三相平衡图

29.1 kPa,在未达到熔点时已有相当高蒸气压。只要缓缓地加热至低于179℃(三相点温度值)它就可以升华。蒸气遇到冷的表面就凝结于上面,这样蒸气压始终维持在低于49.3 kPa,直到升华完毕。假使很快地将樟脑加热,蒸气压超过三相点时的平衡压力,则樟脑开始熔化为液体,所以升华时加热应缓慢。

与液态化合物的沸点相似,当固体化合物的蒸气压等于外界所施加给固体化合物表面压力时,该固体化合物开始升华,此时的温度为该固体化合物的升华点。

常压下不宜升华的物质,即在三相点时蒸气压比较低的物质,如在减压下升华,可得到较满意的结果。也可采用在减压下通入少量空气或惰性气体以加快蒸发的速度。通入气体应注意通入的量,以不致影响真空泵为好。

【实验步骤】

1. 常压升华

图2.11是常用的常压升华装置,必须注意冷却面与升华物质的距离应尽可能近些。因为升华发生在物质的表面,所以待升华物质应预先粉碎并充分干燥。

图2.11(a)是实验室常用的常压升华装置。将升华物质放在蒸发皿中,铺均匀。上面覆盖一张穿有很多小孔的滤纸,然后把大小合适的玻璃漏斗倒盖在上面,漏斗颈口处用少量棉花堵住,以免蒸气外逸,造成产品损失。将蒸发皿放在沙浴上,用电炉或煤气灯加热,在加热过程中应注意控制温度低于升华物质的熔点。蒸气通过滤纸上升,冷却后结晶凝结在滤纸或漏斗壁。如结晶不能及时析出,可在外面用湿布冷却。

较大量物质的升华,可用图2.11(b)装置分批进行升华。把待精制的物质放在烧杯中,烧杯上放一个通冷却水的烧瓶,使蒸气在烧瓶底部凝结成晶体并附着在瓶底上。

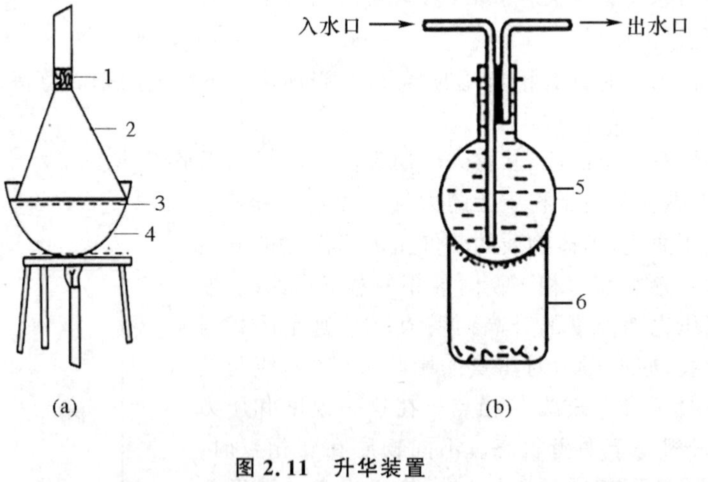

图2.11 升华装置

1.棉花 2.玻璃漏斗 3.穿孔滤纸 4.蒸发皿 5.圆底烧瓶 6.烧杯

2. 减压升华

图2.12是减压升华装置。把待升华的固体物质放在吸滤管中,将装有冷凝指[1]的橡胶塞严密地塞住管口,吸滤管浸入水浴或油浴中,利用水泵或油泵减压,缓慢加热,升华的固体物质冷凝于冷凝指的表面。升华实验结束后,将仪器与抽真空装置拆开,小心取出冷凝指,从冷凝指上刮下升华的物质。

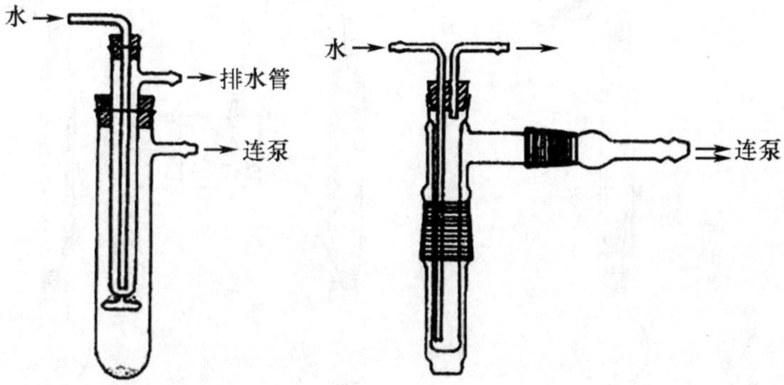

图 2.12 减压升华少量物质的装置

【注释】

[1] 在减压升华装置图中,用水(空气或冰水)冷却的中心试管,称为冷凝指。

【思考题】

(1)什么是升华?使用升华的条件是什么?

(2)什么是升华点?什么是冷凝指?升华的种类有哪些?

2.7 回流

回流是反应过程中产生的蒸气连续不断地经过冷凝管被冷凝回流到原反应器中。大多数有机化学反应需要在反应的溶剂或液体反应物的沸点附近进行,同时反应时间又比较长,为了尽量减少溶剂及物料蒸发逸散,确保产率并避免易燃、易爆或有毒气体遗漏,各种回流装置成为有机合成的基本装置。下面介绍几种有机合成中常用的回流装置。

2.7.1 回流冷凝装置

图 2.13 是几种常用的回流冷凝装置。图 2.13(a)是最简单的回流冷凝装置,将反应物放在圆底烧瓶中,在适当的热源或热浴上加热,直立的冷凝管中自下至上通入冷水,冷却水的流速不必很快,只要能保持蒸气充分冷凝即可。回流的速度应控制在蒸气上升高度不超过冷凝管的 1/3 为宜。冷凝管的选择应依据反应混合物沸点的高低而定,一般高于 140℃时应选用空气冷凝管,水冷凝管一般选用球形冷凝管。对于需要回流时间很长、反应混合物沸点很低、含有毒性较大的原料或溶剂时,可选蛇形冷凝管,以提高冷凝回流的效率。反应瓶的选择应使反应混合物占烧瓶容量的 1/3～1/2 为宜。

如果反应物易受潮,可以在冷凝管上安装干燥管防止空气中的水分进入,见图 2.13(b)。干燥剂一般可选用无水氯化钙。注意干燥剂不能装得太紧,以免因堵塞不通气使整个装置成为封闭体系而造成事故。如果反应中会放出气体,可装配气体吸收装置,见图 2.13(c)。可以根据放出气体的性质,选用酸或碱液来吸收。在安装仪器时,应使整个装置与大气相通,以免发生倒吸现象。如果反应体系既有有害气体放出又怕水汽,可用图 2.13(d)装置。

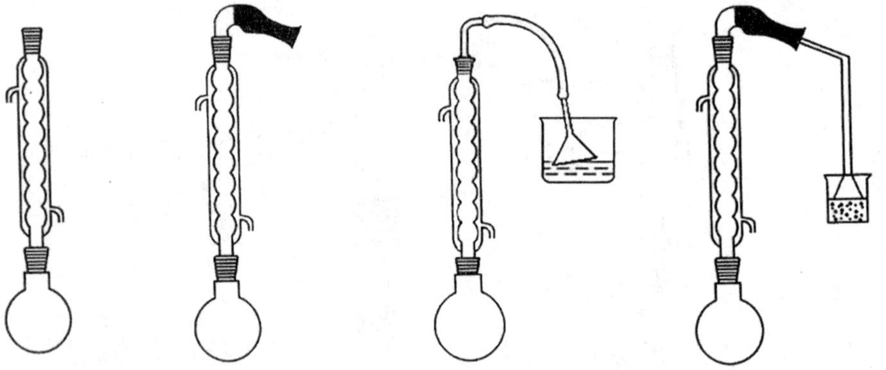

(a) (b) (c) (d)

图 2.13 回流冷凝装置

2.7.2 滴加回流冷凝装置

某些有机反应比较剧烈,放出大量的热,如果一次加料过多会使反应难以控制,而有些反应为了控制反应的选择性,也需要缓慢均匀地加料。此时,可以采用带有滴液漏斗的滴加回流冷凝装置。图 2.14 是两种形式的滴加回流冷凝装置。

2.7.3 回流分水冷凝装置

进行一些可逆平衡反应时,为了使正向反应进行彻底,可将产物之一的水不断从反应混合体系中除去,此时,可以用图 2.15 所示的回流分水冷凝装置。在该装置中,有一个分水器,回流下来的蒸气冷凝液进入分水器,分层以后,有机层自动彻底流回反应烧瓶,生成的水从分水器放出,这样就可以使某些生成水的可逆反应尽可能地反应彻底。

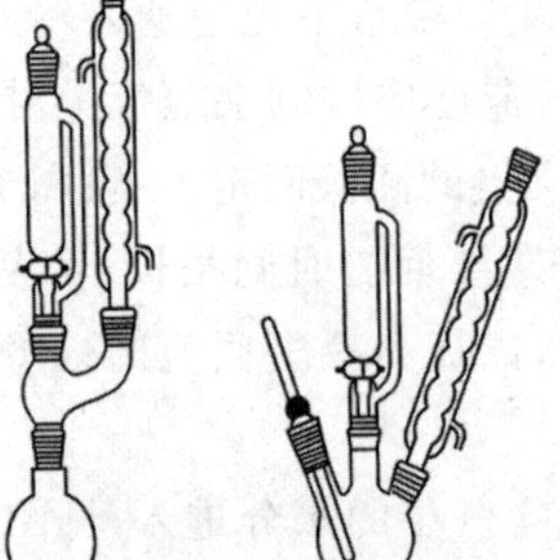

(a) (b)

图 2.14 滴加回流冷凝装置

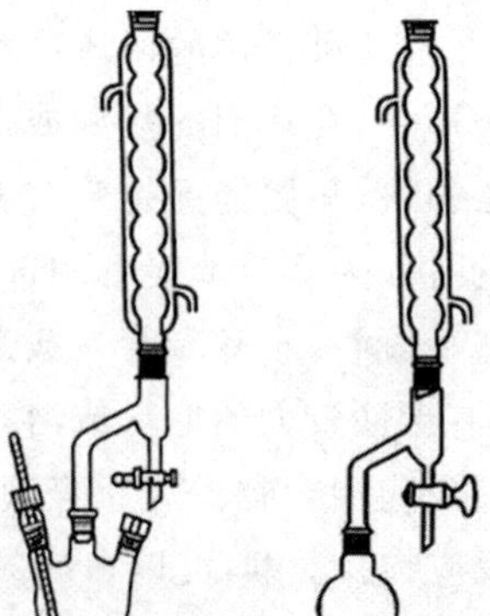

(a) (b)

图 2.15 回流分水冷凝装置

2.7.4　搅拌回流装置

图 2.16 是一组常用的电动搅拌回流装置。如果只是要求电动搅拌、回流，可以用图 2.16(a) 装置。如果除要求搅拌回流外，还需要滴加试剂，可以用图 2.16(b)装置。如果不仅要满足上述要求，而且还要经常测量反应温度，可以用图 2.16(c)装置。

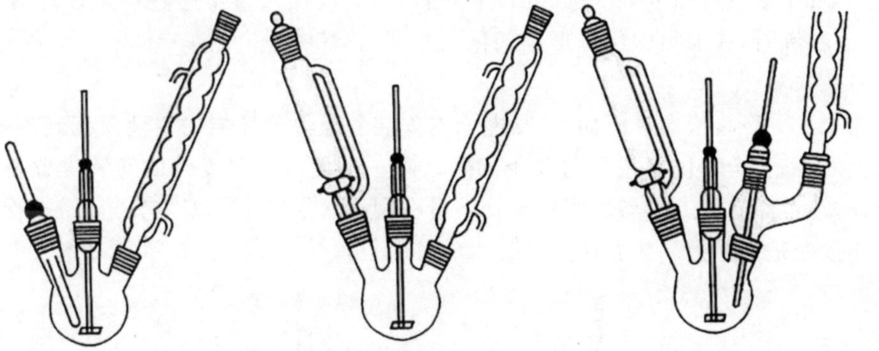

(a)　　(b)　　(c)

图 2.16　常用电动搅拌回流装置

2.8　常压蒸馏

液态有机化合物的使用通常要有一定的纯度，如分析纯、化学纯等试剂。但有机反应又是复杂的，副反应、副产物等较为普遍，所以就需要将反应后的混合物进行分离提纯。常用的提纯液态有机物的方法有蒸馏、分馏、水蒸气蒸馏、减压蒸馏等。本实验是介绍常压蒸馏法提纯工业酒精。

【实验目的】

理解蒸馏的基本原理；熟练掌握蒸馏装置的安装和使用方法。

【实验原理】

液体在一定的温度下具有一定的蒸气压。当液体受热时，它的蒸气压就随着温度的升高而增大。待蒸气压增加到与大气压或所给压力相等时液体沸腾，即达到沸点。蒸馏是分离和提纯液体有机物质最常用的方法之一。所谓蒸馏就是将液态物质加热到沸腾变为蒸气，又将蒸气冷却为液体的两个过程的联合操作。很显然，蒸馏可将易挥发和不易挥发的物质分离开来，也可将沸点不同的液体混合物分离开来。但液体混合物各组分的沸点必须相差至少 30℃以上才能得到较好的分离效果。在常压下进行蒸馏时，由于大气压往往不是恰好为 0.1 MPa，严格说来应对观察到的沸点加上校正值，但由于偏差一般都很小，即使大气压相差 2.7 kPa，这项校正值也不过±1℃左右，因此可以忽略不计。纯的液体有机化合物在一定的压力下具有一定的沸点，但是具有固定沸点的液体不一定都是纯粹的化合物，某些有机化合物常和其他组分形成二元或三元共沸混合物，它们也有一定的沸点，关于共沸物混合物的详细介绍参考分馏实验部分。

【仪器和药品】

100 mL 圆底烧瓶、蒸馏头、100℃温度计、直形冷凝管、接收管、锥形瓶、电热套、50 mL 量筒、沸石、工业酒精。

【实验步骤】

1. 加料

在 100 mL 圆底烧瓶中加入 50 mL 工业酒精，最大加入量不超过烧瓶容积的 2/3；然后加入 3～4 粒沸石，在加热中用以形成气化中心，防止暴沸[1]。

2. 安装仪器

如图 2.17 所示，依次自下而上、从左向右安装各组件。仪器的安装要正确端正，无论从正面或侧面观察，全套仪器装置的轴线都要在同一平面内。温度计的安装位置是在蒸馏头的支管处，水银球泡的上沿与蒸馏头支管下沿在同一水平线上。安装完毕后，再次检查仪器各部位连接处是否严密。然后通入冷凝水(下进上出)[2]。

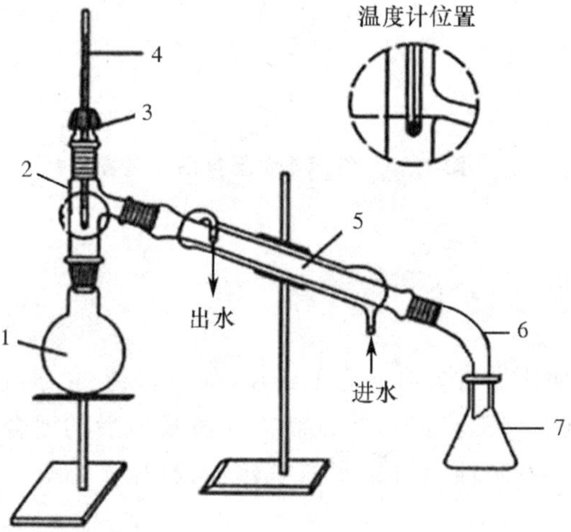

图 2.17　蒸馏装置

1. 圆底烧瓶　2. 蒸馏头　3. 温度计套管　4. 温度计　5. 直形冷凝管　6. 接收管　7. 锥形瓶

3. 加热

接通电源，调整加热功率。随着加热的进行，可以看见圆底烧瓶中液体逐渐沸腾，蒸气逐渐上升，温度计的读数也略有上升。当热蒸气的顶端达到温度计水银球部位时，温度计读数急剧上升。这时应适当降低加热的功率，使加热速度略微减慢，温度计上液滴和蒸气温度逐渐达到平衡。然后再适当升高温度，进行蒸馏。控制加热温度[3]，以每秒馏出 1～2 滴为宜。此时温度计的读数就是馏出液的沸点。

4. 蒸馏

在达到预期物质的沸点之前，工业酒精中含有的沸点较低的液体先流出，这部分馏出液称为前馏分，记录前馏分的沸程和体积。蒸完前馏分，温度趋于稳定后，立刻用一个新的接收器接收所要收集的产品，此时蒸出的就是较纯的物质，记下这部分液体开始馏出时和最后一滴时温度计的读数，即是该馏分的沸程(沸点范围)[4]。维持原来的加热温度，不会再有馏液蒸出，当温度开始下降后，就应停止蒸馏。切记不要蒸干，以免圆底烧瓶破裂及发生其他意外事故。用量筒测量所得馏分的体积,计算回收率(回收率公式见分馏实验部分)。

5. 拆卸仪器

蒸馏完毕后,应先停止加热,然后停止通水,拆除仪器。拆除仪器的顺序与安装的顺序相反,先取下接收瓶,然后拆下接收管、冷凝管、蒸馏头和圆底烧瓶等。

【注释】

[1] 在任何情况下,切忌将沸石加至接近沸点的液体中,否则容易形成暴沸,如果加热前忘了加入助沸物,补加时必须先移去热源,待加热液体冷至沸点以下后方可加入。如果沸腾中途停止一段时间,则在重新加热前应加入新的沸石。因为起初加入的沸石在加热时逐出了部分空气,在冷却时吸附了液体,因而可能已经失效。

[2] 当蒸馏沸点高于 140℃的物质时,应该使用空气冷凝管。

[3] 蒸馏时加热的火焰不能太大,否则会在圆底烧瓶的颈部造成过热现象,使一部分液体的蒸气直接受到火焰的热量,这样由温度计读得的沸点会偏高;另一方面,蒸馏也不能进行得太慢,否则由于温度计的水银球不能被馏出液蒸气充分浸润而使温度计上所读得的沸点偏低或不规则。

[4] 液体的沸程常可代表它的纯度。纯粹的液体沸程一般不超过 1～2℃。

【思考题】

(1)什么叫沸点？液体的沸点和大气压有什么关系？文献里记载的某物质的沸点是否即为你所在地区的沸点温度？

(2)蒸馏时加入沸石的作用是什么？如果蒸馏前忘记加沸石,能否立即将沸石加至将近沸腾的液体中？当重新蒸馏时,原来的沸石能否继续使用？

(3)如果某液体具有恒定的沸点,那么能否认为它是纯净物？

2.9 分馏

分馏的基本原理与蒸馏类似,都是利用有机物质的沸点不同,达到分离提纯的目的。不同处是分馏是借助于分馏柱使汽化、冷凝的过程由一次改进为多次进行,简单地说,分馏就是多次蒸馏。二者的应用范围也不同,蒸馏时混合液体中各组分的沸点要相差 30℃以上,才可以进行分离,而要彻底分离沸点要相差 110℃以上;分馏可使沸点相近的互溶液体混合物(甚至沸点仅相差 1～2℃)得到分离和纯化。本实验采用分馏法分离乙醇和水。

【实验目的】

学习分馏的基本原理以及蒸馏与分馏的区别;熟练掌握分馏装置的安装和使用方法。

【实验原理】

当混合物蒸气进入分馏柱中时,因为高沸点组分易被冷凝,所以冷凝液中就含有较多的高沸点组分,故上升的蒸气中低沸点组分就会进一步相对地增多,冷凝液下降的途中遇到上升的蒸气时,二者之间进行热交换,使冷凝液中低沸点组分再次受热气化,高沸点仍呈液态回流,低沸点以气态上升。越是在分馏柱底部,冷凝液中高沸点组分的含量就越多,通过多次的气-液平衡的热交换产生多次的汽化—冷凝—回流—汽化的过程,在分馏柱顶部出来的蒸气就越接近于纯低沸点组分,最终使沸点相近的两组分得到较好的分离。

在分馏过程中,有时可能得到与单纯化合物相似的混合物。它也具有固定的沸点和固定的组成。见表 2.5。其气相和液相的组成完全相同,因此不能用分馏法进一步分离,这种混合物称为共沸混合物(或恒沸混合物)。它的沸点(高于或低于其中的每一组分)称为共沸点(或恒沸点)。共沸混合物虽不能用分馏来进行分离,但它不是纯净物,它的组成和沸点会随压力而改变,用其他方法破坏共沸组分后再蒸馏可以得到纯粹的物质。

表 2.5　几种常见的共沸混合物

组成及沸点(℃)		共沸混合物	
		沸点/℃	各组分含量/%
二元共沸混合物	水(100) 乙醇(78.5)	78.2	4.4 95.6
	水(100) 苯(80.1)	69.4	8.9 91.1
	乙醇(78.5) 苯(80.1)	67.8	32.4 67.6
	丙酮(58.2) 氯(61.2)	64.7	20.0 80.0
三元共沸混合物	水(100) 丁醇(117.7) 乙酸丁酯(126.5)	90.7	29.0 8.0 63.0

【仪器和药品】

100 mL 圆底烧瓶、韦氏分馏柱、蒸馏头、100℃温度计、直形冷凝管、接收管、锥形瓶、水浴锅、电炉子、50 mL 量筒、沸石、待分馏的乙醇和水的混合液。

【实验步骤】

1. 加料

在 100 mL 圆底烧瓶中加入 50 mL 待分馏的乙醇和水的混合液,然后加入 3～4 粒沸石,在加热中用以形成气化中心,防止暴沸[1]。

2. 安装仪器

如图 2.18 所示,依次自下而上、从左向右安装各组件。仪器的安装要准确端正,无论从正面或侧面观察,全套仪器装置的轴线都要在同一平面内。温度计的安装位置是在蒸馏头的支管处,水银球泡的上沿与蒸馏头支管下沿在同一水平线上。安装完毕后,再次检查仪器各部位连接处是否严密。然后通入冷凝水(下进上出)。

3. 加热

用水浴慢慢加热[2],液体开始沸腾后,蒸气慢慢进入分馏柱后,此时要仔细控制加热温度,使温度慢慢上升,以保持分馏柱中有一个均匀的温度梯度。当接收管尾部有蒸馏液流出时,迅速记录温度计所示的温度。控制加热速度为每 2 s 1 滴[3]。

4. 收集

在达到乙醇的沸点之前,沸点较低的液体先蒸出。这部分馏出液称为前馏分。前馏分

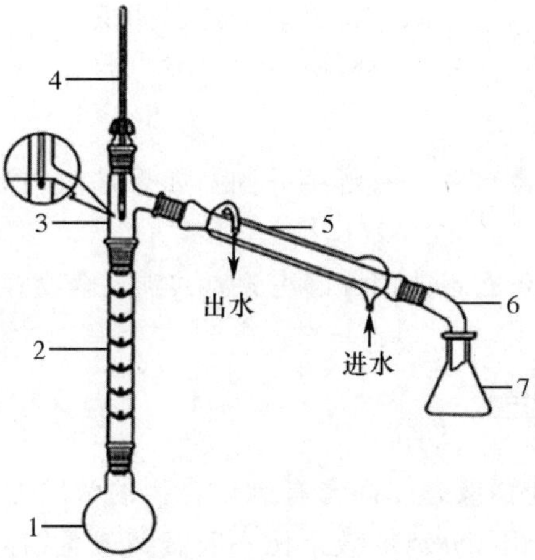

图 2.18 分馏装置

1.圆底烧瓶 2.韦氏分馏柱 3.蒸馏头 4.温度计 5.直形冷凝管 6.接收管 7.锥形瓶

蒸完，温度趋于稳定(稳定温度)后，蒸出的就是乙醇。在分馏过程中要更换接收瓶(本实验从略)，分别收集馏出液。当温度计的温度下降 3℃时，停止分馏[4]。待烧瓶冷却后，残留液作为第三部分液体收集，用量筒量出三部分液体的体积，将结果记录在下表中，计算回收率[5]。将上述馏出液各倒在指定的回收瓶里。

液体组分	温度范围	液体体积/mL
前馏分	低于稳定温度	
馏分	稳定温度(　　　　　)	
残留液	室温	

5. 拆卸仪器

分馏完毕后，应先停止加热，然后停止通水，拆除仪器。拆除仪器的顺序与安装的顺序相反。

【注释】

[1] 在任何情况下，切忌将沸石加至接近沸点的液体中，否则容易形成暴沸，如果加热前忘了加入助沸物，补加时必须先移去热源，待加热液体冷至沸点以下后方可加入。如果沸腾中途停止一段时间，则在重新加热前应加入新的沸石。因为起初加入的沸石在加热时逐出了部分空气，在冷却时吸附了液体，因而可能已经失效。

[2] 在分馏时通常用水浴或油浴，使液体受热均匀，不易产生局部过热，这比直接加热要好得多。

[3] 加热太快，馏出速度太快，热量来不及交换(易挥发组分和难挥发组分)，致使水银球周围液滴和蒸气未达平衡，一部分难挥发组分也被气化上升而冷凝，来不及分离就一道被蒸出，所以分离两种液体的能力会显著下降。

[4] 若用电热套加热，分馏结束时，温度会上升，需收集沸程是 5℃的馏分。

[5] 回收率的计算公式：

$$回收率=\frac{V(实际回收的乙醇体积)}{V(原料的总体积)}\times 100\%$$

【思考题】

(1)分馏和蒸馏在原理及装置上有哪些异同？如果是两种沸点很接近的液体组成的混合物能否用分馏来提纯呢？

(2)什么叫共沸物？为什么不能用分馏法分离共沸混合物？

2.10 水蒸气蒸馏

水蒸气蒸馏是分离和纯化液态或固态有机化合物的常用方法之一，特别是在反应产物中有大量树脂状杂质的情况下，分离的效果比一般蒸馏或重结晶好。许多不溶于水或微溶于水的有机化合物，无论是固体还是液体，只要在100℃左右具有一定的蒸气压，即有一定的挥发性，若与水在一起加热就能与水同时蒸馏出来，这就是水蒸气蒸馏。

进行水蒸气蒸馏时，被分离的有机化合物应具备下列条件：

(1)不溶或难溶于水，这是满足水蒸气蒸馏的先决条件。

(2)共沸腾下与水不发生化学反应。

(3)在100℃左右时，必须具有一定的蒸气压，一般不小于1.33 kPa。

下面介绍以粗苯甲醛为原料进行水蒸气蒸馏。

【实验目的】

学习水蒸气蒸馏的原理及应用；掌握水蒸气蒸馏的仪器装置及操作方法。

【实验原理】

当水和不溶(或难溶)于水的化合物一起存在时，根据道尔顿分压定律，整个体系的蒸气压应为各组分蒸气压之和，即 $p = p_A + p_B$，其中 p 为总的蒸气压，p_A 为水的蒸气压，p_B 为化合物的蒸气压。如果对体系加热，当混合物中各组分的蒸气压总和 p 等于外界大气压时混合物沸腾，此时混合物中各组分的蒸气压(包括水的蒸气压)均小于外压，沸腾体系的温度低于水的沸点。即有机化合物可以在比沸腾低得多的温度，而且在低于100℃的温度下随水蒸气一起蒸馏出来。

常压下应用水蒸气蒸馏，混合物蒸气压中各气体分压之比(p_A、p_B)等于它们的物质的量之比，即

$$\frac{n_A}{n_B}=\frac{p_A}{p_B}$$

式中：n_A 为蒸气中含A的物质的量，n_B 为蒸气中含B的物质的量，$n_A = m_A/M_A$，$n_B = m_B/M_B$(m_A 和 m_B 为A和B在容器中蒸气的质量，M_A 和 M_B 为A和B的摩尔质量)。因此：

$$\frac{m_A}{m_B}=\frac{M_A n_A}{M_B n_B}=\frac{M_A p_A}{M_B p_B}$$

两种物质在馏出液中相对质量(也就是在蒸气中的相对质量)与它们的蒸气压和摩尔质量之积成正比。

例如，在 95℃时溴苯和水的混合物中溴苯和水的蒸气压分别为 15.96 kPa 和 85.12 kPa，其蒸出液的组分可以从上述方程计算：

$$\frac{m_{溴苯}}{m_{水}}=\frac{15.96\times 157}{85.12\times 18}=\frac{1.64}{1}$$

即每蒸出 1.64 g 溴苯，便伴随蒸出 1 g 水，溴苯在馏出液中的质量分数为 62%，这个数值为理论值，因为实验时有相当一部分水蒸气来不及与被蒸馏物充分接触便离开蒸馏烧瓶，所以实验蒸出的水量总是超过理论值。

通常有机化合物的相对分子质量要比水大得多，所以即使有机化合物在 100℃时蒸气压只有 1.33 kPa，用水蒸气蒸馏亦可获得良好的效果。甚至固体（如粗萘）也常用水蒸气蒸馏提纯。

【仪器装置】

水蒸气蒸馏的装置一般由蒸气发生器和蒸馏装置两部分组成（图 2.19）。这两部分在连接处要尽可能紧凑，保持水平，以防蒸气在通过较长的管道后部分冷凝成水，从而影响水蒸气蒸馏的效率。水蒸气导出管与一个 T 形管相连，T 形管的支管套上一短乳胶管，乳胶管上装一螺旋夹，T 形管的另一端与蒸馏装置部分的导入管相连，这段水蒸气导入管应尽可能短些，以减少水蒸气的冷凝。T 形管用来除去水蒸气中冷凝下来的水，必要时，打开螺旋夹放出 T 形管中冷凝的水，或当操作发生异常的情况时，也可使水蒸气发生器与大气相通。

蒸馏部分通常是采用长颈圆底烧瓶，被蒸馏的液体体积不能超过其容积的 1/3，斜放与桌面呈 45°，这样可以避免当水蒸气剧烈搅动液体时，由于液体跳动使其从导出管冲出而污染馏出液。

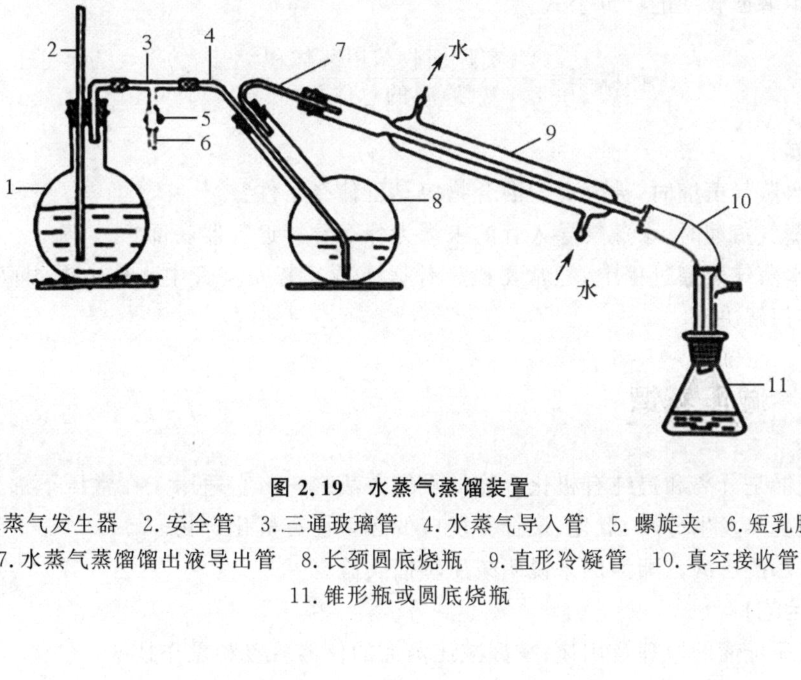

图 2.19 水蒸气蒸馏装置

1. 水蒸气发生器 2. 安全管 3. 三通玻璃管 4. 水蒸气导入管 5. 螺旋夹 6. 短乳胶管 7. 水蒸气蒸馏馏出液导出管 8. 长颈圆底烧瓶 9. 直形冷凝管 10. 真空接收管 11. 锥形瓶或圆底烧瓶

【实验步骤】

在圆底烧瓶中加入 10 mL 粗苯甲醛[1]，按图 2.19 所示安装好装置，水蒸气导入管的末端要接近圆底烧瓶的底部。加热水蒸气发生器至产生大量蒸气时，立即旋紧 T 形管上的螺旋夹，水蒸气便进入蒸馏部分，开始蒸馏。观察蒸气导入蒸馏烧瓶中和烧瓶中液体沸腾的状况，注意水蒸气发生器上的安全管水位[2]是否异常升高，有无倒吸现象。如发生不正常现象，应立即打开 T 形管上的螺旋夹，并停止加热，排除故障后才可继续蒸馏。

蒸馏持续一段时间[3]，调节火源，控制蒸馏速度每秒 2～3 滴，直至馏出液滴不再混浊，滴入接收瓶的液滴不呈油珠状时，停止蒸馏。

停止时先旋开 T 形管上的螺旋夹，移开火源，防止长颈圆底烧瓶中发生倒吸。蒸出的苯甲醛沉在水底，将蒸馏收集的液体混合物倒入分液漏斗（有关分液漏斗的使用和保养见本章萃取部分）中进行静置，分出下层苯甲醛，用量筒测量苯甲醛的体积，计算回收率[4]。苯甲醛不得倒入水池或废液缸，必须倒入指定的回收瓶中。

【注释】

[1]苯甲醛的物理常数：沸点 179℃；熔点 −26℃；相对密度 1.042；折射率 1.546 3；微溶于水。苯甲醛有毒，应避免与之直接接触。一旦触及皮肤或溅入眼里，应立即用大量的清水冲洗，严重者需要及时就医。

[2]通过水蒸气发生器安全管中水位的高低，可以观察到整个水蒸气蒸馏系统是否通畅，若水位很高，说明装置中有某一部分阻塞了，这时应立即旋开螺旋夹，停止加热并进行检查（多数情况是水蒸气导入管下端被树脂状或者焦油状物质堵塞）。否则，有可能发生塞子冲出或水从安全管的上口喷出的危险。

[3]长颈圆底烧瓶中液体的总体积不得超过容积的 2/3。

[4]苯甲醛回收率的计算公式：

$$回收率=\frac{V(实际回收苯甲醛体积)}{V(原料的总体积)}\times 100\%$$

【思考题】

(1)用水蒸气蒸馏时，被分离的混合物应具备什么条件？

(2)水蒸气蒸馏时，水蒸气导入管的末端为什么要接近容器底部？

(3)在水蒸气蒸馏过程中，经常要检查什么事项？若安全管中水位上升很高时，说明什么问题？如何解决？

2.11 减压蒸馏

减压蒸馏是分离和提纯有机化合物的重要方法之一。它适用于在常压下沸点较高及常压蒸馏时易受热发生分解、氧化、聚合等反应的热敏性有机化合物。

下面以乙酰乙酸乙酯为例来说明减压蒸馏实验。

【实验目的】

学习减压蒸馏的原理及用途；掌握减压蒸馏的仪器装置和操作技术。

【实验原理】

液体的沸点是指它的蒸气压等于外界大气压时的温度。所以液体沸腾的温度是随外界压力的降低而降低的。如果用真空泵连接一盛有液体的容器,使液体表面的压力降低,即可降低液体的沸点。这种在较低压力下进行的蒸馏操作称为减压蒸馏。

沸点与压力的关系可以近似地用单组分体系的气液平衡公式求出:

$$\lg p = A + \frac{B}{T}$$

式中:p 为蒸气压;T 为沸点(热力学温度);A 和 B 为常数。如以 $\lg p$ 为纵坐标,$1/T$ 为横坐标作图,可以近似地得到一直线。因此可以从两组已知的压力和温度算出 A 和 B 的数值。再将所选择的压力代入上式算出液体的沸点。但实际上许多物质沸点的变化不能完全如此,这主要是由于物质的分子在液体中的缔合程度不同决定的。因此在实际减压蒸馏中,应先从文献中查阅清楚,该化合物在所选压力下相应的沸点,但如果文献中缺乏此数据,我们可以参考经验关系图(图 2.20)来估计一个化合物的沸点和压力的关系。即从某一压力下的沸点推算出另一压力下的沸点。

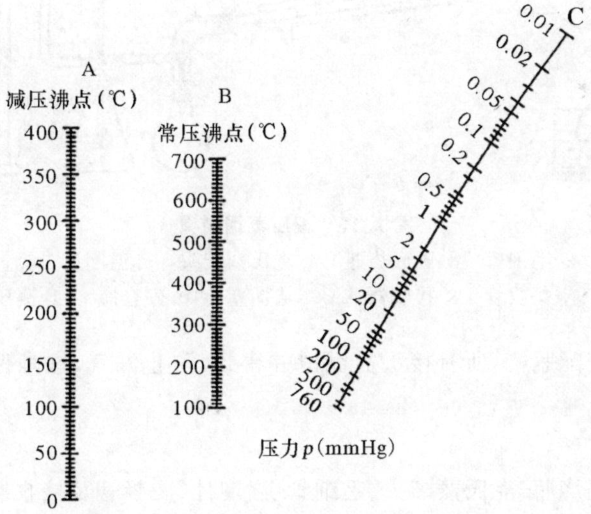

图 2.20　液体在常压下的沸点与减压下的沸点的近似关系图

已知某化合物的常压沸点和蒸馏的压力,连接线 B 上的相应点(常压沸点)和线 C 上的相应点(系统压力)的直线与左边的线 A 相交,交点即是在此系统压力下该有机化合物的近似沸点。

表 2.6 列出了一些有机化合物在常压与不同压力下的沸点。

表 2.6　一些有机化合物在常压与不同压力下的沸点　℃

压力/Pa	水	氯苯	苯甲醛	水杨酸乙酯	甘油	蒽
101325	100	132	179	234	290	354
6 665	38	54	95	139	204	225
3 999	30	43	84	127	192	207

续表 2.6

压力/Pa	水	氯苯	苯甲醛	水杨酸乙酯	甘油	蒽
3 332	26	39	79	124	188	201
2 666	22	34.9	75	119	182	194
1 999	17.5	29	69	113	175	186
1 333	11	22	62	105	167	175
666	1	10	50	95	156	159

【仪器装置】

常用减压蒸馏装置如图 2.21 所示，主要由蒸馏、抽气(减压)、安全保护和测压三部分组成。

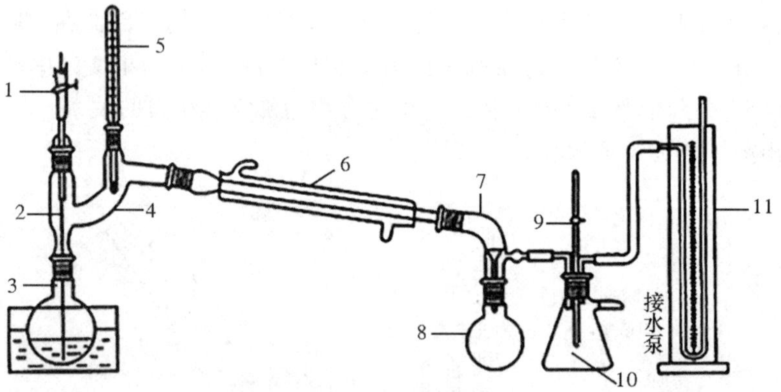

图 2.21　减压蒸馏装置

1. 螺旋夹　2. 毛细管　3. 圆底烧瓶　4. 克氏蒸馏头　5. 温度计　6. 直形冷凝管　7. 真空接收管　8. 接收器　9. 二通活塞　10. 安全瓶　11. 测压计

整套仪器必须装配紧密，所有接头需润滑并密封，防止漏气，这是保证减压蒸馏顺利进行的先决条件。

1. 蒸馏部分

这部分是由圆底烧瓶、克氏蒸馏头、毛细管、温度计、冷凝管及接收器等组成。

克氏蒸馏头有两个瓶口，其目的是为了避免蒸馏时瓶内液体由于沸腾而冲入冷凝管中[1,2]。瓶的一颈中插入温度计，另一颈中插入一根末端拉成毛细管的玻璃管，其长度恰好使下端距离圆底烧瓶瓶底 1～2 mm，玻璃管上端有一段带有螺旋夹的耐压橡胶管，螺旋夹用以调节进入的空气量，使极少量的空气进入液体呈微小气泡冒出，作为液体沸腾的气化中心，使蒸馏平稳进行。接收器用圆底烧瓶，切不可用平底烧瓶或锥形瓶，以免受力不均导致炸裂。

2. 抽气部分

实验室通常用水泵或油泵进行减压。

水泵：水泵所能达到的最低压力为当时室温下的水蒸气压。例如水温为 6～8℃时，水蒸气压为 0.93～1.07 kPa；若水温为 30℃，则水蒸气压为 4.2 kPa 左右。

油泵：油泵的效能决定于油泵的机械结构以及真空泵油的好坏。好的油泵，真空度可达 1.33 Pa。一般使用油泵时，系统压力常控制在 0.67～1.33 kPa 范围内。油泵结构较精密，工作条件要求较严。蒸馏时，如果有挥发性的有机溶剂、水、酸等的蒸气都会损坏油泵。

3. 安全保护及测压部分

若用水泵抽真空，不必设置保护体系。当用油泵进行减压时，为了防止易挥发的有机溶剂、酸性物质和水汽进入油泵，必须在馏出液接收器与油泵之间顺次安装冷却阱和几种吸收塔，如图 2.22 所示。这样可以避免污染油泵用油和腐蚀机器部件，造成真空度降低。

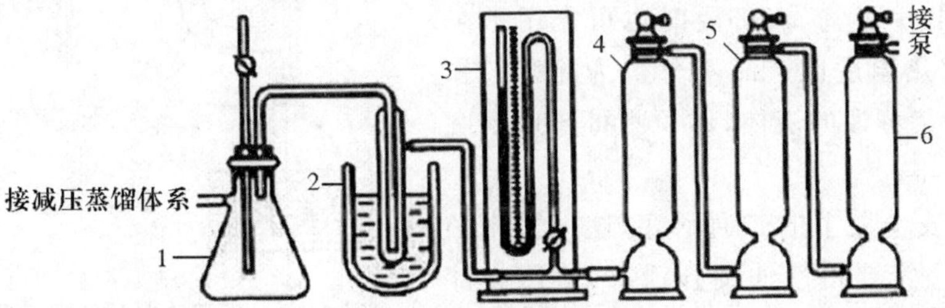

图 2.22 油泵保护装置

1. 安全瓶 2. 冷却阱 3. 压力计 4. 氯化钙干燥塔 5. 氢氧化钠干燥塔 6. 石蜡片干燥塔

实验室通常用水银压力计来测量减压系统的压力，一般采用开口式 U 形压力计或一端封闭的 U 形压力计。

【实验步骤】

1. 安装仪器并检查气密性

按图 2.21 所示安装好减压蒸馏装置后，先检查系统是否漏气。关闭安全瓶上的二通活塞，开启抽气泵，旋紧毛细管上的螺旋夹，减压至压力稳定后，夹住连接抽气系统的橡胶管，观察压力计水银柱是否有变化，无变化说明不漏气；有变化时需仔细检查整个减压蒸馏体系，如玻璃仪器是否破裂，接头部分是否密合且磨口仪器的所有接口都必须用真空脂润涂好。待检查处理妥当后，缓慢打开安全瓶上的二通活塞通大气[3]。

2. 加热蒸馏收集馏分[4]

小心取下固定毛细管的套管，通过长颈漏斗向圆底烧瓶中加入 20 mL 乙酰乙酸乙酯。塞好套管，检查各接口的严密性后，开动真空泵，使压力稳定在 1.33 kPa 后，加热圆底烧瓶，收集沸程为 66～68℃的馏分。在蒸馏过程中保持蒸馏速度为每 1～2 s 1 滴。

3. 停止蒸馏

收集完大部分馏出液后，停止减压蒸馏。先移去热源，待蒸馏瓶稍冷后再缓慢打开安全瓶上的二通活塞，平衡内外压力[5]，再慢慢旋开夹在毛细管上的橡胶管的螺旋夹，然后关闭抽气泵。

【注释】

[1] 减压蒸馏中很容易发生暴沸，因为一滴液体在 5 kPa 时汽化形成的蒸气体积比在 101.325 kPa 时要大 20 倍左右，大气泡从液体冲出会造成猛烈的飞溅。

[2] 蒸馏少量物质或常压沸点在 150℃以上的物质时，可不用冷凝管，直接将接收管和接收瓶连在蒸馏头支管上，如图 2.23 所示。在接收瓶下面安装一个带橡胶管的漏斗，并向接收瓶上缓缓淋水冷却。

［3］减压蒸馏系统有时因漏气而达不到所要求的真空度(不是水泵或油泵本身的原因)。应分段检查每个连接位置。在漏气的部位涂少许熔化的石蜡，在涂蜡的缝隙处用电吹风加热熔化。涂蜡应在解除真空条件下进行。

［4］使用油泵进行减压蒸馏前，应先进行普通蒸馏，除去低沸点物质，必要时也可先用水泵减压蒸馏。加热温度以产品不分解为原则。在烧瓶中加入的待蒸馏的液体，体积不得超过圆底烧瓶容量的一半。

［5］打开安全瓶上的二通活塞，这一操作必须特别小心，一定要慢慢地旋开活塞，使压力计中水银柱慢慢地恢复到原状。如果引入空气太快，水银柱会很快上升，有冲破U形管压力计的可能。

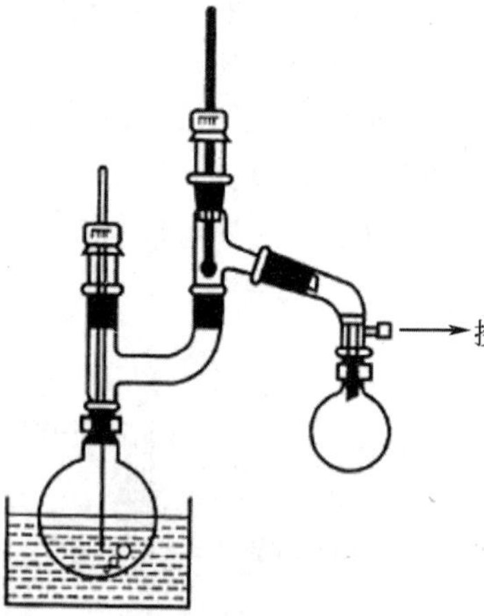

图2.23　不用冷凝管的减压蒸馏装置

【思考题】

(1)具有什么性质的化合物需要减压蒸馏提纯？

(2)安装减压蒸馏装置应注意什么问题？

(3)使用油泵减压时，要有哪些吸收和保护装置？其作用是什么？

(4)进行减压蒸馏时，为什么必须用热浴加热，而不能直接用火加热？为什么必须先抽真空后加热？

(5)当减压蒸完所要的化合物后，应如何停止减压蒸馏？为什么？

2.12　重结晶和过滤

将晶体用溶剂先进行加热溶解后，又重新成为晶态析出的过程称为重结晶。因为从有机化学反应分离出来的固体粗产物往往是不纯的，含有未反应的原料、副产物及杂质，所以必须加以分离纯化。提纯固体有机物最常用的方法之一就是重结晶。

2.12.1　重结晶提纯法的一般过程

选择溶剂→溶解固体→除去杂质→晶体析出→晶体的收集与洗涤→晶体的干燥

1.选择溶剂

选择适宜的溶剂是重结晶法的关键之一，否则达不到纯化的目的。所选的溶剂应符合下述条件：

(1)与被提纯的有机物不起化学反应；

(2)被提纯的有机物应易溶于热溶剂中，而在冷溶剂中几乎不溶；

(3)对杂质的溶解度应很大(杂质留在母液不随被提纯物的晶体析出，以便分离)或很小(趁热过滤除去杂质)，能得到较好的结晶；

(4)廉价易得、毒性低、回收率高、操作安全；

(5)对要提纯的有机化合物能生成较整齐的晶体；

(6)溶剂沸点不宜太低，也不宜过高。若过低时，溶解度改变不大，难分离，且操作也难；过高时，附着于晶体表面的溶剂不易除去。

2. 溶解固体

(1)溶解装置　应根据所选用溶剂选择溶解装置。如果使用有机溶剂，为了避免溶剂挥发，或可燃性溶剂着火，或防止有毒溶剂中毒，应用回流装置，如图 2.13(a)所示，溶剂从冷凝管的上端添加。如果以水为溶剂，可以用烧杯在石棉网上加热，但需要估计并补加因蒸发而损失的水。

(2)溶剂的用量　重结晶中溶剂的用量直接影响产品的纯度和回收率。根据查得的溶解度数据或溶解度实验结果，先计算要得到热饱和溶液时所需的量，然后加入比计算量略少的溶剂，加热到沸腾，若仍有固体未溶解，则在保持沸腾下逐渐加溶剂至固体恰好溶解，最后再多加 20% 的溶剂将溶液稀释，否则在热过滤时，会由于溶剂的挥发和温度的下降导致结晶在滤纸上过早析出以及漏斗口堵塞，影响重结晶效率。但如果溶剂过量太多，则难以析出结晶，需将溶剂蒸出。

3. 除去杂质

(1)脱色　当溶液有颜色或存在某些树脂状物质、悬浮微粒难以用一般方法过滤时，则要用活性炭处理，活性炭对水溶液的脱色效果较好，对非极性溶液脱色效果较差。

使用活性炭时应注意：①活性炭的用量视杂质的多少和颜色的深浅而定，一般为固体粗产物的 1%～5%。由于它也会吸附部分产物，故用量不宜太大。若用量不够导致脱色不净，可以再重复操作。②不能向正在沸腾的溶液中加入活性炭，以免溶液暴沸而溅出。应离开热源，使溶液稍冷后再加入活性炭。加入活性炭后，在不断搅拌下煮沸 1～2 min，然后趁热过滤。过滤后如发现滤液中有活性炭，应重新过滤，必要时可使用双层滤纸。

(2)趁热过滤　脱色后，趁热过滤以除去不溶性杂质、脱色剂及吸附于脱色剂上的其他杂质。为了保持滤液的温度使过滤操作尽快完成，一是选用短颈且径口较粗的玻璃漏斗，二是使用折叠滤纸(扇形滤纸，图 2.24)，三是使用热水漏斗(图 2.25)。

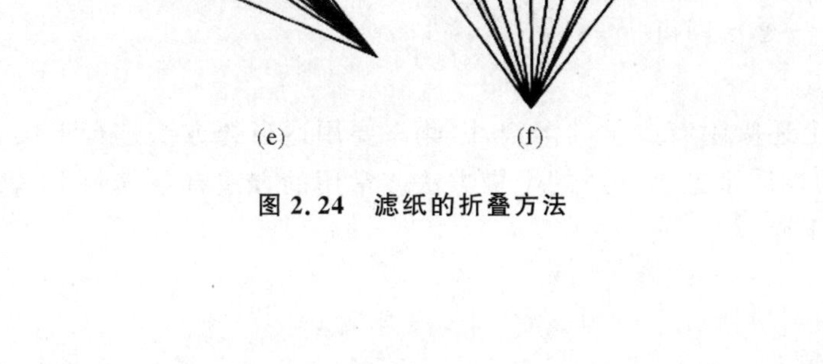

图 2.24　滤纸的折叠方法

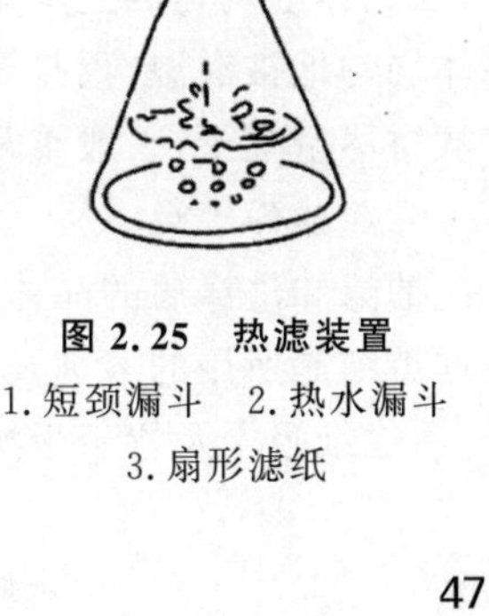

图 2.25　热滤装置

1. 短颈漏斗　2. 热水漏斗

3. 扇形滤纸

4. 晶体析出

将收集的滤液静置，使其缓慢冷却，不要急冷和剧烈搅动，因为这样形成的晶体会很细、表面积大、吸附的杂质多。当发现大晶体正在形成时，轻轻摇动使之形成较均匀的小晶体。为使结晶更完全，可使用冰水冷却。

有时晶体不易析出，可投"晶种"或用玻璃棒摩擦器壁引发晶体形成。

如果被纯化的物质不析出晶体而析出油状物，其原因之一是饱和溶液的温度比被提纯物质的熔点高或接近。油状物中含杂质较多，可加热溶液重新溶解，然后慢慢冷却。当有油状物出现时，立即剧烈搅拌，使油状物在均匀分散的情况下固化。

5. 晶体的收集和洗涤

为了使析出的晶体与母液分离，常用布氏漏斗进行抽气减压过滤，装置如图 2.26 所示。抽滤瓶的侧管和水泵相连(最好中间接一安全瓶，以免操作不慎，使泵中的水倒吸入吸滤瓶中)。布氏漏斗中的圆形滤纸要比漏斗内径略小，使其紧贴于漏斗底壁，防止固体在抽滤时从滤纸边缘吸入抽滤瓶中。抽滤前先用少量溶剂把滤纸润湿，然后打开水泵将滤纸吸紧，借助玻璃棒将容器中的液体和晶体分批倒入漏斗中，并用少量滤液洗出黏附于容器上的晶体。当布氏漏斗下端不再滴出溶剂时，先将抽滤瓶与水泵间连接的橡胶管拆开，或慢慢旋开安全瓶活塞接通大气，然后关闭水泵。滤得的固体，称为滤饼。

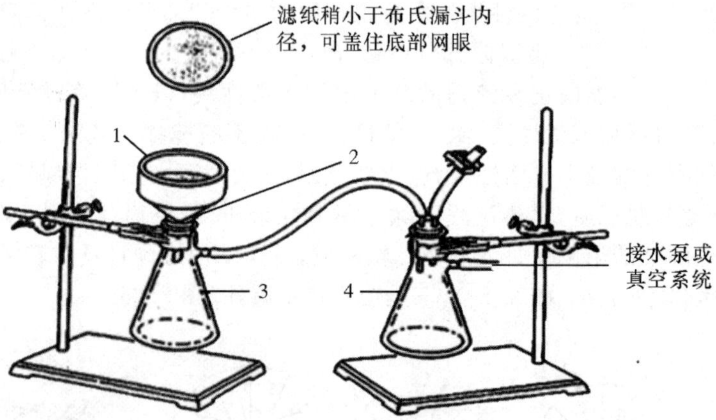

图 2.26　减压过滤装置

1. 布氏漏斗　2. 橡胶塞　3. 抽滤瓶　4. 安全瓶

为了除去结晶表面的母液，布氏漏斗中的晶体要用溶剂洗涤。洗涤过程是先将抽气暂停，在晶体上均匀洒上少量溶剂，用玻璃棒或刮刀小心搅动晶体(不要使滤纸松动)，使所有晶体均匀地被润湿，再打开水泵，抽去溶剂。在抽气的同时可用玻璃塞或玻璃钉挤压晶体，使滤饼尽量抽干，一般重复洗涤 1～2 次即可。

6. 晶体的干燥

抽滤和洗涤后的晶体，表面上还吸附有少量的溶剂，因此需要用适当的方法进行干燥。根据重结晶所用的溶剂及结晶的性质来选择合适的干燥方法。常用的方法有空气晾干、烘干、用滤纸吸干及置于干燥器中干燥等。

2.12.2 重结晶实例

下面以粗乙酰苯胺和萘提纯为例，说明两种重结晶的方法。

【实验目的】

学习重结晶法提纯固态有机化合物的原理和方法；掌握抽滤、热过滤和滤纸的使用方法。

【实验原理】

固体有机化合物在溶剂中的溶解度与温度有密切的关系。一般是温度升高，溶解度增大。若把固体溶解在热的溶剂中达到饱和，然后使其冷却到室温或降至室温以下，即会有结晶析出。重结晶就是利用不同物质在溶剂中的溶解度不同，让溶解性好的杂质在冷却结晶过程中全部或大部分留在溶液中；或让溶解性差的杂质被过滤除去，从而达到分离提纯的目的。

【仪器和药品】

仪器装置见图 2.13(a)回流冷凝装置，图 2.26 减压过滤装置，图 2.25 热过滤装置；粗乙酰苯胺、萘、活性炭、70%乙醇、沸石。

【实验步骤】

1. 乙酰苯胺重结晶

称取 2.00 g 粗乙酰苯胺[1]，放入 250 mL 烧杯中，加入 70 mL 蒸馏水，搅拌加热至沸腾，使固体溶解。如有未溶解的固体，再加入少量水[2]，直至完全溶解后，再多加 15 mL 水[3]，移去火源，稍冷，加入少许活性炭[4]，稍加搅拌后继续加热煮沸 1～2 min。

在加热溶解乙酰苯胺的同时，准备好热水漏斗[5]和折叠滤纸，将上述脱色后的热溶液尽快地倒入热水漏斗中，滤入烧杯中。每次倒入的溶液不要太满，不断补加。为了保持溶液的温度，应将未过滤的部分继续用小火加热。

滤液放置冷却后，有乙酰苯胺结晶析出，抽滤，用约 5 mL 水分 2 次洗涤漏斗中的晶体，然后抽干并用玻璃塞挤压晶体直至无水滴下。取出晶体放在表面皿上，自然晾干后称重，计算回收率。

2. 萘的重结晶

在装有回流冷凝管的 50 mL 圆底烧瓶中加入 3 g 粗萘，然后加入 20 mL 70%乙醇和 1～2 粒沸石。水浴加热至沸腾[6]，并不时摇振瓶中物，若粗萘不溶解，再加少量 70%乙醇(注意应先熄灭火源，再添加)，待完全溶解后，再多加一些 70%乙醇。熄灭火源，移开水浴。稍冷后加入少许活性炭，并稍加摇动。再重新在水浴上加热煮沸 5 min。

趁热用预热好的热水漏斗和折叠滤纸过滤，用少量热的 70%乙醇润湿折叠滤纸，将上述萘的热溶液滤入干燥的 50 mL 锥形瓶中(注意附近不应有明火)，滤完后用少量热 70%乙醇洗涤容器和滤纸。

将盛有滤液的锥形瓶用橡胶塞塞好，自然冷却，最后再用冰水冷却。然后用布氏漏斗抽滤，用少量 70%乙醇洗涤，抽干的晶体移至表面皿上，自然干燥，称重，计算回收率。

【注释】

[1] 乙酰苯胺在水中的溶解度如下：

温度/℃	20	25	50	80	100
溶解度/(g/100 mL)	0.46	0.56	0.84	3.45	5.55

[2] 每次加入 3～5 mL 热水，若加入溶剂加热后并未能使未溶物减少，则可能是不溶杂质，此时可不必再加溶剂。但为了防止过滤时有晶体在漏斗中析出，溶剂用量可比沸腾饱和溶液所需的用量适当多一些。

[3] 用水进行重结晶时，往往会出现油珠，这是因为当温度高于 83℃时，未溶于水但已熔化的乙酰苯胺形成另一液相所致，这时只要加入少量水继续加热，油珠即可消失。

[4] 活性炭绝对不可加到正在沸腾的溶液中，否则将造成暴沸现象！加入活性炭的量相当于样品量的 1%～5%。

[5] 无热水漏斗，可用事先在烘箱中烘热的无颈漏斗（即截去颈的普通玻璃漏斗）替代。

[6] 萘的熔点较 70%乙醇的沸点低，因而加入不足量的 70%乙醇加热至沸腾后，萘呈熔融状态而非溶解，这时应继续加溶剂直至溶解。

【思考题】

(1)简述有机化合物重结晶的步骤和各步骤的目的。

(2)乙酰苯胺重结晶出现油珠的原因是什么？如何正确处理？

(3)为什么活性炭要在固体物质完全溶解后加入？为什么不能在溶液沸腾时加入？

(4)抽滤时滤纸大于布氏漏斗有什么不妥？

2.13 色谱法

色谱法是分离、纯化和鉴定有机化合物的重要方法之一，具有极其广泛的用途。色谱法是 20 世纪初提出的，是研究植物色素时发现的一种分离分析方法。将色素溶液流经装有吸附剂的柱子，在柱的不同高度显出各种色带，使色素混合物得到分离，早期称之为色层分析，现在一般称为色谱法。

早期用此法来分离和鉴定一些结构和性质相似的有机有色物质时，往往得到颜色不同的色层，色层（色谱）一词由此得名。但现在被分离的物质不管有色与否都能适用，因此色谱一词早已超出原来的含义了。

长期以来，经过不断改进，已成功发展成为多种类型的色谱分离分析方法。常用的色谱法有薄层色谱、柱色谱、纸色谱、气相色谱、离子交换色谱等。

2.13.1 薄层色谱

本实验是利用薄层色谱进行偶氮化合物的分离与鉴定。

【实验目的】

学习薄层色谱的原理和应用；熟悉薄层色谱的操作方法。

【实验原理】

薄层色谱是一种微量、快速、简单的分离方法。它是将吸附剂（固定相）均匀地涂敷在支持物（玻璃板）上铺成薄层，经干燥活化后，制成薄层板，然后用毛细管将样品点在薄层板上，再用展开剂(流动相)展开。由于吸附剂对样品中各组分的吸附能力不同,当展开剂(流动相)流经吸附剂时,发生无数次吸附和解吸过程,吸附力弱的组分随流动相迅速向前移动,吸附力强的组分滞留在后,由于各组分具有不同的移动速度,最终得以在固定相薄层上分离。样品各个组分如本身有颜色,直接就可以观察到斑点;如没有颜色,可用显色剂显色或在紫外灯下观察到荧光斑点。

一个化合物在薄层板上的上升高度与展开剂上升高度的比值称为该化合物的比移值(R_f)。计算公式如下:

$$R_f=\frac{\text{溶质的最高浓度中心至原点中心的距离}}{\text{溶剂前沿至原点的距离}}$$

比移值与化合物的结构、薄层板上的吸附剂、展开剂、温度等因素有关。当上述条件固定时,对于每一个化合物来说比移值是一个特性常数,可以用来鉴别不同的化合物,还可以用于物质的分离和定量测定。

【仪器和药品】

150 mL 广口瓶、玻璃片(7.5 cm×2.5 cm)2 块、吸管、玻璃棒、10 mL 的量筒、直尺、2B 铅笔、镊子、毛细管、0.25%羧甲基纤维素钠(CMC)水溶液、硅胶、0.1%苏丹Ⅲ[1]苯溶液、0.1% 偶氮苯的苯溶液(已知样)、未知样、9∶1环已烷-醋酸乙酯溶液。

【实验步骤】

1.薄层板[2]的制备

取 7.5 cm×2.5 cm 的玻璃片 2 块,洗净擦干[3]。

在 50 mL 烧杯中放置 0.25%羧甲基纤维素钠水溶液 7.5 mL,逐渐加入 3 g 硅胶,调成均匀的糊状物。注意要慢慢搅动,混合均匀,切勿剧烈搅拌带进大量气泡,否则制得的薄层板出现针孔或小凹陷,影响实验效果。用吸管吸取糊状物涂于洁净的玻璃片上,用食指和中指拿住玻璃片,做前后、左右振荡摆动,使流动的硅胶均匀地铺在玻璃片上[4]。将涂好硅胶薄层的玻璃片置于水平的桌面上,在室温放置晾干后,放入烘箱中,缓慢升温至 110℃,恒温 1 h,取出备用。

2.点样

在薄层板两端 1 cm 处用铅笔各轻划一直线,划线要轻,不要划破薄层。然后用毛细管[5]吸取样品,在某一端铅笔划线处小心点样,点样管点样时要垂直薄层板,点样要轻,不可刺破薄层。样品点的扩散直径一般不超过 2 mm, 如果一次点样不够,可待溶剂挥发后再点第二次,以防样点太大,造成拖尾扩散等现象,影响分离效果。每块板可点两个样,一般已知样品在左面,未知样在右面,两点之间相距 1 cm 左右,距离太近容易出现互相交叉现象。

3.展开

用 9∶1 的环已烷-醋酸乙酯溶液为展开剂。取约 6 mL 的展开剂放入 150 mL 广口瓶中,然后将点好样品的薄层板用镊子小心放入广口瓶内,点样一端在下,展开剂一定要在点样线以下,否则展开剂会直接将样品溶解下来。盖好瓶塞,观察展开剂上升情况。如图 2.27 所示。当展开剂前沿上升到薄层板另一端画线时,用镊子取出薄层板,将薄层板放平晾干。如图 2.28 所示。

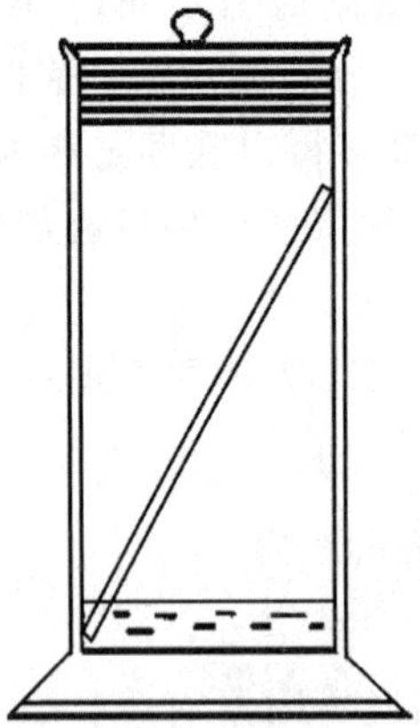

图 2.27　广口瓶式展开槽

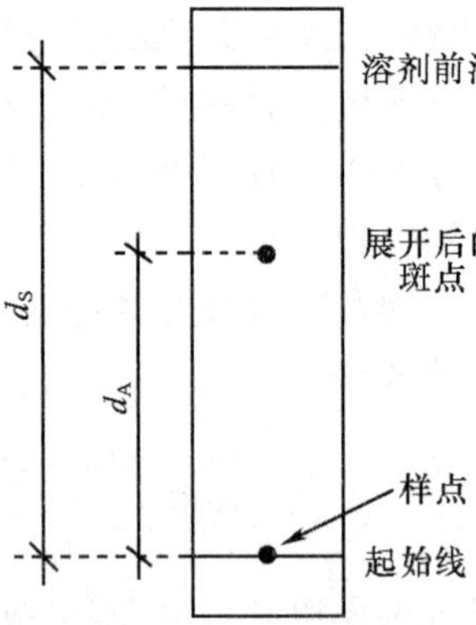

图 2.28　薄层色谱展开图

4. 显色

样品本身有颜色，可以直接观察到斑点，用铅笔标出化合物的位置[6]，测量各斑点和其原点之间的距离以及展开剂前沿和点样线之间的距离。

5. 计算 R_f 值

将测量数值代入比移值公式，分别计算出各斑点的 R_f 值，依据计算数据推测未知物的组分。

【注释】

[1] 苏丹Ⅲ的结构式为：

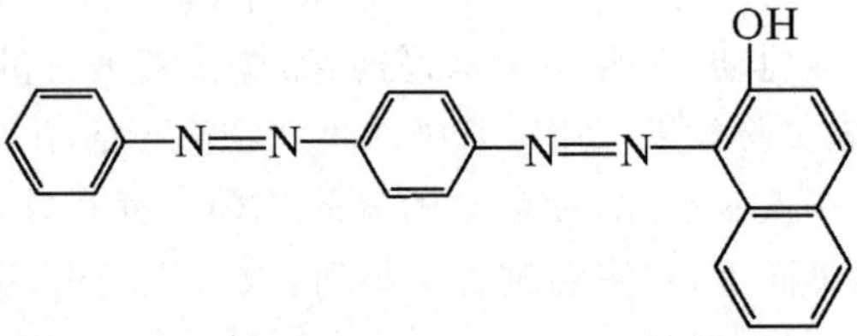

[2] 薄层板的活性与含水量有关，其活性随含水量的增加而下降。

[3] 铺板前要将玻璃板洗净擦干，必要时也可用酒精擦洗干净。

[4] 玻璃片涂层要均匀，表面光滑平整，不应有纹路或团粒。

[5] 点样用的毛细管要专用，不得弄混。

[6] 样品斑点往往不是圆形的，此时应该选取斑点颜色最深处作为测量距离的终点。

【思考题】

(1) 为什么可以用比移值来鉴定化合物？

(2) 点样时为什么要控制样品的斑点直径在 2 mm 左右？

(3) 调制硅胶糊状物时为什么要慢慢搅动充分混合均匀？

2.13.2　柱色谱

柱色谱(柱层析)是分离、提纯有机化合物的一种常用方法。柱色谱可分为吸附柱色谱和分配柱色谱两类。吸附柱色谱常用氧化铝和硅胶作固定相。而分配柱色谱是以硅胶、硅藻土和纤维素作为支持剂,支持剂本身不起分离作用。

【实验目的】

学习柱色谱的原理和应用;掌握柱色谱的操作方法。

【实验原理】

吸附柱色谱通常是在层析柱内填入比表面积很大,经过活化的多孔性或粉状固体吸附剂(如氧化铝或硅胶)。液体样品从柱顶加入,流经吸附柱时,即被吸附在柱的上端。然后从柱顶加入洗脱溶剂冲洗,由于不同化合物吸附能力不同[1],于是形成了不同的层次,即各溶质在柱中自上而下按对吸附剂亲和能力大小分别形成若干色带。再用溶剂[2]洗脱,吸附能力最弱的组分随溶剂首先流出,分别收集各组分再逐个鉴定。对柱上不显色的物质,可用紫外光照射,有些物质呈现荧光,或用溶剂洗脱时分别收集洗脱液,逐个加以鉴定。

本实验是用柱色谱分离叶色素。以活性氧化铝为吸附剂,叶色素在此吸附剂中被吸附的能力以叶黄素最弱,叶绿素 b 最强。因而当叶色素的丙酮溶液通过吸附柱时,可以在吸附柱的不同位置吸附形成明显的色层谱。当用丙酮继续淋洗吸附柱时,叶黄素首先被淋洗出来。可在吸滤瓶中放入一个试管,试管口对准吸附柱的下口,予以接收。继续淋洗,其他色素可分别洗出,分别接收,获得分离。

【仪器和药品】

150 mL 吸滤瓶、脱脂棉、杨树叶片、10 mL 量筒、玻璃棒、丙酮、活性氧化铝、色谱柱(层析柱)、硅胶。

【实验步骤】

1. 叶色素丙酮浸出液的制备

取风干的绿色杨树叶片(或在 80℃的条件下于烘箱中烘干)研碎,称取 1 g 放在一支试管中,加入 10 mL 丙酮,再加入硅胶一小匙,用玻璃棒充分搅拌使之溶解成为深绿色溶液,放置备用。

2. 吸附柱的制备

取洗净、干燥的 15 cm ×1.5 cm 的色谱柱用夹子固定在铁架台上。在色谱柱底部放入少许玻璃毛[3](或脱脂棉),轻轻塞紧,作为吸附剂的承托物。在玻璃毛上盖一层 0.5 cm 厚的石英砂[4](或一张比管径略小的圆形滤纸)。然后往色谱柱中填加已干燥好的活性氧化铝。在装色谱柱时必须装得均匀密实[5],装入高度约 12 cm。当活性氧化铝加完后,再在上面加一层 0.5 cm 厚的石英砂(或一张圆形滤纸)。色谱柱的下端配一木塞,将其安装在吸滤瓶上,全部装置如图 2.29 所示。

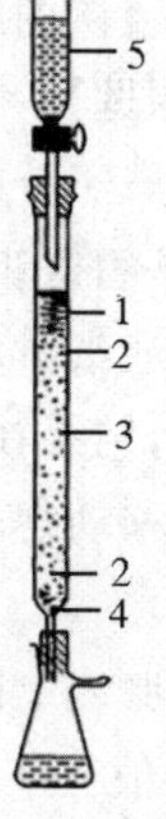

图 2.29 柱色谱装置

1. 溶剂 2. 石英砂 3. 吸附剂 4. 玻璃毛 5. 分液漏斗

3. 加入浸出液和展开色层

先将丙酮通过分液漏斗加入色谱柱,使之渗入吸附剂中,若渗透太慢可抽气,使吸附剂被丙酮润湿。待丙酮全部渗入柱中后,加入叶色素的丙酮浸出液,不久即可看出不同的色层,但不很明显。再加入 4~8 mL 丙酮淋洗，以使不同色素层逐渐分离。最下层橘黄色的为叶黄素，中间绿色的为叶绿素 a，最上层黄绿色的为叶绿素 b。

【注释】

[1] 化合物的吸附能力与分子的极性成正比，分子极性越强，吸附能力越大，分子中含有极性较大的基团时，其吸附能力也较强。各种化合物的吸附性一般按下列次序递增：

饱和烃<烯、醚、卤代烃<芳香族化合物<酮、醛、酯<硫醇、胺、醇<酸和碱

[2] 选择溶剂时要考虑被分离物各组分的极性、溶解度和吸附剂的活性等因素。常用溶剂的洗脱能力按下列次序递增：

己烷<环己烷<四氯化碳<甲苯<苯<二氯甲烷<氯仿<乙醚<乙酸乙酯<丙酮<丙醇<乙醇<甲醇<水<吡啶<乙酸

[3] 玻璃毛不能加得太多，也不要塞得太紧，否则渗透速度太慢。

[4] 加入石英砂的作用是防止加料时把吸附剂冲起，影响分离效果。

[5] 色谱柱装填吸附剂后，若柱中留有气泡或各部分松紧不匀时，会影响渗透速度和显色的均匀，对分离效果影响很大。为了使填装吸附剂能够均匀密实，可以在填装过程中用一个软质橡胶管在色谱柱周围进行抽打敲击，直至吸附剂填装完成。

【思考题】

(1)解释叶黄素比叶绿素先洗脱出来的原因。

(2)色谱柱填料后若留有空气或装填不匀，对分离效果有什么影响？

2.13.3 纸色谱

纸色谱(纸上层析)是用滤纸为载体，让样品溶液在滤纸上展开而达到分离的目的。纸色谱应用较广，常用于氨基酸混合物的定性分析，也可用于分离核酸水解产物、激素、糖类以及无机物等。

本次实验内容是氨基酸的纸上层析。

【实验目的】

学习纸色谱的原理和应用，熟悉纸色谱的操作方法。

【实验原理】

纸色谱属于分配色谱[1]的一种。纸色谱中滤纸与水的亲和力强，与有机溶剂的亲和力弱，因此水是固定相，滤纸是水的支持物。而被水饱和的有机溶剂是流动相(展开剂)。当有机溶剂沿着滤纸流动经过样品点时，样品中的各个组分即在滤纸上的水和流动相间发生连续多次分配，结果在流动相中溶解度较大的物质随溶剂移动得较快，而在水中溶解度较大的物质随溶剂移动得较慢，这样样品中的各个组分由于移动速度不同，在随展开剂上升的过程中得到分离。

溶质在滤纸上的移动的相对距离通常用比移值(R_f)表示(比移值的计算公式见薄层色谱部分)。比移值与被分离化合物的结构、固定相与流动相的性质、温度以及滤纸的质量等因素有关。当上述条件不变的情况下比移值是一个特定的常数，因而可作为定性分析的依据。

许多被分析的样品是无色的，其组分在纸上移动后所处的位置是看不见的，通常将展开的滤纸风干后，置于紫外灯下观察是否有荧光，或者根据需要在纸上喷洒某种显色剂，观察

斑点的位置。不同的物质所用的显色剂是不同的，分析氨基酸常用茚三酮、生物碱用碘蒸气、有机酸用溴酚蓝。

纸色谱一般适用于微量有机物(5～50 mg)的定性分析，分离后的色点也能用比色方法定量。

【仪器和药品】

层析滤纸、米尺、镊子、小喷雾器、50 mL 量筒、毛细管、橡胶塞、1%氨基酸水溶液、0.1%茚三酮的酒精溶液、酚的饱和水溶液。

【实验步骤】

1. 点样

取一条 2 cm×15 cm 的层析滤纸，置于一张洁净的纸上，用铅笔在距滤纸上下两端各 1.5 cm 处画一条直线，分别作为起始线和终点线，并剪好悬挂该滤纸条的小孔。

用毛细管吸取少量 1%氨基酸水溶液样品，点在滤纸的起始线中心，样点直径不超过 2 mm[3]。必须注意，整个过程不得用手接触起始线和终点线内的任何部分，以免手上的脏物污染滤纸。

2. 展开

在一个干净的 50 mL 量筒中加入 5 mL 酚的饱和水溶液，用小钩把滤纸悬挂在一个大小合适的橡胶塞下。把滤纸点有样品的一端浸入酚液 2 mm 处[4]。盖严管口，纸上层析须在密闭的色谱缸中展开。如图 2.30 所示。

注意观察即可看到酚液(流动相)向上移动，样品中的各组分随之而展开，当展开剂上升到终点线时，取出滤纸条，晾干。

3. 显色

在晾干的滤纸条上均匀地喷洒一层 0.1%茚三酮酒精溶液(显色剂)。干燥后滤纸上便出现各种氨基酸的紫色斑点，每一个斑点代表一种氨基酸，用铅笔描出各个斑点的中心位置。如图 2.31 所示。

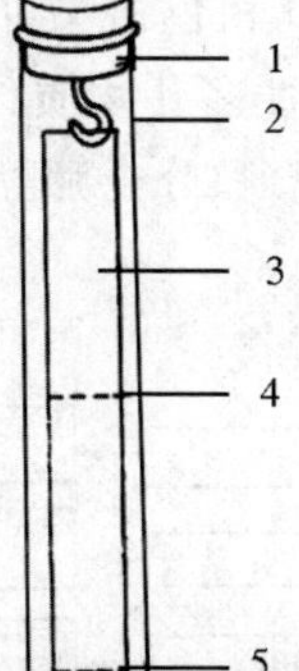

图 2.30　纸色谱装置图

1. 橡胶塞　2. 玻璃勾　3. 滤纸条
4. 溶剂前沿　5. 起始线　6. 溶剂

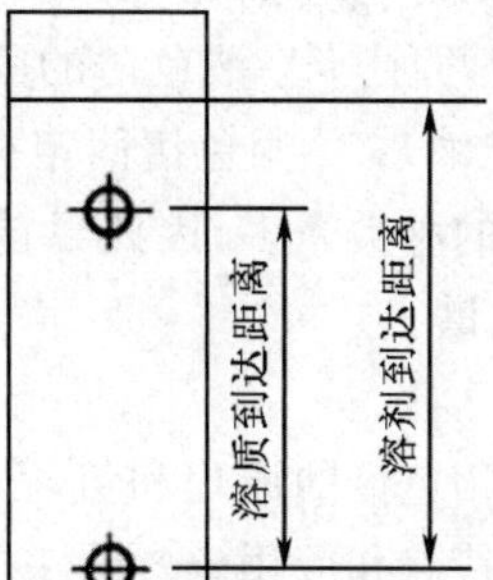

图 2.31　纸色谱展开图

4. 计算 R_f 值

测量出各斑点中心与起点的距离及起点到溶剂前沿的距离，计算各氨基酸的比移值并做比较，由此鉴别出混合样品中的氨基酸。表 2.7 列出了几种氨基酸的 R_f 值供参考[5]。

表 2.7 几种氨基酸的 R_f 值(用酚饱和的水溶液作溶剂)

氨基酸	R_f	氨基酸	R_f	氨基酸	R_f
天门冬氨酸	0.20	丝氨酸	0.35	组氨酸	0.65
半胱氨酸	0.22	甘氨酸	0.42	色氨酸	0.77
谷氨酸	0.33	丙氨酸	0.58	酪氨酸	0.80

【注释】

[1] 分配色谱是利用不同组分在两相中有不同分配系数来进行分离的色谱法。

[2] 层析用的展开剂必须按照规定的比例配制，否则将影响 R_f 值的大小。

[3] 点样时，点不可过大，样点直径不超过 2 mm，以免由于扩散，使样点太大产生拖尾现象。

[4] 层析时将滤纸一端浸于展开剂内时，应注意勿使溶剂浸没点样处。

[5] 纸色谱中由于影响 R_f 值的因素较多，实验数据很难与文献值完全一致，因此常用与标准样品对比的方法进行未知物的鉴定。

【思考题】

(1)纸上层析为什么要在容器密闭的条件下操作？

(2)在点样时不能用力过大，为什么？

(3)纸色谱和薄层色谱的异同点有哪些？

2.13.4 气相色谱

气相色谱(GC)是用气体作流动相的色谱方法。气相色谱中的气体流动相也叫载气，多是一些惰性气体，如 He、N_2、H_2 等。根据固定相的状态不同，气相色谱又可分为气-液色谱和气-固色谱两种。气-液色谱的固定相是以薄膜状态涂渍在惰性多孔物质(叫载体)上的液体(也叫固定液)；气-固色谱固定相是固体吸附剂如硅胶、氧化铝和分子筛等。由于气-液色谱中固定液的种类繁多，因此目前常用的是气-液色谱。

1. 实验目的

学习气相色谱的原理和流程；了解气相色谱的特点和应用。

2. 实验原理

现以气-液色谱为例，用图 2.32 表示 A、B 两组分在色谱柱中的分离过程。将混合试样一次从进样器注入气化室后，立即气化并被载气带入色谱柱中，刚进柱时组分 A 和 B 是一条混合

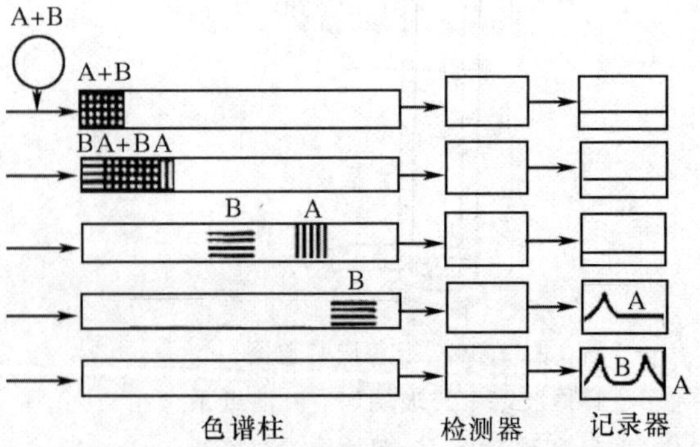

图 2.32 色谱分离过程示意图

谱带。当两相作相对运动时，各组分就在两相中反复进行分配，此时，试样中的组分若与固定相的作用力大，就易进入固定相，向前移动的速度就慢；若与流动相的作用力大，就易进入流动相，向前移动的速度就快。由于试样中的各组分在固定液和惰性气体两相间的分配系数不同，其中A组分比B组分难被固定相溶解，它在色谱柱中的移动速度就比B快，这样，随着载气(流动相)的前进，A、B两组分被分离，并且先后流出色谱柱，最后经检测记录，达到分离鉴定的目的。

3. 气相色谱仪的流程

常用的气相色谱仪由色谱柱、检测器、气流控制系统、温度控制系统、进样系统和信号记录系统等部件组成。气相色谱仪的流程见图2.33。

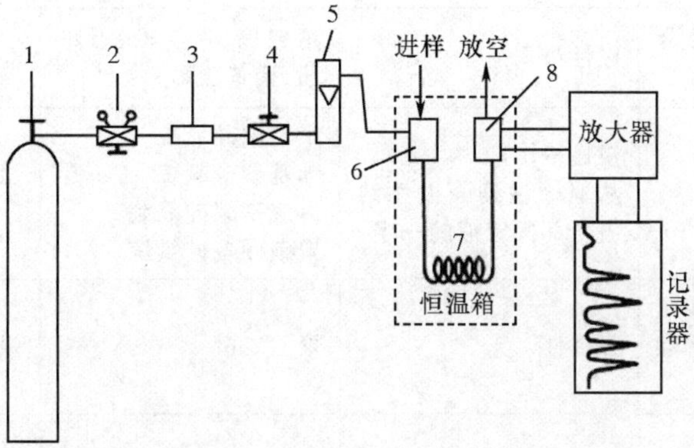

图2.33 气相色谱流程示意图

1. 高压气瓶 2. 减压阀 3. 净化器 4. 气流调节阀
5. 转子流量计 6. 气化室 7. 色谱柱 8. 检测器

由高压气瓶供给的载气经减压阀减压，净化器净化，通过气流调节阀和转子流量计控制压力、调节流速后进入气化室。液体或固体(配制成液体)样品从进样器注入气化室并被气化，气态样品在载气的携带下进入色谱柱进行分离，分离后的各单一组分被载气推动着依次流经检测器。检测器将分离的各组分按其浓度的大小定量地转换成电信号，输给记录仪。记录仪则将这种随时间变化的信号绘制成曲线，即得色谱图。色谱图是进行定性、定量分析及研究色谱过程的依据。

4. 色谱柱

色谱柱通常分为填充色谱柱和毛细管色谱柱两种。

填充色谱柱一般用玻璃管、不锈钢管或聚四氟乙烯等材料制成，柱内径3～8 mm，柱长1～5 m，形状有U形、螺旋形等，在柱中装满表面涂有固定液的载体。

毛细管色谱柱是用石英或玻璃拉制而成，柱内径在0.1～0.5 mm，长度20～200 m，呈螺旋形，将固定液直接涂在毛细管内壁，使毛细管壁蒙上一层液体薄膜。毛细管色谱柱渗透性好，分离效果好，可分离复杂的混合物，但允许进样量小，制备较难。

5. 液体固定相

液体固定相是将固定液均匀地涂在载体之上。

载体(亦称担体)起支持固定液的作用。要求载体是无吸附能力，有较大的比表面积，孔径分布均匀的多孔性固体颗粒。常用的载体有硅藻土、玻璃微球、石英微球等。

气相色谱分离效能的高低主要取决于固定液。固定液必须具备在操作温度下为液体、热稳定性及化学稳定性好、能溶解被分离混合物中的各组分、使各组分有足够的分离能力等特点。固定液一般是高沸点有机化合物。固定液的选择,一般按“相似相溶”的经验规则,当待测组分分子的结构、性质、极性与固定液相似时,该组分在固定液中的溶解度就大,因而在柱中保留的时间长。反之溶解度就小,保留时间短。目前用于气相色谱的固定液已有数百种。表 2.8 列出了按化学结构分类的常用固定液。

表 2.8　按化学结构分类的固定液

固定液的结构类型	极性及特点	固定液举例	分离对象
烃类(烷烃、芳烃及聚合物)	极性最弱	角鲨烷、阿皮松、石蜡油、聚苯乙烯	非极性化合物
聚硅氧烷	极性范围广 从弱极性到强极性约占全部固定液的一半	甲基聚硅氧烷 苯基聚硅氧烷 卤烷基聚硅氧烷 聚碳硼烷硅氧烷	不同极性化合物
醇类和醚类(一元醇、多元醇及其聚合物、糖类及衍生物)	强极性	聚乙二醇	强极性化合物
酯类和聚酯类	中等极性	邻苯二甲酸壬酯	分子中既含有极性基团又含有非极性基团,应用面较广
腈和腈醚	强极性	β,β'-氧二丙腈、苯乙腈	极性化合物
有机皂土			分离芳香异构体
液晶			分离几何异构体

6. 检测器

检测器是用来检出和测量流出气体中成分的装置。检测器的种类很多,有热导检测器、氢火焰电离检测器和电子捕获检测器等。

7. 气相色谱法的特点和应用

气相色谱从 1952 年被 Martin A. J. P. (英国)等发明至今,60 多年来已发展成为很成熟的分离分析技术。它可以分离分析气体、能够气化的液体和固体样品,具有分离效果好、灵敏度高、分析速度快和样品用量少等优点。

气相色谱法常用于生物体内的氨基酸、脂肪酸、糖类、维生素等组分的分析;检测农副产品、水质中的农药残留量;测定大气的污染物;对食品中各种组分、添加剂(防腐剂、抗氧化剂、发色剂)及食品中的污染物进行分离分析。它已广泛地应用于有机化学、生物化学、石油工业、环境检测、食品分析、医药卫生等领域。

高灵敏检测技术和计算机技术的迅速发展,拓宽了气相色谱的应用范围。比如气相色谱-质谱联用(GC-MS),气相色谱-原子发射光谱联用(GC-AET)等,对复杂样品的分析发挥出更好的作用。1999 年由美国 Zoex 公司生产的全二维气相色谱(GC×GC)是色谱技术上的又一次革命性突破。该项技术已应用于含 100 个组分以上复杂样品的分离,将广泛地应用于石油、环境、中草药、烟草、香精香料等极其复杂样品的分离分析之中。

2.14 熔点的测定

熔点是固体有机化合物的重要物理常数之一,通常每一个纯固体有机化合物都有其固定的熔点。通过熔点的测定可以鉴定有机化合物和检验有机化合物的纯度。常见熔点测定的主要方法有毛细管法和显微熔点仪法。

【实验目的】

学习熔点测定的原理及意义;掌握毛细管法测定熔点的操作方法;掌握利用显微熔点仪测定熔点的操作方法;了解通过对纯净有机化合物熔点的测定校正温度计的方法。

【实验原理】

固体物质在大气压下加热熔化时的温度称为熔点。严格地说,熔点是物质的固液两相在大气压下平衡共存时的温度。在此温度下,固体的分子(或离子、原子)获得足够的动能得以克服分子(或离子、原子)间的结合力而液化。物质从开始熔化至完全熔化时的温度范围称为熔点范围(又称熔程)。通常纯固体有机化合物的熔点有固定值且熔点范围温度不超过 0.5~1℃。因此,熔点的测定成为鉴定有机化合物和检验有机化合物纯度的重要手段之一,如果化合物含有杂质,则其熔点较纯净物低且熔程变长。

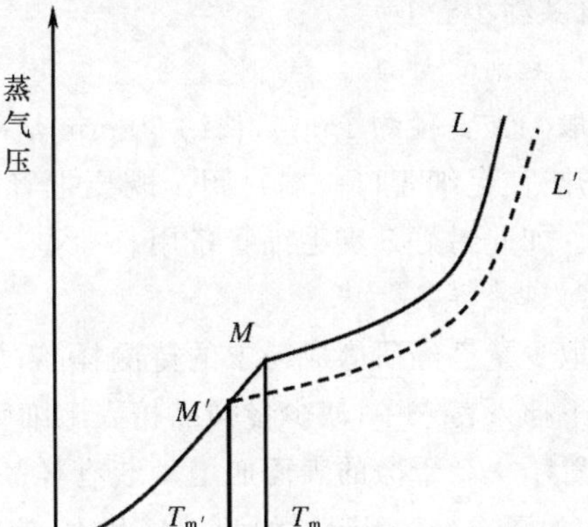

图 2.34 物质蒸气压与温度变化曲线

熔点的上述各种特性,可以从物质的蒸气压与温度的关系曲线来解释:固体和液体物质的蒸气压,均随温度升高而增加,见图 2.34。SM 是该物质固态时的蒸气压曲线;ML 是该物质液态时的蒸气压曲线,两线的交点 M 就是固相和液相的并存点,此时的温度 T_m 就是该物质的熔点。当温度高于 T_m 时,固相的蒸气压高于液相的蒸气压,则固相全部转变为液相。反之,若温度低于 T_m 则液相全部转变为固相。只有当温度为 T_m 时,固液两相的蒸气压相等,两相可以同时并存。这就是纯粹有机化合物为何有固定而又敏锐熔点的原因。当有杂质存在时,根据拉乌尔定律可知,在一定温度和压力下,在溶剂中增加溶质的摩尔数,将导致溶剂的蒸气压降低。因此,该物质在固态时,蒸气压与温度的关系不变,而在液态时的蒸气压曲线 $M'L'$ 相应降低。固液两相交叉点 M' 所代表的熔点 $T_{m'}$ 亦相应下降。

加热纯净有机化合物,当温度接近其熔点范围时,升温速率随时间变化约为恒定值,此时以加热时间对温度作图可得到图 2.35 的相变化曲线。加热温度不到化合物熔点时以固相存在,继续加热,温度上升。当到达熔点时,开始有少量液体出现,此后固液相平衡,继续加热，温度不再变化，此时加热所提供的热量是使固相不断地转变为液相，两相间仍为平衡，最后的固体全部熔化后，继续加热则温度线性上升。因此，在接近熔点时，加热速度一定要慢，每分钟温度升高不要超过 2℃，只有这样，才能使整个熔化过程尽可能接近于两相平衡条件，测得的熔点才会准确。

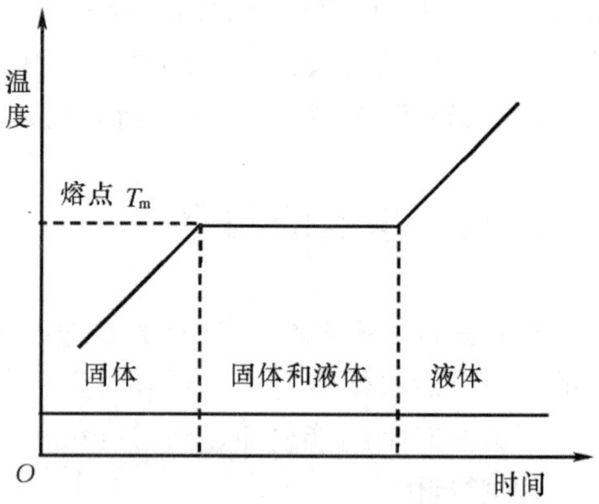

图 2.35 相与时间和温度的变化曲线

多数有机化合物的熔点在 350℃以下，容易测定。测定熔点的方法有很多，其中毛细管法所需设备最简单且准确度高。这种方法测得的熔点较真实熔点略高一些，称之为毛细管熔点，多数化学手册及文献上所载的熔点都是毛细管熔点。一些常见标准样品的熔点见本节后面附 2。

【仪器和药品】

提勒(Thiele)管(也称为 b 形管或熔点测定管)、150℃温度计、通用夹、酒精灯、火柴、表面皿、玻璃管、毛细管、橡皮圈、铁架台、液体石蜡、苯甲酸和未知样品。

【实验步骤】

1. 毛细管封口

取一支直径约 1 mm，长约 60 mm 洁净的毛细管，在酒精灯火焰的边缘处轻轻转动毛细管加热，使毛细管口一端封闭。既要把管口封住不留空隙，也不要使末端有较大的结点形成[1]。如此封好 5 支毛细管备用。

2. 填装样品

取少量已经研磨成粉末的待测样品，放在干净的表面皿上堆成小堆。将毛细管开口一端向下插入粉末中，使少量样品挤入毛细管中。然后取一支长 30～40 cm 的干净玻璃管，垂直放置于一个干净的表面皿上。装有样品的毛细管开口端向上，使其从玻璃管的上端自由落下，如图 2.36 所示。如此反复几次，使样品填装紧实均匀，样品的长度约为 2 mm[2]。已知样品装好 2 支管待用，未知样品装 3 支管待用。

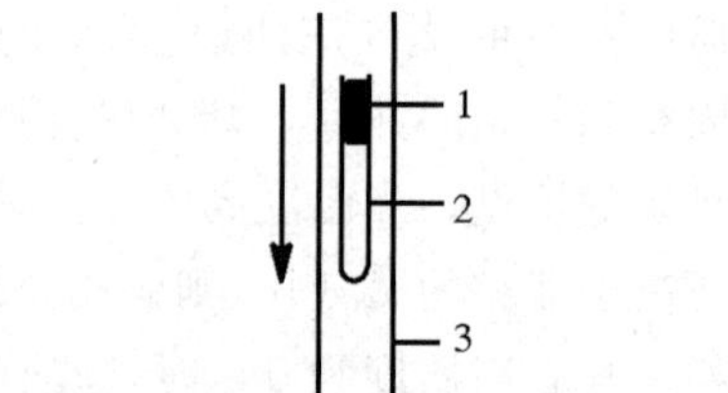

图 2.36 样品的装入

1. 样品 2. 毛细管 3. 玻璃管 4. 表面皿 5. 桌面

3. 仪器的安装

将提勒管固定在铁架台上，液体石蜡作为浴液(或称为熔点液)[3]装入提勒管中，石蜡液面刚好高于侧管口上沿[4]，提勒管口配有一个可以插温度计的开口软木塞。把装有样品的毛细管借助橡皮圈固定在温度计上(橡皮圈离石蜡液面要有足够的距离，以免加热后液体石蜡体积增加而导致橡皮圈没入石蜡中)，使装有样品的部位靠在温度计水银球的中部，如图 2.37 所示，然后把温度计经开口软木塞(软木塞开口处应该朝向观察者)小心地安装在提勒管中，使水银球位于提勒管两支管中间且不与管壁接触，如图 2.38 所示，温度计的刻度和样品管朝向观察者。

图 2.37 熔点管在温度计的位置

1. 温度计 2. 橡皮圈 3. 毛细管 4. 样品

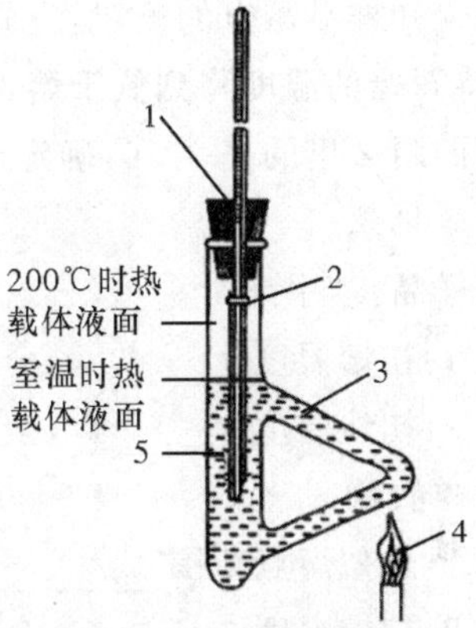

图 2.38 熔点测定装置

1. 切口木塞 2. 橡皮圈 3. 熔点液 4. 酒精灯 5. 熔点毛细管

4. 熔点的测定

用小火在提勒管侧管的拐点处(图 2.38)缓慢加热，以保证有充分的时间使热量由管外传到管内，开始时按每分钟 4～6℃的速度升高温度，当距离熔点 10～20℃时，改用小火加热，升温速度每分钟 1～2℃，越接近熔点(2℃)，升温速度应越慢(每分钟升温约 0.2℃)，仔细观察温度上升和毛细管中样品受热时所发生的一切变化。

固体样品的熔化过程参见图 2.39。要特别注意观察在开始熔化前是否有萎缩、软化、变色、发泡、升华或炭化等现象。当毛细管中的样品开始塌落并伴有液相出现时[图 2.39(c)]，表示样品已经开始熔化，即为初熔温度；继续小心加热，直到样品管中的样品完全变成透明液体时[图 2.39(e)]，表示样品已经全部熔化，此时的温度为全熔温度。记录初熔和全熔温度(此温度范围即为样品的熔程)。

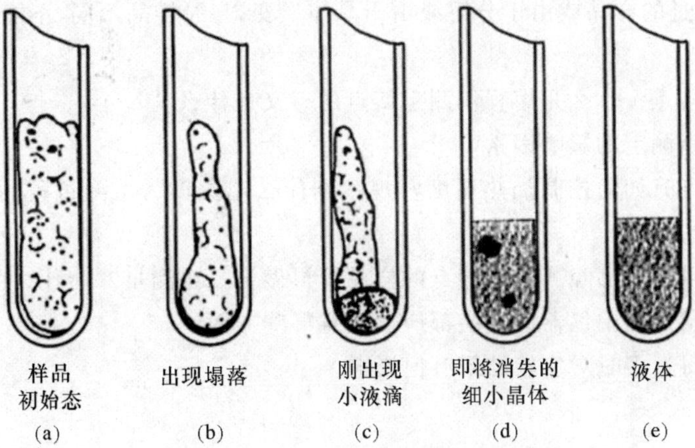

图 2.39 固体样品的熔化过程

熔点测定至少应有 2 次平行测定的数据，每一次都必须用新的毛细管另装样品再次测定[5]，而且必须等到石蜡的温度低于样品熔点约 30℃时，才能进行下一次测定。

对于未知样品熔点的测定，应先对样品粗测一次。加热速度可以快些，知道大致的熔点范围后，待石蜡的温度降到低于熔点 30℃左右，再取另一根样品管进行精确测定 2 次。根据本节后面的附 2 里的表 2.10，确定未知样品可能是什么物质。

5. 实验记录

已知样品：苯甲酸

样品 1：初熔温度______℃，全熔温度______℃；

样品 2：初熔温度______℃，全熔温度______℃。

未知样品：

样品 1：近似熔点范围______________℃；

样品 2：初熔温度______℃，全熔温度______℃；

样品 3：初熔温度______℃，全熔温度______℃。

未知样品可能是：________________________。

【注释】

[1] 如果毛细管没有封住，液体石蜡会进入毛细管中，并且加热后样品熔化进入石蜡中；如果形成较大的结点，影响传热，测量的准确性降低。

[2] 样品的纯度、粒度、装入的多少及紧密程度会影响测量结果的准确性。填好的毛细管，应该是样品柱表面光滑、均匀、紧密，否则会使导热不迅速、不均匀，测量结果有偏差。

[3] 浴液可以根据待测物质的熔点进行选择。一般用液态石蜡、甘油、浓硫酸、磷酸等。凡是样品的熔点在 220℃以下的，均可以采用液态石蜡和浓硫酸作为浴液。液态石蜡较安全，但易发黄；浓硫酸廉价，传热快，但是腐蚀性强，有机化合物与其接触，颜色会变黑，影响观察。如果浓硫酸颜色已经变黑，可加入少许硝酸钠或硝酸钾晶体，加热后可使颜色褪去。使用浓硫酸要特别小心（尤其是加热的浓硫酸），避免发生危险。

[4] 浴液的量要适中，少了不能形成热循环，多了则会在受热时膨胀而溢出提勒管。

[5] 已测定过的样品或由于分解或由于晶体形变，与原样品不同，不能再用于测定。

【思考题】

(1)什么是熔点？什么是熔程？测定熔点的意义是什么？

(2)简述熔点测定的影响因素。

(3)测定熔点时如何控制加热温度？观察到什么现象作为熔融过程的开始？什么现象作为熔融过程的完成？

(4)是否可以使用已经测量过熔点的样品管再做第二次测量？为什么？

(5)熔点测定过程中仪器的安装都应该注意哪些方面？

(6)样品装得过多时对实验结果有何影响？

附1 使用SGW® X-4B型显微熔点仪测定熔点

显微熔点仪测定熔点的优点是可以测量微量样品的熔点，能测量室温至360℃的样品熔点，可以观察物质在加热状态下的形变、色变及物质三态转化的物理变化过程等。图2.40是SGW® X-4B型显微熔点仪侧面结构示意图。它主要是由电加热系统、温度显示系统、显微镜和冷却风扇四部分组成。

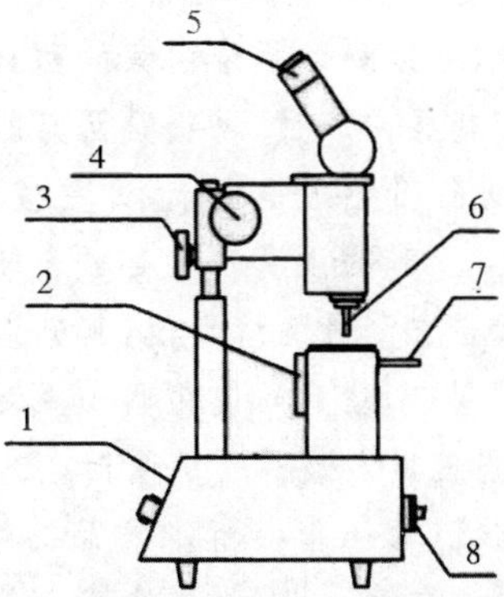

图2.40 X-4B型显微熔点仪侧面结构示意图

1.控制面板 2.冷却风扇 3.显微镜锁紧旋钮 4.显微镜调焦旋钮 5.目镜 6.物镜 7.毛细管插入孔 8.电源开关

1. X-4B型显微熔点仪的主要特点

(1)该仪器可用毛细管和载玻片两种方法进行测量。

(2)采用LED数字显示熔点温度值，读数清晰、快捷、无读数误差。

(3)采用热台控制系统和显微镜组合成一体的结构体系，温度检测器为内置式。该仪器具有结构简单、性能可靠和使用方便的特点。

(4)加热台用电热丝加热，升温速率连续可调。同时装有风机，也可以实现快速降温。

2. X-4B型显微熔点仪的主要技术参数

(1) X-4B型为双目体视显微镜，配置变倍物镜和6.3倍及25倍两组目镜与物镜搭配，可以获得表2.9中的不同总放大倍率。

表2.9 X-4B型显微熔点仪总放大倍率

目镜	总放大倍率	倍数指示盘
6.3×	4×、6.3×、10×、16×、25×	左侧黑色倍数盘
25×	16×、25×、40×、63×、100×	右侧红色倍数盘

(2)物镜工作距离为100 mm。

使用体视显微镜所获得的立体感觉是由于通过两个目镜对物体从不同的方向在人眼的网膜上形成不同的像而产生的。

本显微镜具有45°倾斜的双筒，通过双筒可以观察到视场中正立的具有立体感的物像，其中右侧目镜管上具有视度调节圈。如果观察者双眼视度有差异，可以先调节显微镜使左眼成像清晰，然后旋转右侧视度调节圈至右眼成像清晰。双筒可以在一定角度内相对地转动，以适应观察者两眼之间的距离。

(3)测量范围：室温至360℃。

(4)测量精度：室温至200℃的误差为±1℃

200～300℃的误差为±2℃。

温度显示最小读数0.1℃。

(5)电源 220 V AC 50 Hz，功率 80 W。

3. X-4B 型显微熔点仪的一般操作步骤

(1)对新购置的仪器，接通电源，打开电源开关。从显微镜中观察热台中心的通光孔是否处于视场中。若左右偏，可以松开显微镜锁紧旋钮，左右调节，居中后，再锁紧该旋钮；前后不居中，可以松动热台两旁的两只螺钉，注意不要完全旋下来，只要松动即可，然后前后移动热台使其居中即可，再锁紧两只螺钉。

(2)进行升温速率调节，开关拨到加热位置，这时可用秒表式手表来调整，在秒表某一值时，记录下此时的温度。然后秒表转一圈(1 min)时，再记录下温度值，这样连续记录下去，直到你所要求测量的熔点值，其升温速率为 1℃/min。如果太快或者太慢，可通过粗调和微调旋钮来调节，注意即使粗调或微调旋钮不动，但随着温度的升高，其升温速率会变慢。

(3)当使用载玻片法测量时，要得到准确的熔点值应先用熔点标准物质进行测温标定，求出修正值(修正值＝标准样品的熔点标准值－该标准样品的熔点测量值)，作为测量时的修正依据。注意：标准物质的熔点值和你所要测量的样品熔点值越接近越好。这时样品的熔点值＝该样品的实测值＋修正值。

(4)对待测样品进行干燥处理：把待测样品研细，放在干燥器内，用干燥剂干燥；或者用烘箱直接快速烘干(温度应控制在待测样品的熔点温度以下)。

(5)如需重复测量，应先降温，其降温温度至少要比被测物熔化温度低 10～15℃，放入样品，开关拨到加热位置，即可进行重复测量。

(6)测试完毕，风冷降温至室温，切断电源，方可以将仪器按规定装入包装箱内。

(7)用过的载玻片可以用乙醚/乙醇(3∶1)混合液擦拭干净，以备下次使用。

(8)长期使用后透镜表明可能污染，可用脱脂棉沾少许乙醚/乙醇(3∶1)轻轻擦拭，但是不得使用酒精，否则透镜胶将被溶解，损毁镜头。

(9)某些样品采用毛细管测试法和载玻片测试法时因测试方法不同，测试的数据可能会有少许的差异，此时应以毛细管测试法测得的数据为准。

4. 使用 X-4B 型显微熔点仪以载玻片法测量尿素熔点的操作步骤

(1) 用药品勺取几粒尿素样品，将其置于两片干净的载玻片之间的中心位置，用一定的力量压载玻片，将尿素晶体压碎，并且左右推动上面的载玻片使尿素晶体分散开来。将载玻片放在加热台上，盖上保护盖(保护盖的作用是防止显微镜的物镜及周围材料被烧坏)。

(2) 调节显微镜锁紧旋钮、调焦旋钮及调光旋钮(图 2.40)，直至在目镜中观察到清晰的尿素晶体。

(3)仪器开关拨至加热档，通过粗调旋钮(快速升温)和微调旋钮(缓慢升温)进行升温速率的调整。在显微镜下选取大小适中的一块晶体作为观察对象，读取并记录该晶体的初熔温度和全熔温度。读数结束后，用镊子将热的载玻片从加热台取下。

(4)如需重复测量，开关拨至风冷档进行降温。当其温度降至 100℃以下，放入新的样品，开关拨到加热位置，使用微调旋钮进行升温速率的控制，即可进行重复测量。

(5)测试结束后，风冷降温至室温，仪器开关拨到中间位置，关闭电源。测试过的载玻片冷至室温后，先用清水清洗，再用少量乙醇清洗干净，以备下次实验使用。

(6)记录尿素的熔点范围。初熔温度______℃，全熔温度______℃。

附 2 温度计的校正

用毛细管法测定熔点时，温度计上的熔点读数与真实熔点之间常有一定的偏差，这可能是由于温度计的质量所引起的。例如，一般温度计中的毛细孔径不一定非常均匀，有的刻度也不很准确。其次，温度计分全浸式和半浸式两种，其中全浸式温度计的刻度是在温度计的汞线全部均匀受热的情况下刻出来的。但在测熔点时仅有部分汞线受热，因而露出的汞线温度当然较全部受热者低。另外，经长期使用的温度计，玻璃也可能发生体积变形而使刻度不准。为使测得的熔点更加准确，须对温度计进行校正。校正方法如下：

1. 温度计的校正方法

(1)将被校正温度计和标准温度计放在恒温槽中，在不同的测温范围内进行比较校正。

(2)选用已知熔点的纯净有机化合物进行熔点测定，把观察到的熔点和已知的熔点比较，绘出校正曲线进行校正。通过此法校正的温度计，上述误差可一并除去。例如，选择纯的二苯胺(53℃)、间二硝基苯(90℃)、苯甲酸(122.4℃)、水杨酸(159℃)、尿酸(187℃)、对羟基苯甲酸(214～215℃)，用被校正温度计分别测定它们的熔点，以观察到的熔点为纵坐标，以观察到的熔点和已知熔点的差值为横坐标绘制校正曲线。再用同一温度计测量未知物，如观察到的熔点是100℃，由横坐标查出校正数1.3℃，相减等于98.7℃。如图2.41所示。

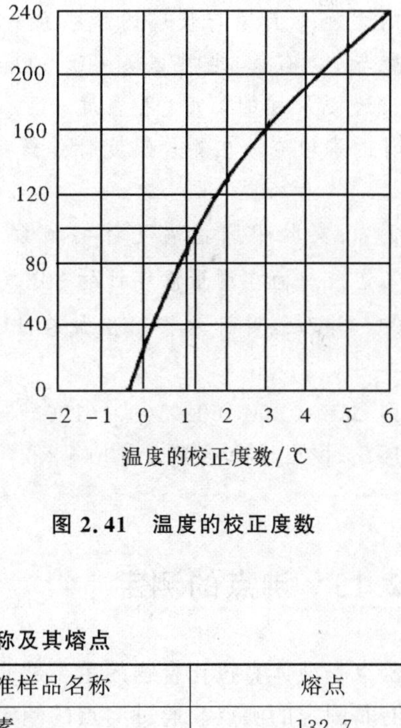

图 2.41 温度的校正度数

表2.10列出一些用熔点法校正温度计的标准样品，校正时可用根据条件具体选择。

表 2.10 常见标准样品名称及其熔点 ℃

标准样品名称	熔点	标准样品名称	熔点
水—冰	0	尿素	132.7
α-萘胺	50	二苯基羟基乙酸	151
对二氯苯	53.1	水杨酸	159
二苯胺	54～55	对苯二酚	173～174
苯甲酸苄酯	71	尿酸	187
萘	80.55	对羟基苯甲酸	214～215
间二硝基苯	90.02	蒽	216.2～216.4
二苯乙二酮	95～96	酚酞	262～263
乙酰苯胺	114.3	蒽醌	286(升华)
苯甲酸	122.4		

2. 温度计露出部分水银的校正

普通温度计的刻度是在温度计的汞柱全部均匀受热的情况下刻出来的。测定熔点时，仅将温度计的一部分插入浴液中，而有一段汞柱则外露在液面上，由于受到空气的冷却，这样使测得的温度当然偏低。因此必须对外露的汞柱造成的误差进行校正。装置如图 2.42 所示。校正值(Δt)可按下式求得：

$$\Delta t = kh(t_{观} - t_{环})$$

式中：$t_{观}$ 为测量温度计的读数；$t_{环}$ 为辅助温度计的读数；k 为汞与玻璃的膨胀系数之差，此常数与 $t_{观}$ 有关，通常取 $k=0.000\,160$；h 为露出液面汞柱的高度(用温度表示。辅助温度计的汞球应放在测量温度计外露汞柱的中间)。

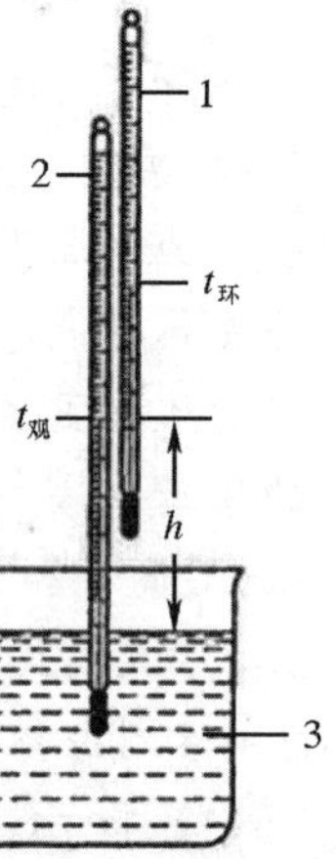

图 2.42　温度计校正装置

1. 辅助温度计　2. 测量温度计　3. 待测系统

例如：实验中测量温度计的读数 $t_{观}$ 为 190℃，浴液液面在测量温度计的 30℃($t_{浴}$)处，则露出液面的汞柱为：$h = t_{观} - t_{浴} = 190 - 30 = 160$℃，辅助温度计水银球应放在 110℃($160/2+30$)处。辅助温度计测得的温度 $t_{环} = 65$℃

则 $\Delta t = 0.000\,160 \times 160 \times (190-65) = 3.2$(℃)

因此，校正后的温度为：$190+3.2=193.2$(℃)

2.15　沸点的测定

沸点是液体有机化合物的重要物理常数之一。在一定条件下，每一个纯液体有机化合物都有其固定的沸点。通过沸点的测定可以鉴定液体有机化合物和检验液体有机化合物的纯度。常见沸点测定的方法是常量法和微量法等。

【实验目的】

学习沸点测定的意义；掌握微量法测定沸点的原理和操作方法。

【实验原理】

液体化合物在一定温度下有一定的蒸气压力，其蒸气压力随温度升高而增加。当液体的蒸气压增大到与外界大气压相当时，就出现液体沸腾现象，此时的温度称为该外界压力下液体的沸点。液体有机化合物的沸点随外界压力的改变而改变，外界压力增大，沸点升高；外界压力减小，沸点降低。通常所说的沸点是指外界压力为一个大气压(1.013×10^5 Pa)时液体的沸腾温度。

纯粹的液体有机化合物在一定的压力下具有恒定的沸点，它的沸点变化范围(沸程)一般不超过1℃。但是一定要注意具有恒定沸点的液体不一定是纯粹的化合物，如两个或两个以上的化合物形成的共沸混合物也具有恒定的沸点。如果是不纯液体有机物，其沸点取决于杂质的物理性质。如果杂质是不挥发的，则不纯液体的沸点比纯液体的高；若杂质是挥发性的，则蒸馏时液体的沸点会逐渐升高(恒沸混合物除外)，所以沸点的测定是判别有机化合物的纯度及鉴定有机化合物的一种方法。

测定液体有机化合物沸点目前常用的方法有常量法和微量法。利用蒸馏的方法进行沸点的测量是常量法(参见2.8)。但若仅有少量样品(甚至少到几滴)，则需要用微量法测定才可以得到较为满意的结果。下面具体介绍微量法测定沸点的装置与操作。

【仪器和药品】

提勒(Thiele)管(也称为b形管或熔点测定管)、100℃温度计、沸点管、滴管、橡皮圈、液体石蜡、纯乙醇和未知物。

【实验步骤】

1. 装样

取一根直径5 mm，长约5 cm的洁净薄壁玻璃管(即沸点管)密封其一端，管内加入待测定沸点的样品2～3滴，在管中放入一支上端密封的毛细管(与测定熔点的毛细管相近，但要比测定熔点用的毛细管细一些，开口处浸入样品中)。

2. 测定

上述微量沸点管装好后，将它用橡皮圈固定于温度计的一旁并浸入装有液体石蜡的提勒管中，如图2.43所示。(装置及测量要求与测定熔点的仪器相同，见图2.38)。加热，当温度超过样品的沸点时，毛细管中就有一连串的小气泡冒出，此时立即停止加热，使温度自行下降，仔细注意气泡不再外出，而液体刚要进入毛细管时立即记下这时的温度，该温度即为样品的沸点。应用此法分别测量纯乙醇和未知样的沸点。

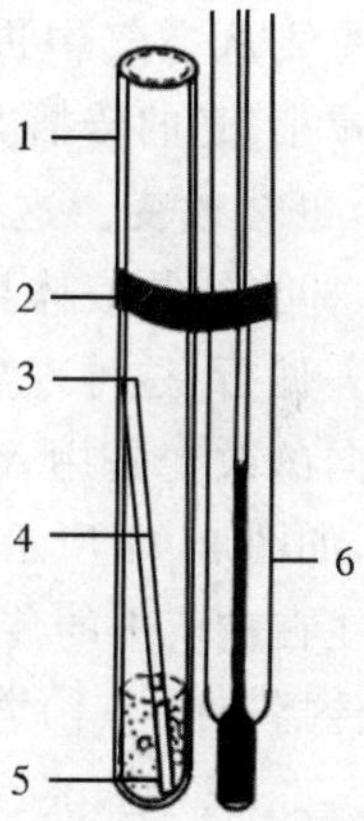

图2.43 沸点管在温度计的位置

1.玻璃管 2.橡皮圈 3.闭口端

4.毛细管 5.开口端 6.温度计

3. 实验记录

已知样品：乙醇

样品1的沸点：__________℃；样品2的沸点：__________℃。

未知样品：

样品1的沸点：__________℃；样品2的沸点：__________℃。

未知样品可能是：__________。

【思考题】

(1)什么叫沸点？文献上记载的某物质的沸点温度是否为你所在地区的沸点温度？

(2)对石蜡浴加热时，毛细管中产生的气泡是什么？为什么有液体刚进入毛细管时的温度为液体的沸点？

(3)纯物质的沸点恒定吗？沸点恒定的液体一定是纯物质吗？为什么？

2.16 液体化合物折射率的测定

折射率(又称折光率)是物质的固有物理常数。固体、液体、气体都有折射率。对于液体有机物,折射率是重要的物理常数之一,是其纯度的标准,也是定性鉴定的依据。对透明液体折射率测定可以精确到万分之一,由于折射率的高精确度,作为纯净液体的鉴定方法,它比熔点、沸点以及其他类似物理常数具有更高的精确性和可重复性。

【实验目的】

掌握折射率的概念及测定折射率的意义;了解阿贝(Abbe)折射仪的构造和原理;掌握利用阿贝折射仪测量液体有机化合物折射率的操作方法。

【实验原理】

光线在空气中的传播速度接近于真空中的速度,但在密度较大的透明液体中则比较小。当光线从空气中进入稠密的介质时,传播速度减小;光的传播方向(除非光线与两介质垂直)也会改变。这就造成了光线在它的入射点(即光线与液体界面相交的一点)向法线 NON' 偏折,这种现象称为光的折射现象,光线方向的改变是用入射角 α 和折射角 β 来表示的,如图 2.44 所示。

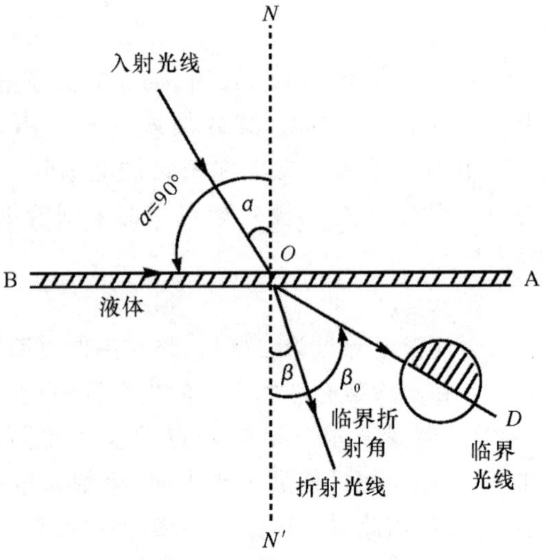

图 2.44 光的折射现象

光线在空气中的传播速度($v_{空}$)与它在液体中的传播速度($v_{液}$)之比定义为该液体的折射率 n。实验证明:光线在空气中的传播速度与液体中的传播速度之比等于入射角 α 的正弦值($\sin\alpha$)与折射角 β 的正弦值($\sin\beta$)之比,因此,通常用在空气中测得的折射率作为该液体的折射率。

$$n=\frac{v_{空}}{v_{液}}=\frac{\sin\alpha}{\sin\beta}$$

由于光在空气中传播速度接近真空中的传播速度,而光在任何介质中的传播速度均小于光速,所以,入射角 α 必定大于折射角 β,也就是说所有的介质的折射率都大于1。

当入射角 $\alpha=90°$时,即 $\sin\alpha=1$,此时折射角 β 达到最大值,称为临界角,用 β_0 表示。如果入射角 α 从 0 到 90°都有入射的光,那么折射角 β 从 0 到临界角 β_0 也都有折射光,即 $N'OD$ 区是亮的,而 DOA 区是暗的;OD 是明暗区的分界线。

若 $\alpha=90°$,$\beta=\beta_0$,则 $n=\dfrac{1}{\sin\beta_0}$,由此可见,如果能测出临界角 β_0,就可以求得介质的折射率,即临界折射角 β_0 的大小和折射率 n 有简单的函数关系。

物质的折射率主要是由其结构决定的，当然物质的折射率也随入射光波长、测定温度、压力等因素的改变而改变，通常大气压的变化对折射率的影响不大，所以折射率的表示需要注明光的波长和温度，常用 n_D^t 来表示。D 为钠光的 D 线波长（589.44 nm），t 为温度，常以 20℃为标准温度，所得折射率用符号 n_D^{20} 表示。

阿贝折射仪正是根据上述原理而设计的。图 2.45 是 2WA-J 型折射仪的外观结构。图 2.46 是 2WA-J 型折射仪的光学系统。仪器的光学系统由望远系统与读数系统两部分组成。

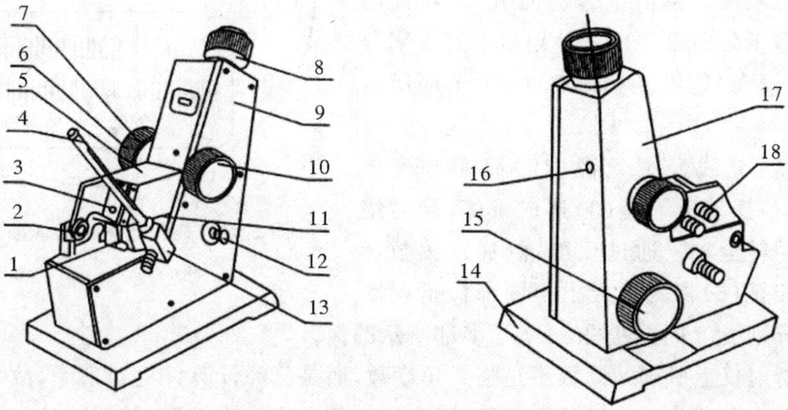

图 2.45 2WA-J 阿贝折射仪的结构

1. 反光镜 2. 转轴 3. 遮光镜 4. 温度计 5. 进光棱镜座 6. 色散调节手轮 7. 色散刻度值圈 8. 目镜 9. 盖板 10. 手轮 11. 折射棱镜底座 12. 照明刻度盘聚光镜 13. 温度计插槽 14. 底座 15. 刻度调节手轮 16. 小孔 17. 壳体 18. 恒温器接头

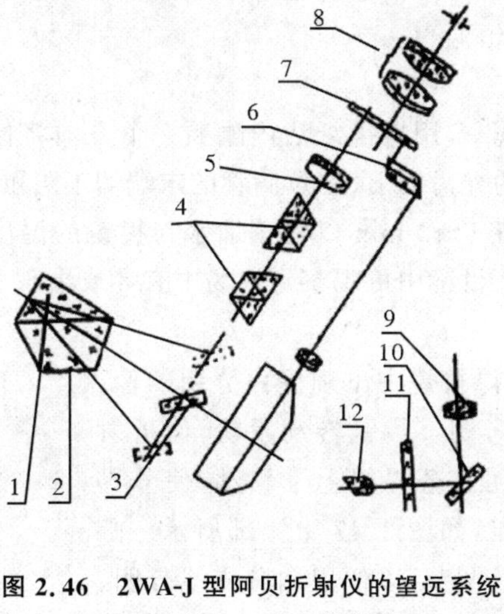

图 2.46 2WA-J 型阿贝折射仪的望远系统

1. 进光棱镜 2. 折射棱镜 3. 摆动反光镜 4. 消色散棱镜组 5. 望远物镜组 6. 平行棱镜 7. 分划板 8. 目镜 9. 读数物镜 10. 反光镜 11. 刻度板 12. 聚光镜

望远系统：进光棱镜(1)与折射棱镜(2)之间有一微小均匀的间隙，被测液体放在此空隙内。当光线(自然光或白炽光)射入进光棱镜(1)时便在其磨砂面上产生漫反射，使被测液层内有各种不同角度的入射光，经过折射棱镜(2)产生一束折射角均小于临界角的光线。由摆动反射镜(3)将此光线射入消色散棱镜组(4)，此消色散棱镜组是由一对等色散阿米西棱镜组成，其作用是获得可变色散来抵消由于折射棱镜对不同被测物体所产生的色散。再由望远物镜组(5)将此明暗分界线成像于分划板(7)上，分划板上有十字分划线，通过目镜(8)能看到如图 2.47 上半部所示的像。

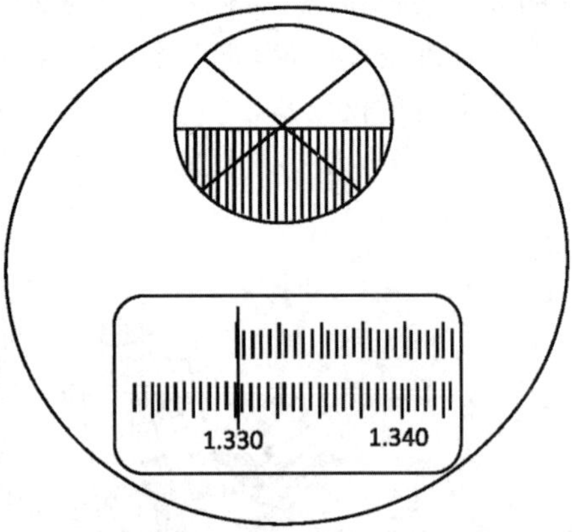

图 2.47 阿贝折射仪的读数系统图

读数系统：光线经聚光镜(12)照明刻度板(11)，刻度板与摆动反射镜(3)连成一体，同时绕刻度中心作回转运动。通过反射镜(10)，读数物镜(9)，平行棱镜(6)将刻度板上不同部位折射率示值成像于分划板(7)上，见图 2.47 下半部所示的像。

在阿贝折射仪上所刻的读数不是临界角度数，而是已经计算好的折射率，故可以直接读出。由于仪器上有消色散棱镜装置，所以可直接使用白光作为光源，其测得的数值与钠光的 D 线所测得结果相同。

【仪器和药品】

2WA-J 型折射仪、擦镜纸、丙酮(或乙醇或乙醚)、蒸馏水、待测样品。

【实验步骤】

1. 仪器恒温

将温度计与恒温器接头接好，由水浴供给恒温水，恒温温度为(20±0.1)℃，恒温水流进棱镜的外套，以使棱镜到达恒温[1]。

2. 校正零点

打开棱镜组的两个棱镜[2]，用擦镜纸沾丙酮顺一个方向将棱镜的上下表面擦干净。然后滴一滴蒸馏水于下棱镜的光滑面上(注意滴管的末端切不可触及棱镜，以免对棱镜造成损伤)，关上并锁紧棱镜。等待 1～2 min 以使蒸馏水与棱镜的温度一致。打开遮光镜使光线射入棱镜，转动棱镜，直到从目镜中可观察到视场中有界或出现彩色光带。如果出现彩色带即色散(图 2.48)。

调节色散棱镜手轮，使得目镜中出现黑白分明的像，无其他的颜色[3][4]。然后再调节棱镜转动手轮，使折射镜组移动。在目镜中观察明暗分界线上下移动，使分界线恰好通过十字线的交叉点，如图 2.47 上半部所示。必要时可以再一次进行消色散调节，以便黑白分界线分明。观察读数镜内所指示的刻度值(即折射率的读数)，蒸馏水的 n_D^{20} 应为 1.333 0。如果读数不正确，则进行重新调

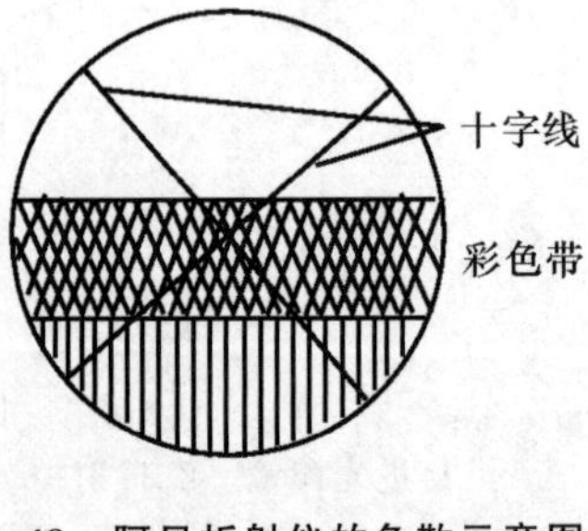

图 2.48 阿贝折射仪的色散示意图

节，直到读数正确。读数视场如图 2.47 下半部所示。

3. 样品的测定

打开棱镜，用擦镜纸将两棱镜面擦干。取待测样品 1～2 滴滴于棱镜光滑面上，用上述方法测定待测样品的折射率，记录读数和温度[5]，每次测定后都要用丙酮清洗棱镜的上下两面，用擦镜纸擦干，再进行下一次测量。通常一个样品的折射率要重复测量 2～3 次。

4. 实验数据记录

样品	测量温度/℃	折射率/n_D	n_D^{20}
水 待测样品			

【注释】

[1] 若非精确测量，恒温过程可以不用。

[2] 要保护好棱镜，不要在棱镜镜面上造成划痕。

[3] 实验所用光通常为白光，白光为各种不同波长的光混合而成。由于波长不同的光在相同的介质中传播速度不同会造成色散现象。所以用白光做光源时，目镜的明暗分界线并不清晰。为了消除色散现象，在仪器上安装了消色散棱镜组，用来消除黄色以外的杂色光线，通过调节色散调节手轮可以得到明暗分明的分界线，这时所测的折射率和使用钠光 D 线所测结果相同。

[4] 如果在目镜中看不到半明半暗，而是畸形的，这是棱镜间没有充满液体所致。若出现弧形光环，则可能是有光线未经过棱镜面直接照射在聚光透镜上。若液体折射率不在 1.3～1.7 范围内，则不能用阿贝折光仪测定，也调不出明暗界限。

[5] 温度校正：如果折射率不是在 20℃时测定的，或者仪器未通入 20℃的循环水，则需要温度校正。虽然温度校正值因不同的化合物而可能有所变化，但摄氏温度每变化 1℃，折射率大约改变 0.000 45，这个数值对于大多数物质而言是一个有用的近似值。物质的折射率随温度的升高而降低。因此温度大于 20℃时应将 n_D 值加上校正值，温度低于 20℃时应减去校正值。例如，文献上记载硝基苯的 n_D^{20} 是 1.552 9。而在 25℃时测得值是 1.550 6，应作温度校正方法如下：

$$n_D^{20}=1.550\,6+5\times0.000\,45=1.552\,9$$

【思考题】

(1)测定有机化合物的折射率其意义是什么?

(2)为什么液体有机化合物的折射率不会小于 1?

(3)物质的折射率大小都与哪些因素有关? 怎样将测定温度下得到的折射率换算成 20℃时的折射率?

2.17 旋光度的测定

物质的旋光度是手性分子所特有的属性，旋光度大小不仅与分子的结构有关，而且和测量的条件密切相关；通过计算得到的物质的比旋光度只与物质的结构有关，是旋光性物质的特征物理常数之一，测定旋光度对于鉴定旋光性物质是不可缺少的，还可以计算出已知物溶液的纯度或作为鉴定未知物的依据。旋光度的测定广泛应用于工农业生产的各个领域中。

【实验目的】

了解旋光仪的结构；掌握旋光度测定的意义和旋光仪的使用方法；学会比旋光度的计算方法。

【实验原理】

某些有机化合物能使偏振光的振动平面旋转一定的角度(α)，这个角度称为旋光度，使偏振光振动平面向右旋转的为右旋体，用(+)表示；向左旋转的为左旋体，用(−)表示。具有这种性质的物质叫光学活性物质，其分子具有实物与镜像不能重叠的特点，即“手征性”。

物质的旋光度主要决定于光学活性物质分子本身，同时还与测定时所用溶液的质量浓度、溶剂、温度、旋光管长度和所用光源的波长等因素有关。因此常用比旋光度 $[\alpha]_\lambda^t$ 来表示各物质在一定条件下的旋光度，即每毫升含 1 g 旋光性物质的溶液，放在 1 dm 长的旋光管中所测得的旋光度。比旋光度和旋光度的关系如下：

$$\text{比旋光度} \qquad [\alpha]_\lambda^t = \frac{\alpha}{L \times c}$$

式中：$[\alpha]_\lambda^t$ 表示光学活性物质在 t℃、光源波长为 λ 时的比旋光度值。α 是由旋光仪测得的旋光度(°)；λ 为所用光源的波长，通常是钠光源，以 D 表示(波长为 589.4 nm)，t 为测定时的温度(℃)；L 为旋光管长度(以分米(dm)为单位)；c 为被测物质溶液的浓度，以 1 mL 溶液所含溶质的克数表示。

例如：从肌肉中取得的乳酸的比旋光度表示为 $[\alpha]_D^{20} = +3.8°$，其含义是在 20℃以钠光为光源，比旋光度是右旋 3.8°。

如被测的光学活性物质是纯液体，可直接放入旋光管中测定，而不必配成溶液。纯液体的比旋光度可由下式求出：$[\alpha]_\lambda^t = \dfrac{\alpha}{L \times d}$，式中 d 为纯液体的密度(g/cm³)。

测定物质旋光度的仪器叫旋光仪。常见的旋光仪主要有两种类型：一种是直接目测的；一种是自动显示数值的。图 2.49 是直接目测的旋光仪的基本结构示意图。

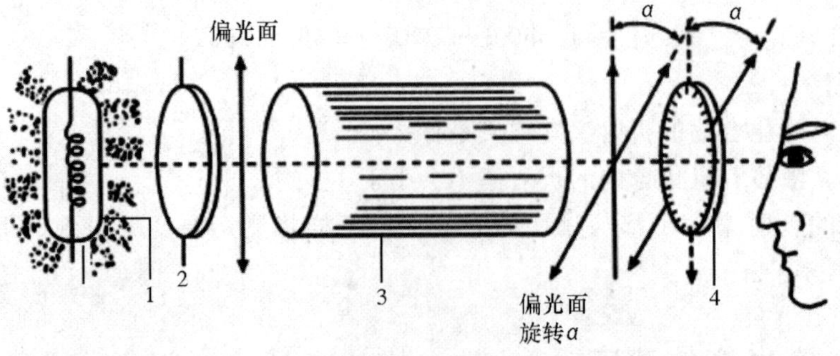

图 2.49　直接目测旋光仪的示意图

1. 钠光灯　2. 起偏镜　3. 旋光管　4. 检偏镜

光线从光源经过起偏镜产生偏振光，再经过盛有光学活性物质的旋光管时，因物质的旋光性致使偏振光旋转了 α 角，此时偏振光不能通过检偏镜，必须把检偏镜旋转 α 角，偏振光才能通过。检偏镜和刻度盘相连，由刻度盘转过的角度数值就可以读出该物质在此浓度时的旋光度。利用上面的公式就可以计算出该物质的比旋光度。

【仪器和药品】

WXG-4 型光学度盘旋光仪一套、蒸馏水、10％葡萄糖溶液，10％果糖溶液，未知浓度的葡萄糖溶液。

【实验步骤】

1. 旋光仪零点的校正

在测量样品前，先校正旋光仪的零点。首先开启钠光灯，约 5 min 后钠光灯发光正常[1]。然后将装有蒸馏水的旋光管[2]放入旋光仪内，合上盖子，将度盘调节在零点附近。旋转刻度盘下端的粗动、微动手轮，使视场内三部分的亮度一致[3]，看上去没有易觉察的边界，而且强度均匀，通常稍暗，如图 2.50(b)所示。此时游标尺的 0 正对准度盘上的 0 值，这一位置即为零点。如果零点位置不指在游标尺的 0 线，应记下度盘读数，重复操作 3 次，取其平均值，作为零点的偏差值，在测量光学活性物质的实际读数中减去或加上这一偏差值。

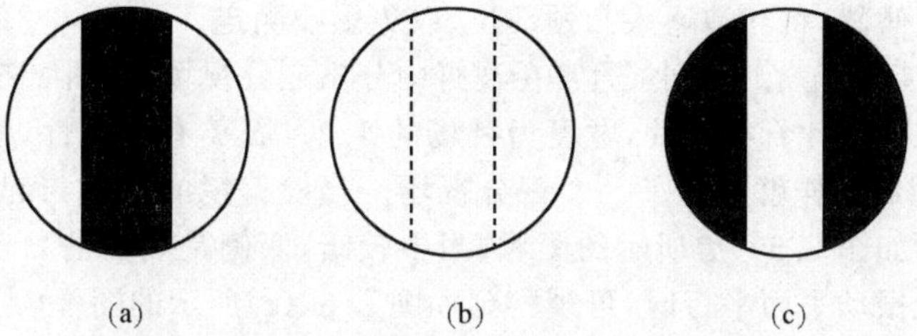

图 2.50　目测旋光仪三分视场变化图

仪器采用双游标读数，以消除度盘偏心差。度盘分 360 格，每个格 1°，游标分 20 格，等于度盘 19 格，用游标直接读数到 0.05°，如图 2.51 所示。度盘和检偏镜固为一体，借助手轮能做粗、细转动，游标前方装有两块 4 倍的放大镜，供读数使用。读数方法如下：游标的 0 点位于度盘的 9°～10°之间，可以确定旋光度在 9°～10°之间；游标的第 6 格线和度盘的 15°格线对齐，由于游标的每个格是 0.05°，所以此时的旋光度应该是：9°＋6×0.05°＝ 9.30°。

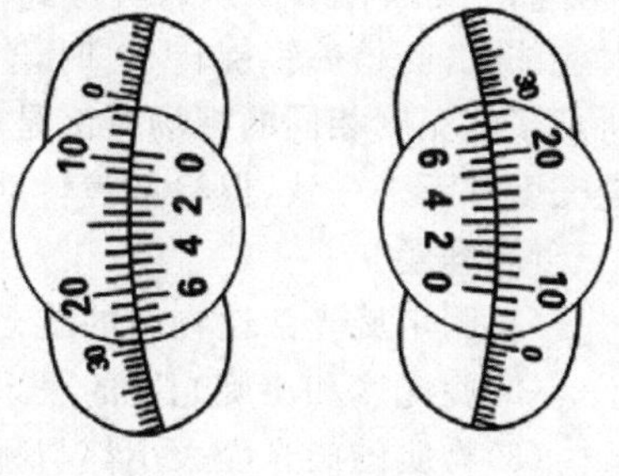

图 2.51　旋光仪的双游标读数

2. 旋光度的测定

测定之前必须用已配制的溶液清洗旋光管两次，以免有其他物质影响。将充满待测样品溶液的旋光管放入旋光仪，此时三分视场的亮度出现差异，旋转粗动、微动手轮，使三分视场明暗度一致[4]，记录刻度盘读数。重复 3 次，取其平均值，即为测定结果。此读数与零点之间的差值即为该物质的真正旋光度。如仪器的零点值为－0.05°，样品旋光度的观测值为＋9.30°，则样品真正的旋光度为 α＝＋9.30°－(－0.05°)＝＋9.35°。记录旋光管的长度和溶液的浓度。然后按前面的公式计算其比旋光度。并利用此比旋光度的数值和未知浓度样品旋光度的测定值,计算未知浓度样品的浓度。

3.实验记录

样品	主要参数				
	测量温度/℃	旋光管长度/dm	浓度/(g/mL)	旋光度/(°)	比旋光度/(°)
10%的葡萄糖溶液					
10%的果糖溶液					
未知浓度的葡萄糖溶液					

【注释】

[1] 钠灯不宜长时间连续使用,一般不要超过 4 h,如使用时间过长,应关闭电源,待钠光灯冷却后再使用,以防影响钠光灯的寿命。

[2] 旋光管中装入蒸馏水或样品溶液时,应使液面凸出管口,将玻璃盖沿管口轻轻推盖好,尽量不要带入气泡。然后垫好橡皮圈,旋转螺帽,使其不漏液体,但也不要过紧,否则玻璃产生扭力,致使管内有空隙,而造成读数误差。盖好后如发现管内仍有气泡,可将旋光管带凸颈的一端向上倾斜,将气泡逐入凸颈部位,以免影响测定。

[3] 为了准确判断旋光度大小,通常在视野中分出三分视场,见图 2.50。其形成的原因是在起偏镜后面加入一片石英晶片,宽度为视场的 1/3。石英有旋光性,使透过的偏振光旋转一个固定的角度 φ 这样就产生了一个三分视场。当检偏镜的晶轴与起偏镜的晶轴平行,通过目镜可观察到如图 2.50(a)所示的图像(当中较暗,两侧是明亮的),若检偏镜的晶轴与透过石英晶片的光振动平面平行时,可观察到如图 2.50(c)所示的图像(当中明亮,两侧是暗的);只有当检偏镜的晶轴处于 $\varphi/2$ 时,视场内明暗相等即如图 2.50(b)所示的图像,此时刻度盘上的读数即为待测液体的旋光度。三分视场变化很敏锐,容易观察。

[4] 必须仔细操作以防得到一个错误的旋光度。旋转检偏镜观察视场亮度相同的范围时应注意,当检偏镜旋转 90°时,有两个明暗亮度相同的范围,这两个范围的刻度不同,我们所观察的亮度相同的视场应该是稍转动检偏镜即改变很灵敏的那个范围(视场稍暗),而不是亮度看起来一致,但检偏镜转动很多而明暗度改变很小的范围(视场明亮)。

【思考题】

(1)测定旋光活性物质的旋光度其意义是什么?

(2)旋光度和比旋光度的联系与区别?

(3)物质的旋光度大小都与哪些因素有关?测定旋光度应该注意哪些事项?

(4)糖的溶液为何要放置 1 d 后再测定旋光度?

附 SGW®-1 自动旋光仪测定旋光度

SGW®-1 自动旋光仪具有稳定可靠、体积小、速度快、灵敏度高,没有人为读数误差、读数方便等优点;同时具有旋光度、比旋光度、溶液浓度和糖度四种测量模式,大大地方便了其使用。该仪器广泛地应用于医药、食品、有机化工等各个领域。

1.SGW®-1 自动旋光仪的主要技术参数

(1)光源:发光二极管。

(2)工作波长:589.4 nm(钠D光谱)。

(3)测量范围:$-45°\sim+45°$(旋光度)。

(4)最小读数:0.001°(旋光度)。

(5)示值误差:$\pm0.01°$($-15°\leqslant$旋光度$\leqslant15°$时)。$\pm0.02°$(旋光度$<-15°$或旋光度$>15°$时)。

(6)重复性:$\leqslant0.002°$(旋光度)。

(7)可测样品最低透过率:1%。

(8)显示方式:触摸屏(800点×480点)点阵式液晶显示。

(9)旋光管:200 mm,100 mm两种。

(10)电源:(220 ± 22) V,(50 ± 1) Hz,250 W。

2. SGW®-1自动旋光仪的使用条件

(1)仪器应放在干燥通风处,防止潮气侵蚀,尽可能在20℃的工作环境中使用,搬动仪器应小心轻放,避免震动。

(2)仪器电源插头插入220 V、50 Hz交流电源。

3. SGW®-1自动旋光仪的使用方法

(1)开机先进入“启动”界面,见图2.52。按任意键进入测试界面,见图2.53,仪器进入测试状态。

测试状态下按键的使用:按“复测”键可对样品进行复测。按“停止”键可停止复测。按“清零”键,读数清零并停止复测。当数据稳定后,右下角“等待”键会转变成“发送”键。

图2.52 SGW®-1自动旋光仪启动界面

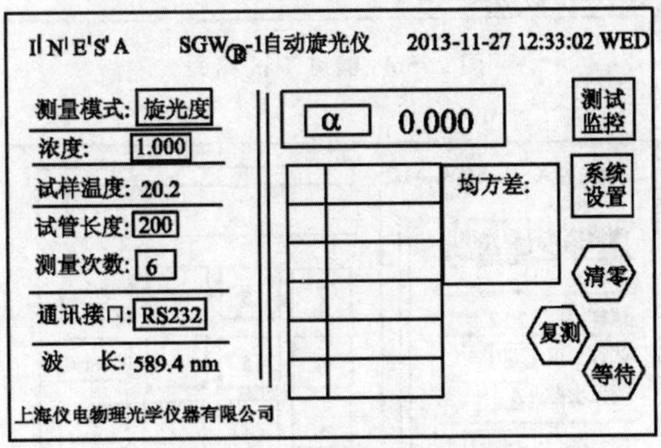

图2.53 旋光度测试界面

(2)测量模式设置。测量模式共有四种,旋光度、比旋光度、浓度和糖度。

①旋光度模式(旋光度模式需要在设置时输入浓度、试管长度、测量次数),见图2.53。

②比旋光度模式,按“旋光度”进入“比旋度”(仪器中显示的“比旋度”就是“比旋光度”)模式。(比旋光度模式需要在设置时输入浓度、试管长度、测量次数),见图2.54。

③浓度模式,按“比旋度”进入浓度测试模式(浓度模式需要在设置时输入比旋度、试管长度、测量次数,比旋光度如果为负值,请输入负值),见图2.55。

④糖度模式,按“浓度”进入糖度模式,见图2.56。

按糖度回旋光度模式。

测量完成后,每次测试的结果和平均值显示在面板上,见图2.57。

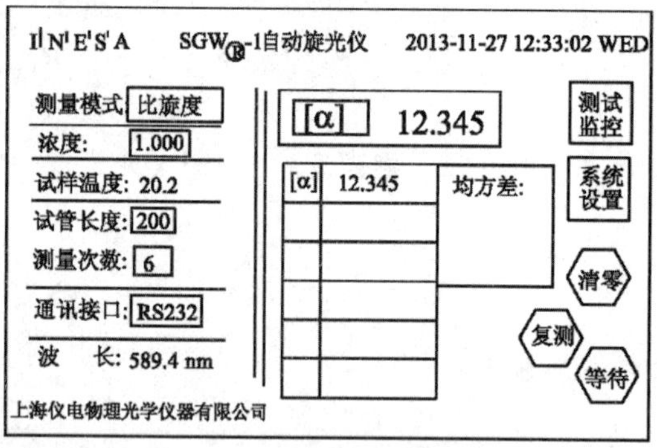

图 2.54 比旋度测试界面

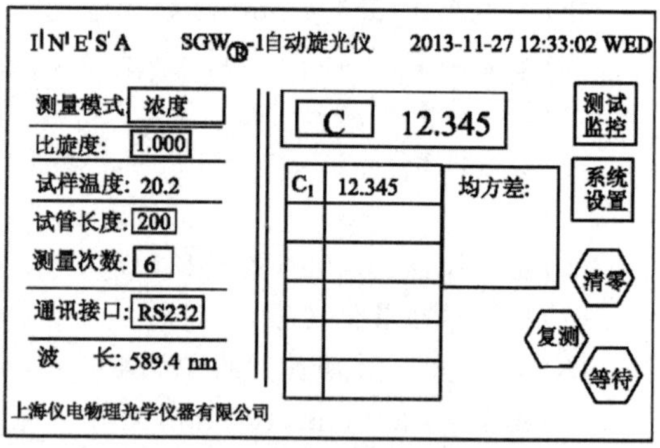

图 2.55 浓度测试界面

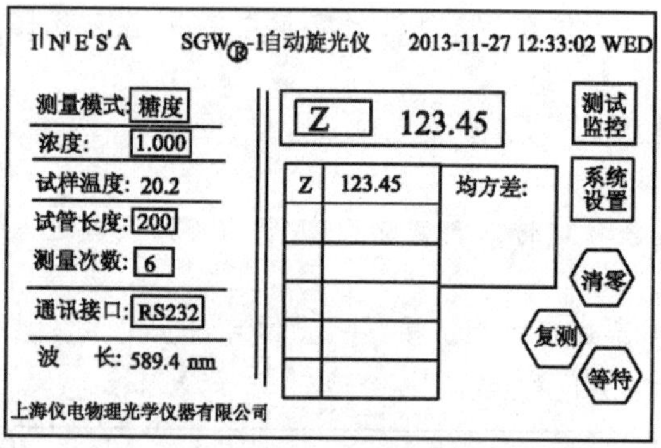

图 2.56 糖度测试界面

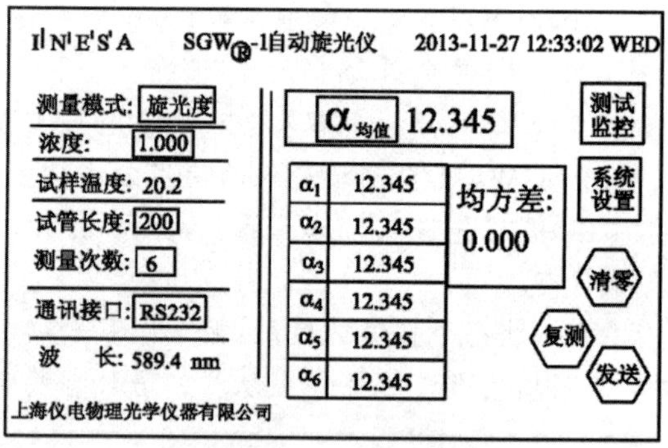

图 2.57 旋光度测试结果

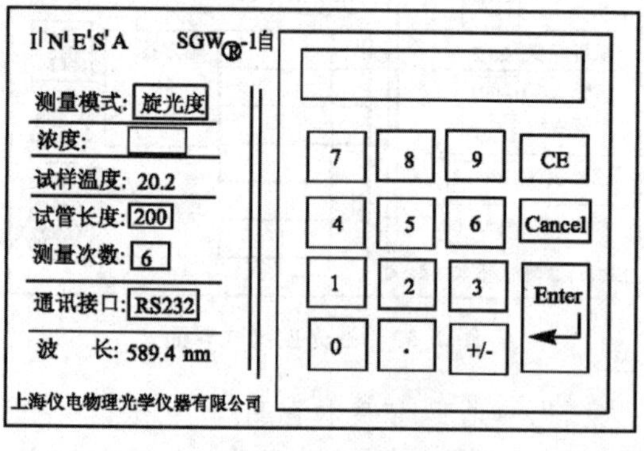

图 2.58 参数修改界面

(3)测试参数修改

①按"浓度"键可修改浓度，见图 2.58。本仪器的浓度是指每 100 mL 溶液中含有旋光物质的克数，例如：所测葡萄糖溶液的浓度是 10 g/100 mL，仅需输入 10 即可。

②按"试管长度"键可修改试管长度，本仪器的试管长度单位为 mm，如用 2 dm 的试管，仅需输入 200 即可。

③按"测量次数"键可修改测量次数，本仪器可测量 1～6 次。当测量次数＜6 时，根据统计原理，均方差无意义，所以只有测量次数等于 6 次时，才显示均方差。

(4)测试，将试管放入样品室，仪器自动测量，等待测试结果显示。参数中，测几次，就会显示几个测量结果及平均值，例如，测 3 次旋光度，就会显示 3 个 α 及 α_{AV}(3 个 α 的平均值)。

(5)仪器使用完毕后，应关闭电源开关。

2.18 紫外可见吸收光谱

紫外可见吸收光谱法(ultraviolet-visible spectroscopy，UV-VIS)是分子中最外层价电子在不同能级轨道上跃迁而产生的，它反映了分子中价电子跃迁时的能量变化与化合物所含发色基团之间的关系。紫外可见吸收光谱图的特征首先取决于分子中所含的双键数目、共轭情况和几何排列，其次取决于分子中的双键与未成键电子的共轭情况和其周围存在的饱和取代基的种类和数目，它主要提供了分子内共轭体系的结构信息。通常紫外可见吸收光谱的谱图比较简单，特征性不强，但用它来鉴定共轭发色基团却有独到之处。通过紫外可见吸收光谱带的位置和摩尔吸光系数的数值，一般无法判断官能团的存在，但它能够提供化合物的结构骨架及构型、构象情况。因此至今仍为一项重要的测试分子结构的有用手段。紫外可见吸收光谱法除了是定性分析的重要方法外，更是一种重要的定量分析手段。随着制造技术、电子技术和计算机的发展，如今的紫外可见分光光度计已向着微型化、自动化、在线和多组分同时测定等方向发展，并取得了较好的成果。

2.18.1 基本原理

紫外可见吸收光谱法是基于分子中电子跃迁产生的吸收光谱。某些电子能级的跃迁，可以通过吸收紫外或可见光来实现，被吸收的光频率或波长与跃迁的电子能级之间的能量差应满足下式：

$$\Delta E = h\nu = \frac{hc}{\lambda}$$

式中：ΔE 为分子的电子基态与激发态间的能级差；h 为普朗克常数；ν 为光的频率；λ 为光的波长；c 为光速。图 2.59 是各种电子能级和跃迁类型图。

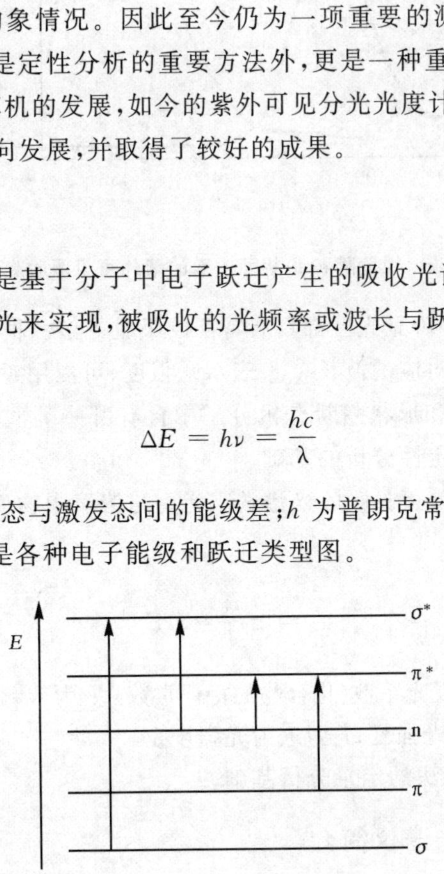

图 2.59 电子能级和电子跃迁类型

利用紫外可见光谱仪发出不同的单色光，使其通过某一待测化合物溶液，以波长(λ)为横坐标，吸光度为纵坐标作图，就可以得到紫外可见光谱图，见图 2.60。

通常紫外可见吸收光谱仪器使用的波长范围为近紫外区（200～380 nm），可见光区（380～780 nm），空气在远紫外区（2～200 nm）有吸收，因此，远紫外区的测量需要采用特殊的真空紫外光谱仪。

并不是所有的有机化合物都能给出紫外可见吸收光谱。只有分子中含有下述基团的化合物才可能检测到紫外可见吸收光谱：①双键上有杂原子的基团，如 C═O、C═N、NO_2 等，这些基团发生的是 $n\rightarrow\pi^*$ 跃迁；②共轭双键（或三键），如 C═C—C═C、C═C—C═O 和苯环等，这些基团发生的是 $\pi\rightarrow\pi^*$ 跃迁。通常把 $n\rightarrow\pi^*$ 跃迁产生的吸收带称为 R 带，把 $\pi\rightarrow\pi^*$ 跃迁产生的吸收带称为 K 带；把苯环或其他芳环产生的吸收带称为 B 带和 E 带。

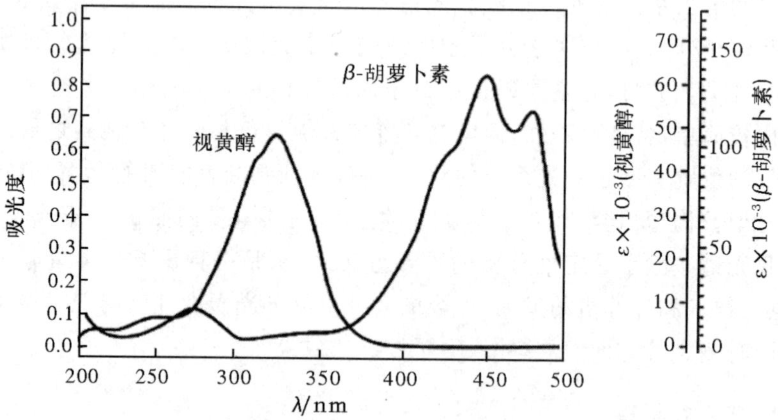

图 2.60　视黄醇和 β-胡萝卜素的紫外可见吸收光谱图

许多有机化合物在紫外可见光区都具有特征的吸收光谱。根据吸收光谱中吸收峰的位置（可以用吸收曲线高峰下对应的波长 λ_{max} 表示）、强度（可以用对应于波长 λ_{max} 下的吸光度或摩尔吸光系数 ε_{max} 表示）和形状判断有机分子中含有哪些类型的共轭结构和芳香取代基的性质，这是紫外可见光谱定性分析的基础。

在一定浓度范围内，紫外可见吸收光谱的吸光度与溶液中物质的浓度 c 成正比，服从朗伯-比耳定律：

$$A=\lg\frac{I_0}{I}=\varepsilon cL$$

式中：A 为吸光度；ε 为摩尔吸光系数（化合物的特征常数）；c 为待测样品溶液的浓度（mol/L）；L 为吸收池长度；I_0 为入射光强度；I 为透射光强度。

这是紫外可见吸收光谱法的定量分析基础。

2.18.2　紫外可见光谱仪简介

紫外可见光谱仪有多种型号，但是它们的基本组成是相似的，主要包括五大部分：辐射光源、单色器、吸收池、检测系统、信号显示系统。仪器的框架图如图 2.61 所示。

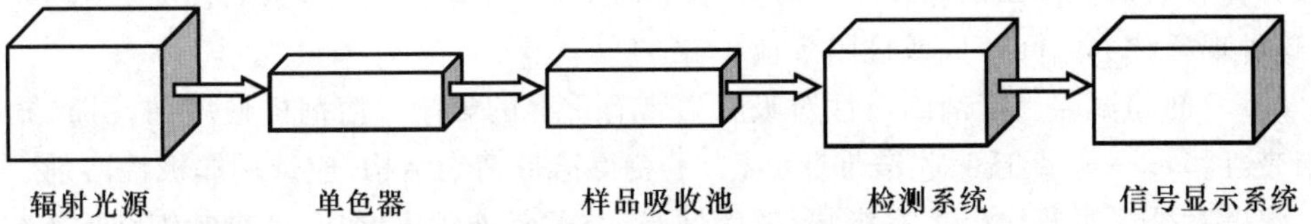

图 2.61 紫外可见分光光度计框图

2.18.3 影响紫外可见吸收光谱的因素

1. 名词术语

生色团：紫外可见吸收光谱中引起电子跃迁的基团。一般是具有不饱和键的基团，如 C═C、C═O、C═N 等，主要产生 $\pi \rightarrow \pi^*$ 及 $n \rightarrow \pi^*$ 跃迁。

助色团：指本身在紫外光或可见光区不显示吸收，但当连接一个生色团后，可使生色团的吸收峰移向长波方向，并使其吸收强度增强的原子或基团，如—OH、$—NH_2$、—OR、—X 等。

红移：由于取代基或溶剂等的影响，使吸收峰位置向长波方向移动的现象。

蓝移：由于取代基或溶剂等的影响，使吸收峰位置向短波方向移动的现象。

2. 影响紫外可见吸收谱的因素

影响紫外可见吸收谱带的因素有很多，各种因素对吸收谱带的影响，表现为谱带位移(红移或蓝移)、谱带强度的变化(增强或减弱)、谱带精细结构的变化(出现或消失)等。

对吸收谱带影响最大的是分子结构的变化。除了饱和化合物中引入生色团和助色团及配位体场的改变会引起谱带的位移和吸收强度改变外，分子的共轭程度、取代基效应、氢键效应、空间效应和溶剂的影响也会引起吸收谱带特征的变化。

(1)共轭效应 由于共轭双键数目的增多，使 λ_{max} 红移和 ε_{max} 增大的效应叫共轭效应。这是由于生成大 π 键后的分子轨道中 π 和 π^* 能级显著减小造成的，一般每增加一个共轭双键，λ_{max} 将红移 30～40 nm，大 π 键的形成也使分子中的电子活动性增强，$\pi \rightarrow \pi^*$ 的跃迁概率增大，使 ε_{max} 也增大近一倍。例如：

$CH_2═CH_2$ $\lambda_{max}=171$ nm $\varepsilon_{max}=155\ 30$

$CH_2═CH—CH═CH_2$ $\lambda_{max}=217$ nm $\varepsilon_{max}=21\ 000$

$CH_2═CH—CH═CH—CH═CH_2$ $\lambda_{max}=248$ nm $\varepsilon_{max}=35\ 000$

(2)取代基效应 当含有 n 电子的助色团引入到共轭体系时，发生 n－π 共轭，导致 K 带、B 带红移，ε_{max} 增大的现象称助色效应。一般每引入一个助色团，λ_{max} 将红移 20～40 nm。取代基为烷基时，也会产生轻微红移，一般每增加一个烷基，红移约 5 nm。但当杂原子双键碳上(如羰基碳)引入助色团取代基后将使 $n \rightarrow \pi^*$ 蓝移，苯环取代基将使苯的三个谱带都发生红移。

(3)氢键效应 溶质分子间氢键使 $n \rightarrow \pi^*$ 共轭受限，吸收波长蓝移；分子内氢键使 λ_{max} 红移。例如邻硝基苯酚，因形成分子内氢键，λ_{max} 比间硝基苯酚红移了 5 nm。

(4)空间效应 当分子中的共轭体系的各个生色团及助色团都处于一个平面时，共轭效应最强。若因某些基团的障碍不能在一个平面上，共轭效应变小，从而使 λ_{max} 蓝移，ε_{max} 减小，这种现象称为空间效应或位阻效应。

(5)溶剂和温度　溶剂的极性对吸收谱带有重要的影响。溶剂极性增加，引起 $\pi\rightarrow\pi^*$ 吸收谱带红移，$n\rightarrow\pi^*$ 跃迁吸收谱带蓝移，为了获得谱带精细结构，应选用非极性溶剂。

温度对分子吸收谱带也有影响，温度增高，分子碰撞频率增加，谱带精细结构消失。

2.18.4　紫外可见吸收光谱图的解析

紫外可见吸收光谱仪是有机分析仪器中最廉价因而也是最普及的仪器；进行紫外测定也快速、方便，因此如能利用紫外可见数据解决结构问题时，应尽量利用它。

紫外可见吸收光谱反映了分子中生色团和助色团的特性，主要用来推测不饱和基团的共轭关系，以及共轭体系中取代基的位置、种类和数目等。常见官能团的紫外可见吸收可以粗略地归纳如下：

(1)化合物在 220～800 nm 内无紫外可见吸收，说明该化合物是脂肪烃、脂环烃或它们的简单衍生物(氯化物、醇、醚、羧酸)，甚至可能是非共轭的烯。

(2)220～250 nm 内显示强的吸收(ε_{max} 近 10 000 或更大)，这表明 K 带的存在，即存在共轭的两个不饱和键(共轭二烯或 α,β-不饱和醛、酮)。

(3)220～290 nm 内显示中等强度吸收，且常显示不同程度的精细结构，说明苯环或某些芳杂环的存在。

(4)250～350 nm 内显示中、低强度的吸收，说明羰基或共轭羰基的存在。

(5)300 nm 以上的高强吸收，具有明显的精细结构，说明稠环芳烃或衍生物的存在。

当然，上述归纳是粗略的，仅是进行分析的起点。解析谱图时应同时考虑吸收带的位置、强度和形状三个方面。从吸收带位置可以估计产生该吸收共轭体系的大小；吸收强度有助于 K 带、B 带和 R 带的识别；从吸收带形状可帮助判断产生紫外可见吸收的基团。在相同的测定条件下，测定未知物和标准物的紫外光谱(也可直接利用标准图谱，最常用的为萨特勒(Sadtler)紫外谱图集)，若物质的吸收峰较多，常常规定以某几个峰对应的吸光度或吸光系数的比值作为鉴定的标准，若二者一致，则初步可断定为同一物质。若要对未知物定性，还须有红外光谱等其他谱图作为旁证。

2.19　红外光谱

红外光谱(infrared spectrometry，简写为 IR)是物质的分子吸收了红外辐射后，引起分子的振动-转动能级跃迁而形成的光谱，因为出现在红外区，所以称之为红外光谱。对每种化合物都可绘制具有自身特征的红外光谱图，反映出整个分子的特性。对于某一特定的官能团和相关的化学键，不管分子中其他部分的结构如何，它总是在相同或几乎相同的频率处产生特征的吸收谱带。可由红外光谱中显示的特征吸收谱带的位置，来鉴别分子中所含有的特征官能团和化学键的类型，进而确定化合物分子的化学结构。红外光谱现已成为测定分子结构的有力工具之一，对任何两种化合物，只要组成分子的原子质量不同，或化学键性质不同，或几何构型不同，都会得到不同的红外光谱图。与紫外光谱图相比，红外光谱具有应用范围更广、可靠性更高的优点。除了利用红外光谱进行定性分析以外、还可以利用红外光谱进行样品的定量分析。随着制造技术、电子技术和计算机的发展,如今的红外光谱仪已发展到相当高的水平,诸如二维红外光谱、红外显微镜以及气相色谱和红外光谱的联用等,这使得红外光谱在结构分析中发挥出更重要的作用。

2.19.1 基本原理

红外光谱是一种吸收光谱,它是由分子振动能级(伴随转动能级)跃迁产生的。分子的振动形式有多种,主要包括伸缩振动(ν)和弯曲振动(δ)。伸缩振动是化学键两端的原子沿键轴方向来回做周期运动引起的(键角不变),又可分为对称伸缩振动和不对称伸缩振动;弯曲振动是键角的周期变化引起的(键长不变),可分为面内弯曲振动和面外弯曲振动。见图 2.62。

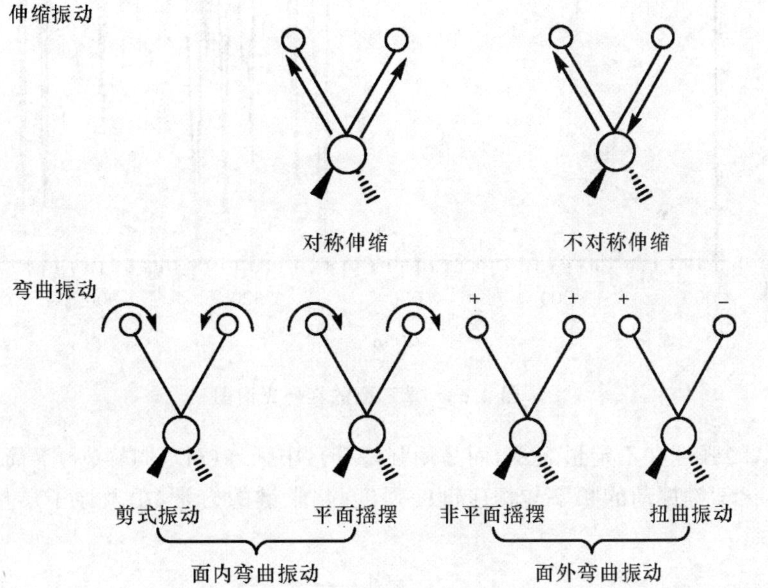

图 2.62 分子伸缩振动和弯曲振动示意图

并非所有的振动形式都能够产生红外吸收,只有那些在振动过程中有瞬间偶极矩变化的振动发生能级跃迁时,才会吸收红外光而产生红外吸收光谱。分子的振动能级是量子化的,分子中的每一种振动都有一定的频率,称为基频。当用一定频率的红外光照射有机物样品时,若该样品的某一振动频率与红外光的频率相同,则该样品就吸收这种红外光,使样品的振动由基态跃迁到激发态。因此,当使红外光谱仪发出的红外光[波长(λ)为 2.5～25 μm,波数(σ)为 4 000～400 cm^{-1}]依次通过样品时,就会出现强弱不同的吸收现象。如果以透射百分数(T)为纵坐标,λ 或 σ 为横坐标作图,就得到该样品的红外光谱,如图 2.63 所示。

波数与波长及频率(ν)的关系(式中 c 为光速):

$$\sigma=\frac{1}{\lambda}=\frac{\nu}{c}$$

透射百分数(T)与透射光强度 I 及入射光强度 I_0 的关系为:

$$T=\frac{I}{I_0}\times 100\%$$

从上式可以看出:透射百分数越小,透过光强度越弱,吸收越强,曲线则越向下,倒峰越强。峰强度也可以用吸光度(A)表示,A 是透射百分数倒数的对数:

$$A=\lg\left(\frac{1}{T}\right)$$

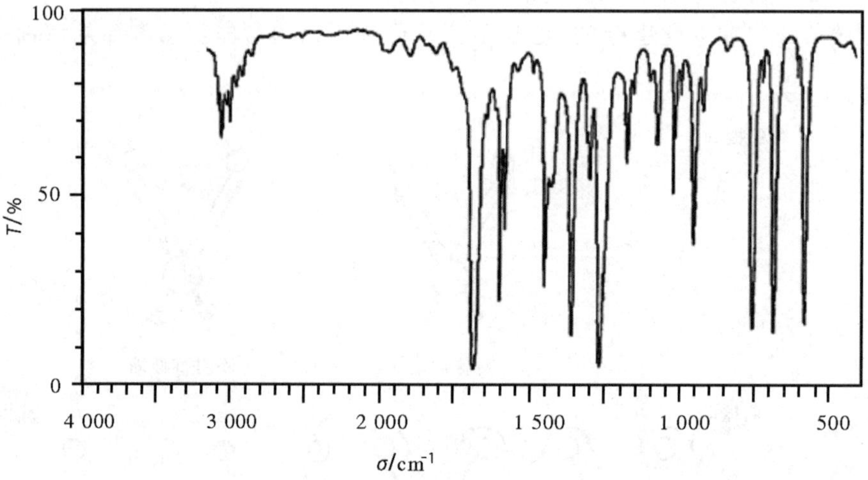

图 2.63　苯乙酮的红外光谱图

实际上,峰强度并不定量表示,而是用强峰(s),中强峰(m),弱峰(w)等简单描述。

分子中化学键振动的频率与相应键的强度(化学键的力常数)及原子质量有关,它们的关系是:

$$\nu=\frac{1}{2\pi}\sqrt{k\left(\frac{1}{m_1}+\frac{1}{m_2}\right)}$$

式中 m_1,m_2 为两个原子的质量;k 为化学键的力常数。

由上式可知,原子质量越小,振动越快,频率越高。例如,C—H 的振动频率约为 3 000 cm^{-1},比 C—D 的振动频率 2 600 cm^{-1} 高。

化合物分子中各种不同的基团是由不同的化学键和原子组成的,因此它们的红外光谱的吸收频率必然不同,这就是利用红外光谱测定化合物结构的理论依据。当然分子内各基团的振动不是孤立的,会受邻近基团及整个分子其他部分的影响,如诱导效应、共轭效应、空间效应、氢键效应等的影响,致使同一个基团的特征吸收不总是固定在同一频率上,会在一定范围内波动。

2.19.2　红外光谱仪简介

红外光谱仪目前使用较多的是双光束红外分光光度计和傅里叶变换红外光谱仪

(FTIR)。双光束红外分光光度计的构造原理如图2.64所示。从光源发出的红外辐射分成两束:一束通过试样池,一束通过参比池,然后进入单色器。在单色器内先通过以一定频率转动的扇形镜(斩光器),其作用是使试样光束交替进入单色器中的色散棱镜或光栅,最后进入检测器。检测器随扇形镜的转动也交替接受这两束光。由检测器出来的信号通过交流放大器,然后通过伺服系统驱动光楔进行补偿,以达到两束光强度相等。若试样对某一波长的红外吸收越多,光楔就越多地遮住参比光路,以达到参比光强同样减弱,使两束光重新处于平衡。记录笔与光楔的变化转化为透射率的改变。

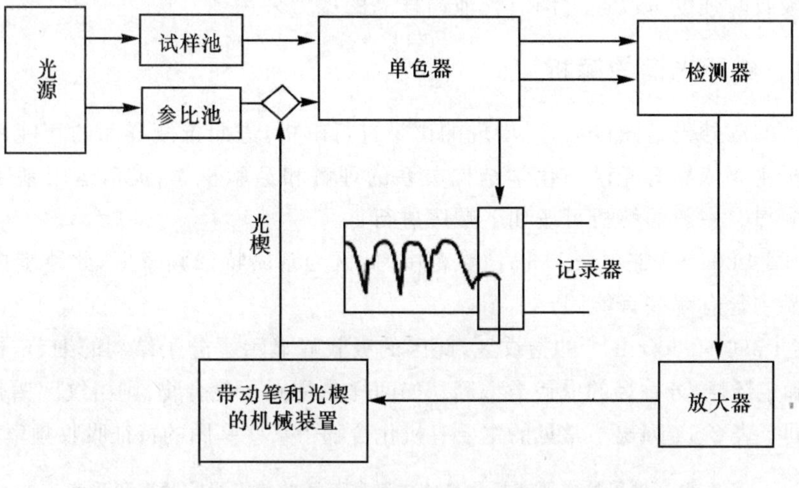

图2.64 双光束红外分光光度计的构造原理图

傅里叶变换光谱方法利用干涉图和光谱图之间的对应关系,通过测量干涉图和对干涉图进行傅里叶积分变换的方法来测定和研究光谱图。和传统的光谱仪相比较,傅里叶光谱仪可以理解为以某种数学方法对光谱信息进行编码的摄谱仪,它能够同时测量、记录所有谱元的信号,并以更高的效率采集来自光源的辐射能量,从而使它具有比传统光谱仪高更多的信噪比和分辨率,同时它的数字化的光谱数据,也便于计算机处理。

2.19.3 红外光谱试样的制备

在测定红外光谱的操作中,固体、气体、液体都可以作红外光谱的测定。

1.固体样品

(1)溴化钾压片法 取1~2 mg样品,置于玛瑙研钵中研细后,加入事先已研细干燥的溴化钾100~200 mg,继续混合研磨成细粉。将磨细的混合粉末装入压片机模具内,在60 MPa下压制成厚1 mm左右的透明薄片。它可以直接置于支架上进行扫描。

(2)糊剂法 取10 mg样品,于玛瑙研钵中研细。滴入几滴液体石蜡,进一步研磨至糊状。将糊剂涂在一块氯化钠盐片上,放在支架上进行测量。

2.液体样品

对于易挥发的液体样品应使用固定密封吸收池。其他液体样品一般使用可拆卸吸收池,以便于清洗。常用制样方法有两种。

(1)液膜法　液体样品直接滴在盐片上，将两块盐片压紧排除气泡。拧紧吸收池架上的螺丝来适当夹紧盐片，使样品形成薄膜。

(2)溶液法　将一定量液体溶于适当溶剂配成浓度为0.05%～10%的溶液，然后将溶液倒入固体密封吸收池中进行测量。常用的溶剂有CS_2、CCl_4和$CHCl_3$等，溶剂本身的吸收峰用溶剂为参比来校正。

3. 气体样品

用气体吸收池来测定气体样品。进样时先把气体吸收池内的空气用真空泵抽出，然后充入样品。吸收峰强度可以通过调节气池内样品的压力来达到。

2.19.4　红外光谱的解析

测出样品的红外光谱图以后，对出现的谱带进行解析，进而推测样品的官能团和化学结构。谱图解析主要依靠对光谱与化学结构关系的理解和经验积累，灵活运用基团特征吸收峰及其变化规律。一般的解析可按如下顺序进行：

(1)先观察4 000～1 350 cm^{-1}高波数范围，此区为基团特征频率区，此范围内的吸收峰可以确定样品中含有哪些官能团。

(2)观察1 350～650 cm^{-1}的指纹区，此区的吸收峰显示了分子结构的细节，根据此区的吸收峰可以确定烯烃、芳香烃的取代类型等。如两样品是同一化合物，则指纹区谱带的细微结构应完全相同。表2.11列出了常见的主要有机化合物中某些基团的特征吸收频率和强度。

表2.11　常见的主要有机化合物中某些基团的特征吸收频率和强度

基团振动*	频率范围/cm^{-1}**	强度	基团振动*	频率范围/cm^{-1}**	强度
ν(—OH)	3 650～3 000	s	ν(—C=S)	1 250～1 000	w
ν(—NH)	3 500～3 300	m	$\delta(CH_2)$，$\delta_a(CH_3)$	1 470～1 400	m
ν(≡C—H)	3 300	s	$\delta_s(CH_3)$	1 380	s～m
ν(=C—H)	3 100～3 010	m	ν(C—C)芳香类	1 600～1 580	m～s
ν(—C—H)	2 960～2 800	s		1 500～1 450	m～s
ν(—S—H)	2 600～2 550	w	ν_a(C—O—C)	1 150～1 060	s
ν(—C≡N)	2 255～2 220	s～o	ν_s(C—O—C)	970～800	w～o
ν(—C≡C)	2 250～2 100	w～o	ν(O—O)	900～845	o～w
ν(—C=O)	1 820～1 680	vs	ν(C—Cl)	800～550	s
ν(—C=C)	1 670～1 600	w	ν(C—Br)	700～500	s
ν(—C=N)	1 680～1 610	m	ν(C—I)	600～450	s

* ν_a—反对称伸缩振动，ν_s—对称伸缩振动，δ_a—反对称弯曲振动，δ_s—对称弯曲振动。

** vs—很强，s—强，m—中强，w—弱，o—很弱或看不到。

解析谱图可采用“四先四后一抓法”，即先特征，后指纹；先最强，后次强；先粗查，后细查；先否定，后肯定；一抓一组相关峰。

通过图谱解析后，对样品的结构做出初步估计，再查阅标准红外谱图集[最常用的为萨特勒(Sadtler)红外谱图集]与之对照，必要时辅以紫外光谱、核磁共振谱和质谱等谱图，以确定样品的结构式。

2.20 分子模型实验

无论是简单的还是复杂的有机分子都具有一定的结构，研究有机分子不仅要阐明分子中各原子的数目和彼此的关系，而且还要进一步了解分子的空间结构。限于有机分子结构的微观性，分子的结构特别是空间结构对于初学者有时是难以理解的，为了更好地观察分子的立体结构，现已制作出各种模型，以适应不同的要求。分子模型是利用宏观的结构实现对微观分子结构的直接表达，借助分子模型可以更好地理解分子的结构。球棍分子模型以其直观、简单和方便成为最为常见的分子模型之一。

【实验目的】

通过球棍分子模型实验，了解有机化合物分子的立体异构现象；加深对构象、顺反和旋光等立体异构现象的理解。

【实验原理】

球棍分子模型是用多面体球代表不同的原子，以小棍表示原子之间的键。一套分子模型，包括不同颜色和大小的多面体塑料球，分别代表不同种类的原子。如：碳，黑色；氢，白色或黄色；氧，红色；氮，蓝色；氯，绿色等。塑料球面有钻孔，孔数符合共价键的数目。由于原子能够形成一个以上的共价键，钻孔的角度与原子的标准键角亦相符合。用不同长度的金属小圆棒表示各种键，如小圆棒表示单键，两个弯形棒代表双键等。因此，利用各色塑料球和小棒，各原子以不同的价键可连成不同类型的有机分子。这些分子模型有助于我们对有机分子立体结构的认识，尤其是对分子中各原子的空间排列，以及由此产生的各种立体异构现象的理解，分子模型提供了较好的直观性和较高的清晰度。需要强调的是分子模型只能说明原子在空间的相对位置，因为微观的原子不能完全等同于宏观的球，而且原子间的距离并不是像模型中表示的那样远和一成不变，价键也不是一根棍，千万不要把分子模型完全等同于分子的真实结构。

在开始实验之前，介绍两个有关对称名词的定义，这将有助于检验所设计分子模型的对称性和正确性。

对称面：假如分子中有一个平面，它可以把分子分割成互为镜像的两部分，这个平面就是分子的对称面。如二氯甲烷，见图 2.65。

对称中心：假设分子中有一点，通过该点作任何一条直线，如果在离该点等距离的直线两端连有相同的原子或基团，则该点称为该分子的对称中心。如图 2.66 所示的反-1,3-二甲基环丁烷的对称中心。

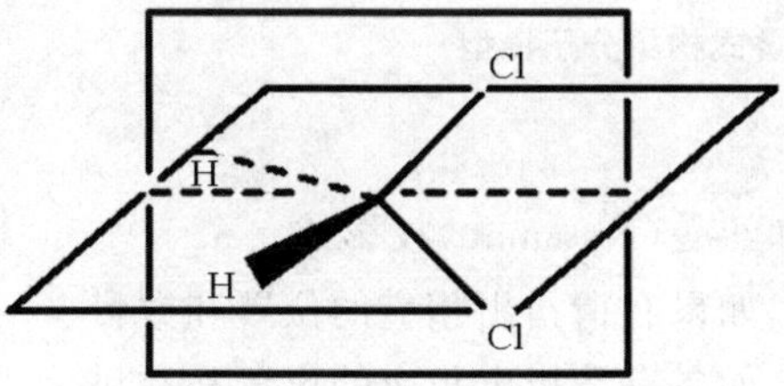

图 2.65 有对称面的分子

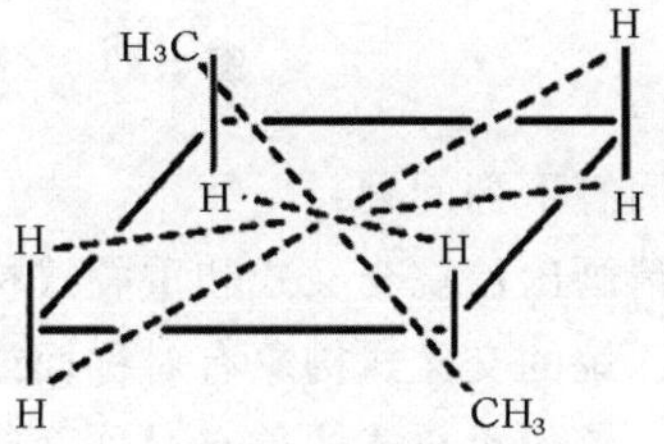

图 2.66 有对称中心的分子

本节分子模型实验主要包括构象异构模型实验、顺反异构模型实验和对映异构模型实验。

构象异构是由于σ键的"自由"旋转，使得分子中的原子或基团在空间产生无数不同的排列形式，每一种特定的排列形式就是一种构象异构体。

顺反(几何)异构由于分子中有限制旋转的因素存在(如双键、环等)，而且每个双键原子连有不同的原子或基团从而产生顺反异构。

对映异构主要是由碳的正四面体价键使得连接于同一碳原子上的四个不同的原子或基团在空间有两种不同的排列，这两种排列具有实物和镜像的关系，称为对映异构体。没有对称面和对称中心的分子通常都存在对映异构体。

【实验材料】

球棍模型一套，包括：边长 10 mm 多面体球黑色 16 个、绿色 2 个、红色 4 个、黄色 4 个、蓝色 6 个；直径 6 mm 白色小圆球 13 个。

各种键：短键 40 mm 12 根；长键 50 mm 12 根；弯键(弦长)60 mm 5 根。

【实验步骤】

1. 开链和环状分子的构象异构

(1)乙烷的分子模型　用一根单键连接两个碳原子，然后在每个碳原子上连接三个氢原子，使三个 C—H 键和一个 C—C 键呈正四面体结构(键角是 109°28′)，分子模型结构如图 2.67 所示。使乙烷分子模型中一个碳原子不动，另一个碳原子绕 C—C 键轴旋转，则一个碳原子上的三个氢原子相对于另一个碳原子上的三个氢原子，可以有无数的空间排列形式，即有无数种构象异构体，但是其中有两种特殊的构象异构体，即交叉式和重叠式构象。

交叉式构象：从 C—C 键轴方向观察，第一个碳原子上的所有氢原子都正好处于第二个碳原子上两个氢原子的中间，呈交叉状，如图 2.67(a)所示。

重叠式构象：在交叉式构象的基础上绕 C—C 键轴旋转 60°，从 C—C 键轴方向观察，第一个碳原子上的所有氢原子都正好遮挡了第二个碳原子上的氢原子，呈重叠状，如图 2.67(b)所示。重叠式构象如果继续旋转 60°，就会变成一个新的交叉式。如图 2.67(c)所示。

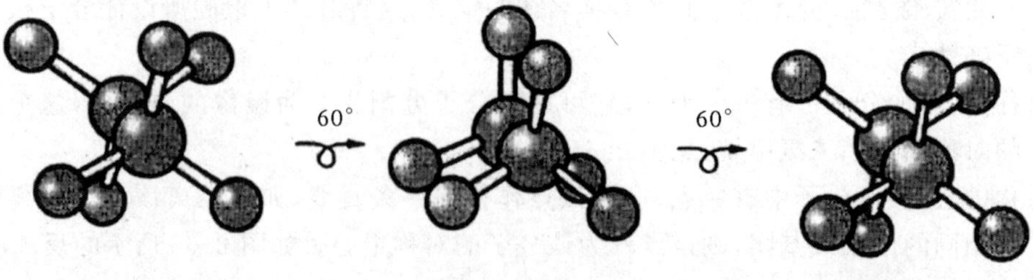

(a)交叉式　　(b)重叠式　　(c)交叉式

图 2.67　乙烷的交叉式和重叠式构象分子模型

请回答下列问题：

①请画出乙烷交叉式和重叠式构象的透视式和纽曼(Newman)投影式。

②乙烷的交叉式构象有对称面或对称中心吗？如果有请指出相应的位置和数目。

③乙烷的重叠式构象有对称面或对称中心吗？如果有请指出相应的位置和数目。

④交叉式和重叠式构象哪一种构象是优势构象？为什么？

(2)环己烷及其衍生物的分子模型　做环己烷的分子模型，注意制作好的环己烷分子模型中每一个碳原子上的价键要是正四面体结构(键角是109°28′)。翻转环己烷的分子模型，可以看到环己烷具有无数种构象，但是其中有两种特殊的构象异构体，即椅式构象和船式构象，如图2.68所示。注意观察环己烷椅式构象模型中C_1、C_3、C_5三个原子所构成的平面与C_2、C_4、C_6三个原子所构成的平面是否相互平行。C—H键分布情况：一种是六个C—H垂直于C_1、C_3、C_5所构成的平面(三个向上，三个向下)，称为直立键或a键；一种是六个斜插于C_1、C_3、C_5和C_2、C_4、C_6分别构成的平面(三个斜向上，三个斜向下)，称为平伏键或e键。

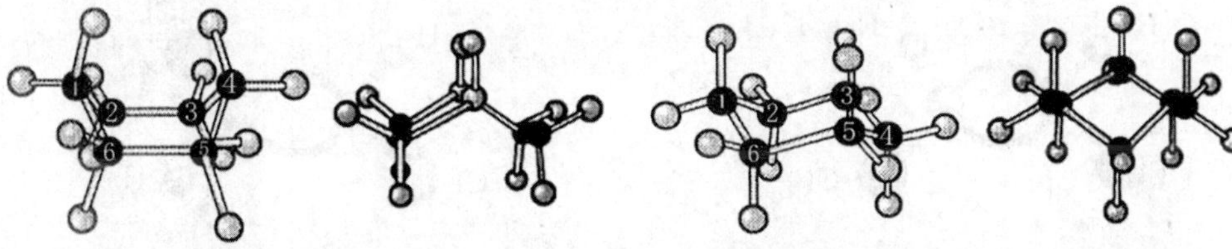

(i) 侧面观察　(ii) 正面观察　(i) 侧面观察　(ii) 正面观察

(a) 船形 (boat form)　(b) 椅形 (chair form)

图2.68　环己烷的船式构象和椅式构象分子模型

请回答下列问题：

①请画出环己烷椅式构象和船式构象的透视式和纽曼(Newman)投影式。

②在椅式构象中，每两个相邻碳原子上的C—H键是交叉式还是重叠式？

③在船式构象中，船头(C_1)和船尾(C_4)上两个氢原子的距离如何？C_5—C_6键以及C_2—C_3键上的C—H键是交叉式还是重叠式？

④环己烷的椅式构象和船式构象哪一种较为稳定？为什么？

⑤环己烷可以从一种椅式构象翻转成另一种椅式构象吗？翻转前后a键和e键是如何变化的？

⑥用一个绿色的球取代环己烷椅式构象模型中C_1上的氢，得到氯代环己烷的椅式构象模型。氯原子是在a键还是e键的位置上？画出它的透视式。

⑦现在翻转连有氯的那个C_1，使模型变为船式构象。然后翻转C_4使模型再次变为椅式构象。氯原子是在a键还是e键的位置上？画出它的透视式。氯原子在a键或e键时，哪一种构象比较稳定？为什么？

⑧用一个绿色的球取代环己烷椅式构象模型中C_1平伏键上的氢，用另一个绿色的球取代C_4平伏键上的氢。氯和氯之间是顺式还是反式结构？画出它的透视式。

⑨现在翻转该模型使之变成另一种椅式构象模型。现在氯原子是a键还是e键？两个氯原子之间是顺式还是反式？

⑩用一个绿色的球取代环己烷椅式构象模型中C_1平伏键上的氢，用另一个绿色的球取代C_4直立键上的氢。氯和氯之间是顺式还是反式结构？画出它的透视式。

⑪现在翻转该模型使之变成另一种椅式构象模型。现在两个氯原子的变化情况如何？通过上面的分析，对于1,4取代环己烷的顺式和反式异构体，哪一个更稳定？构象的翻转能否改变1,4取代环己烷顺式或反式关系？

⑫对于顺-1,4取代环己烷,如果两个取代基有一个体积较大的,它处于a键或e键,哪一个更稳定?

2.顺反异构体

(1)1,2-二氯乙烯的分子模型　组装两种1,2-二氯乙烯的分子模型,如图2.69所示(注意:表示双键的两个弯键所在平面垂直于两个C—H键和两个C—Cl键所组成的平面;并且同一个双键碳上的C—C键和C—H键、C—H键和C—Cl键以及C—Cl键和C—C键之间的夹角是120°)。

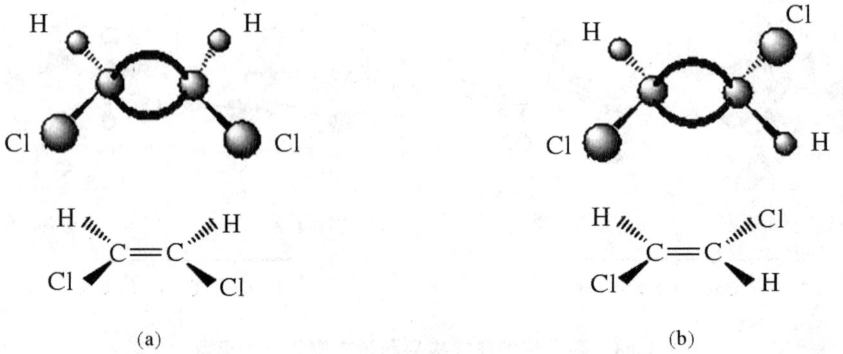

图2.69　1,2-二氯乙烯顺反异构体分子模型

请回答下列问题:

①这两个模型可以重叠吗?写出两个分子模型的名称。

②在不去掉或破坏任何一个键的情况下,能否把(a)扭转成(b)呢?阻止(a)扭转成(b)的因素是什么?

(2)丙烯的分子模型　并非所有含双键的化合物都有顺反异构。组装丙烯的分子模型,一种像图2.70(a),另一种像图2.70(b)。

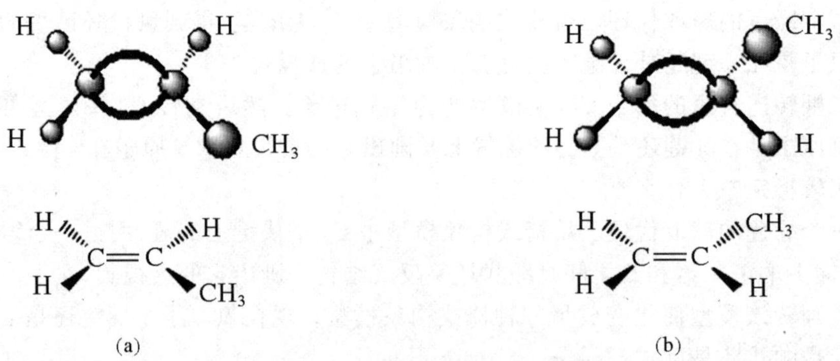

图2.70　丙烯的分子模型

请回答下列问题:

①这两种模型可以重合吗?

②丙烯的结构可能有哪几种?

③烯烃具有什么样的主要特征，才使它没有顺反异构？

④下列物质哪个具有顺反异构体？1-氯丙烯；2-氯丙烯；2-丁烯

3. 对映异构体

(1)乳酸的分子模型　用不同颜色的小球代表—CH_3、—COOH、—OH 和—H 原子，将它们按着正四面体(键角是 109°28′)的结构连在 C 原子上，得到一种构型的乳酸分子模型。再组装一个与上述完全相同的模型，然后将其中的任何两个不同颜色的小球互换位置，可得到另一种构型的乳酸分子模型，见图 2.71。

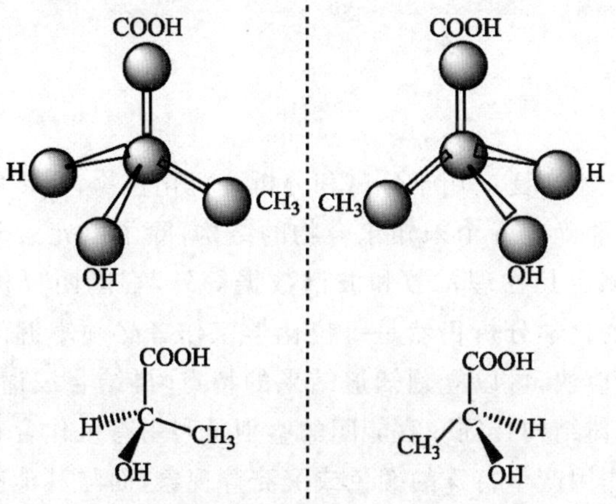

图 2.71　乳酸的对映异构体分子模型

请回答下列问题：

①这两个模型有对称面、对称中心或对称轴吗？两个模型能否完全重合？二者呈什么样的关系？

②画出两个模型的费歇尔投影式，并用 R、S 命名法命名。

(2)2-溴丁烷的分子模型　用不同颜色的小球代表—H、—CH_3、—C_2H_5 和—Br，将它们按着正四面体的结构连在 C 原子上，得到两种构型的 2-溴丁烷分子模型。

请回答下列问题：

①画出两个模型的费歇尔投影式，并用 R、S 命名法命名。

②将两个费歇尔投影式在纸面上分别旋转 90°(或 270°)、180°(或 360°)，这时的费歇尔投影式还能够表示原来的空间结构吗？能够得出什么结论？

③选取其中一个 2-溴丁烷分子模型的费歇尔投影式，将 H 与 CH_3 交换，C_2H_5 和 Br 交换后，这时的费歇尔投影式还能够表示原来的空间结构吗？能够得出什么结论？

(3)2,3,4-三羟基丁酸的分子模型　2,3,4-三羟基丁酸分子中有两个手性碳原子，应该有四种旋光异构体，分别做出这四个分子模型，然后看看其中每两个能否重合？画出相应的费歇尔投影式，并用 R、S 命名法命名。

(4)酒石酸(2,3-二羟基丁二酸)的分子模型　酒石酸分子中有两个手性碳原子，似乎应该有四种旋光异构体，分别做出这四个分子模型，然后看看其中每两个能否重合？实际上酒石酸以几种异构体形式存在？为什么？画出相应的费歇尔投影式，并用 R、S 命名法命名。

Chapter 3 第 3 章

有机化合物的性质实验

近年来，由于波谱技术广泛应用于分离和分析有机化合物，使传统的有机化学实验方法起了根本性的变化。若要确定一个未知化合物的结构，除了由元素分析知道所含的元素和其百分含量，及进一步测定其物理常数和波谱数据等外，官能团分析也是一种很重要的方法。在实验室，试管中的化学分析仍然是每位化学工作者必须掌握的一种操作技巧。它具有操作简便、费时少、反应快，可以立刻知道结果的特点，再结合波谱知识，基本上可以合理地推测出该化合物的具体结构特征。官能团的鉴别是利用有机化合物中各官能团所具有的不同特性，与某些试剂作用产生特殊的颜色或沉淀等现象，而与其他有机化合物区别开来的一种有效鉴定方法。学生在学习和实验的过程中，应逐渐掌握化学分析和仪器分析二者各自的方法和功能，相互结合，互为补充，以期确定化合物的最终结构。

3.1 烃及卤代烃的性质

【实验目的】

认识脂肪烃、芳香烃的化学性质，重点掌握取代反应的条件；认识卤代烃的化学性质，掌握不同烃基结构对反应速率的影响；进一步理解不同烃类的性质与结构的关系，并掌握其官能团的鉴别方法。

【实验原理】

烷烃、烯烃、芳香烃虽都属烃类化合物，但它们的结构不同，其性质也各不相同。烷烃分子中含有 σ 键，是饱和的碳氢化合物，化学性质比较稳定，与强酸、强碱、高锰酸钾、溴水等不发生反应，但在光照下可以发生自由基取代反应。

烯烃是不饱和烃，分子中除了 σ 键外，还有 π 键，是不饱和的碳氢化合物，化学性质较活泼。易于发生加成反应和氧化反应。如溴的四氯化碳溶液（或水溶液）与不饱和化合物发生加成反应，可使溴的颜色褪去；高锰酸钾溶液和不饱和化合物反应时，高锰酸钾的黑紫色褪去，同时生成黑褐色的二氧化锰沉淀。

芳香烃具有芳香性，苯是最典型的芳烃，在化学性质上相当稳定，一般较难发生氧化和加成反应，而较易进行亲电取代反应。当苯环上有取代基时，会影响取代反应的速率，给电子基团使亲电取代反应容易进行，吸电子基团使亲电取代反应难于进行。

卤代烃分子中卤原子的活泼性与结构有关，最活泼的卤代烃是在溶液中能形成稳定碳正离子和带有良好离去基团的化合物。卤代烷比较活泼，但当卤原子直接与碳碳双键或苯环相连时，卤原子变得很不活泼，可用硝酸银的醇溶液来检验卤代烃在 S_N1 反应中的活性，进而推测卤代烃的可能结构。不同类型卤代烃的活性顺序为：烯丙基型卤代烃（苄基型卤代烃）＞相应的卤代烃＞乙烯基型卤代烃（芳基型卤代烃）。

【药品】

液体石蜡（烷烃的混合物）、煤油（烷烃与烯烃的混合物）、苯、甲苯、1-氯丁烷、20％氯苯乙醇溶液、浓硫酸、浓硝酸、3％溴的四氯化碳溶液、10％硫酸、4％硝酸银-乙醇溶液、0.5％高锰酸钾溶液、氯仿、无水三氯化铝、铁屑（新刨）、苄氯。

【实验步骤】

1. 烷烃的性质

(1)卤代反应　取干燥试管 2 支，分别加入液体石蜡 10 滴，再分别加入 3％溴的四氯化碳[1]溶液 3 滴，摇匀。把 1 支试管放置在实验柜的暗处，另 1 支放在太阳光（或日光灯）下，20～30 min 后观察这两支试管中液体有何区别？为什么？

(2)氧化反应　取干燥试管 1 支，加入液体石蜡 5 滴，然后加入 0.5％高锰酸钾溶液 5 滴，摇匀、观察溶液的颜色有无变化？为什么？

2. 烯烃的性质

(1)加成反应　取试管 1 支，加入煤油 10 滴，然后加入 3％溴的四氯化碳溶液 10 滴，摇匀，溶液的颜色有什么变化？

(2)氧化反应　取试管 1 支，加入 0.5％高锰酸钾溶液 10 滴，然后加入煤油 10 滴，摇匀，观察溶液颜色有何变化？

3. 芳香烃的性质

(1)卤代反应　取干燥试管 2 支，分别加入 10 滴苯和甲苯，再各加入 3％溴的四氯化碳溶液 3 滴，摇匀。然后，分别加入少许铁屑，摇振，将 2 支试管放在水浴中加热数分钟，观察并比较它们颜色变化的快慢。

(2)硝化反应　取干燥试管 2 支，各加入浓硫酸 10 滴，浓硝酸 5 滴，充分混合，制成混酸。稍冷后，在 2 支试管中分别慢慢滴加 10 滴苯和 10 滴甲苯，不断地摇振。3～5 min 后，观察现象。将混合液分别倒入盛有 20 mL 水的烧杯中[2]，观察现象。

(3)氧化反应　取试管 2 支，分别加入苯和甲苯 10 滴，再各加入 0.5％高锰酸钾溶液 2 滴及 10％硫酸几滴，剧烈摇振后放在 50～60℃的水浴中加热 3～5 min，观察颜色有无变化？为什么？

(4)芳香性的检验（Friedel-Crafts 反应）　取干燥的试管 1 支，加入 2 mL 氯仿[3]，然后加入 3 滴苯，充分混合以浸润试管壁，沿管壁加入约 0.5 g 无水三氯化铝[4]。观察粉末及溶液的颜色。反应式如下：

$$3C_6H_6 + CHCl_3 \xrightarrow{\text{无水 } AlCl_3} (C_6H_5)_3CH + 3HCl$$

用萘、甲苯、氯苯等作试样[5]，结果如何？

4. 卤代烃的性质

取 3 支试管，各加入饱和硝酸银乙醇溶液 1 mL，再分别加入 1-氯丁烷、氯苯、苄氯[6] 1～3 滴，摇振。观察有无沉淀析出，记下出现沉淀的时间。大约 5 min 后，把没有出现沉淀的试管放在水浴中加热(75℃)数分钟，冷却后，观察有无沉淀析出，记录出现沉淀的时间。写出卤代烃的活性顺序。

【注释】

[1] 溴的四氯化碳溶液，切勿接触人体皮肤，以免引起灼伤。注意保护眼睛。

[2] 在本实验条件下，生成物呈浅黄色油状液体，比水重，沉于烧杯底部，具有杏仁香味和毒性，应避免吸入蒸气及与皮肤接触，如反应不完全，则有余苯残留在硝基苯中，当倾入水中后，油状物浮于水面，如用玻璃棒搅拌后，还未见沉底，则要重做实验。

[3] 氯仿为挥发性液体，在光照下被空气氧化产生剧毒的光气，所以保存在棕色瓶中。

[4] 三氯化铝会吸收空气中的水分迅速水解产生 HCl 蒸气，在开启三氯化铝试剂瓶盖时应保证在通风橱中进行，用完后注意及时密封。

[5] 溶液中的颜色，主要是由于形成 $(C_6H_5)_3C^+\ AlCl_4^-$ 盐的缘故。苯及其同系物呈现橙红色，萘和蒽分别呈现蓝色和绿色。

[6] 卤代烃具有不同程度的毒性，应避免吸入蒸气及与皮肤接触。

【思考题】

(1)烷烃的卤代反应，为什么不用溴水，而用溴的四氯化碳溶液？

(2)甲苯的卤代反应、氧化反应为什么比苯更容易进行？

(3)在卤代烃与硝酸银-乙醇溶液的反应中，苄氯和氯苯中氯原子的活性大小如何？为什么？

3.2 醇、酚、醛、酮的性质

【实验目的】

通过实验加深对醇、酚、醛、酮四类有机物化学性质的认识；比较醇和酚之间化学性质上的差异，认识羟基和烃基的相互影响；掌握鉴别醛、酮的化学方法。

【实验原理】

醇的 C—O 键与 O—H 键都是极性键，这是醇易发生反应的两个部位。醇可发生取代、消除和氧化等反应，但不能游离出氢离子。

酚羟基直接与苯环相连，使苯环活性增强，易发生卤代、硝化、磺化等亲电取代反应。酚类化合物具有弱酸性，与强碱作用生成盐而溶于水，酸化后可游离出酚类化合物。

醛和酮类化合物都具有羰基，因而化学性质相似，如都能进行亲核加成反应以及卤代反应等。但由于醛类的羰基上连有氢原子，所以醛比酮活泼，如醛能被弱氧化剂氧化。醛能使无色的西夫试剂(Schiff 试剂)显紫红色，酮一般不能显色(甲基酮除外)。此类反应常用来区别醛、酮。甲醛与其他的同系物不同，它与西夫试剂显色后，加入浓硫酸颜色不消失，用以区别甲醛和其他醛。

【药品】

95%乙醇、正丁醇、仲丁醇、叔丁醇、苯酚饱和水溶液、甲醛水溶液、10%乙醛水溶液、苯甲醛-乙醇溶液、丙酮、5%碳酸氢钠、0.5%氢氧化钠、5%碳酸钠、浓硫酸、1%重铬酸钾、0.5%高锰酸钾、1%三氯化铁、10%碘-碘化钾溶液(简称碘液)、饱和溴水、2,4-二硝基苯肼、酚酞指示剂、硝酸铈铵试剂、西夫试剂、斐林试剂 A (Fehling A)、斐林试剂 B(Fehling B)。

【实验步骤】

1. 醇、酚的性质

(1)酸性　取试管 2 支,各加入蒸馏水 1 mL,酚酞指示剂 1 滴及 0.5%氢氧化钠 1 滴,摇匀,溶液呈红色。然后向 1 支试管中加入苯酚饱和水溶液 6 滴,向另 1 支试管中加入 95%乙醇 6 滴,摇匀,观察颜色变化,比较酸性何者强。

(2)氧化反应

①取试管 2 支,各加入 0.5%高锰酸钾 6 滴和水 1 mL,然后分别加入 95%乙醇、苯酚饱和水溶液各 5 滴,摇匀,观察哪一支试管里的高锰酸钾溶液的紫红色发生了变化?最后将没有变化的那支试管放在水浴中微热,观察颜色有何变化?

②取试管 3 支,分别加入正丁醇、仲丁醇、叔丁醇各 10 滴,再各加入 1%重铬酸钾溶液 10 滴及浓硫酸 1 滴,摇匀[1]。将 3 支试管在水浴中微热,注意观察氧化剂颜色由橙黄色变成蓝绿色,由此判别哪些醇能被氧化?说明原因。

(3)醇的鉴定　取试管 1 支,加入 95%乙醇 2 滴和水 1 mL,然后加入硝酸铈铵试剂 2 滴,摇匀,观察颜色变化,溶液呈现红色表示有醇存在[2],以水做空白实验对比之。

(4)酚的鉴定

①取试管 1 支,加入苯酚饱和水溶液 10 滴,然后加入 1%三氯化铁溶液 1～2 滴[3],观察颜色有何变化。

②取试管 1 支,加入苯酚饱和水溶液 10 滴,然后逐滴加入饱和溴水[4],起初溶液浑浊,摇振后变清,直到刚好生成白色沉淀为止。写出反应式。

2. 醛、酮的性质

(1)与 2,4-二硝基苯肼的反应　取试管 3 支,分别加入甲醛 3 滴、苯甲醛 3 滴和丙酮 3 滴,然后向每支试管中加入 2,4-二硝基苯肼试剂 10 滴[5],摇匀,观察有何现象?

(2)碘仿反应　取 4 支试管,在每支试管中加入 1 mL 水,然后在 4 支试管中分别加入 4 滴 95%乙醇、甲醛水溶液、10%乙醛水溶液、丙酮,再加入 1 mL 10%的氢氧化钠溶液,然后滴加 10%碘-碘化钾溶液至溶液呈浅黄色[6],振荡后析出黄色沉淀为正性实验。若不析出沉淀,可在温水浴微热,若溶液变成无色,继续滴加 2-4 滴碘-碘化钾溶液,观察结果。

(3)与斐林试剂的反应　取试管 2 支,每支试管中加入斐林试剂 A 和斐林试剂 B 各 10 滴[7],配成深蓝色透明溶液,然后分别加入乙醛、丙酮各 10 滴[8],摇匀后放在沸水浴中加热 3 min,观察溶液颜色的变化,并比较结果。

(4)与西夫试剂的反应　取试管 3 支,分别加入甲醛、5%乙醛、丙酮各 10 滴,然后向各试管中加入西夫试剂 1～2 滴,摇匀,观察颜色的变化[9]。

在甲醛、乙醛与西夫试剂反应的试管中,逐滴加入浓硫酸 2～5 滴,注意颜色有何变化。

【注释】

[1] 重铬酸试剂可以氧化伯醇、仲醇和醛类化合物,在 5 s 内即可产生明显的颜色变化,伯醇和仲醇溶液由橙色变为蓝绿色,而叔醇不发生反应。

$$\underset{\text{橙色}}{Cr_2O_7^{2-}} + RCH_2OH(R_2CHOH) \longrightarrow \underset{\text{蓝绿色}}{Cr^{3+}} + RCOOH(R_2C{=}O)$$

[2] 含10个碳以下的醇类和硝酸铈铵试剂作用生成红色的络合物，溶液的颜色由橘黄色变为红色，借此来鉴定化合物中是否含有羟基。

$$\underset{\text{橘黄色}}{(NH_4)_2Ce(NO_3)_6} + ROH \longrightarrow \underset{\text{红色配合物}}{(NH_4)_2Ce(OR)(NO_3)_5} + HNO_3$$

[3] 大多数酚类化合物与三氯化铁有特殊的颜色反应，而使溶液呈现出不同颜色。多数呈红、绿、紫或蓝色，颜色的产生是由于形成电离度很大的酚铁盐络合物。

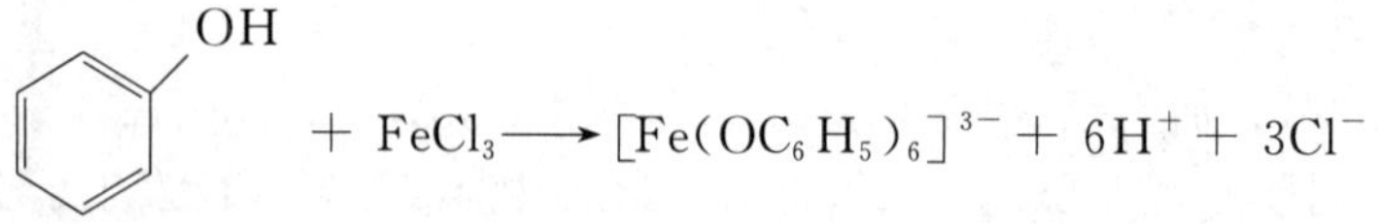

[4] 酚类化合物由于存在羟基对苯环的致活作用，而使酚类活泼性增强，可使溴水溶液褪色，生成2,4,6-三溴苯酚白色沉淀析出。

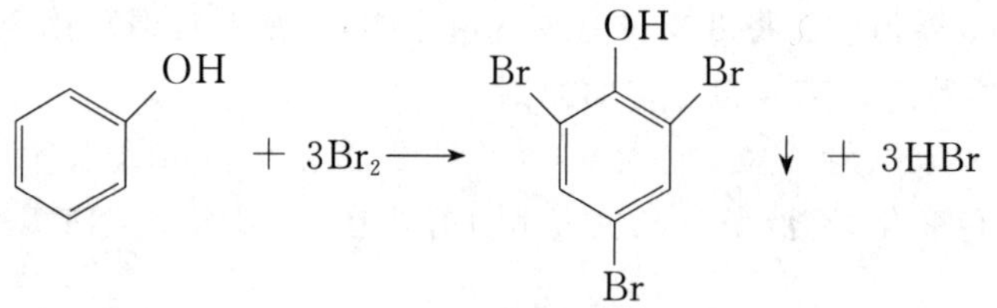

[5] 醛和酮可与2,4-二硝基苯肼发生亲核加成-消除反应，生成黄、橙或橙红色的2,4-二硝基苯腙沉淀，易从溶液中析出，可作为检验醛、酮的定性实验。

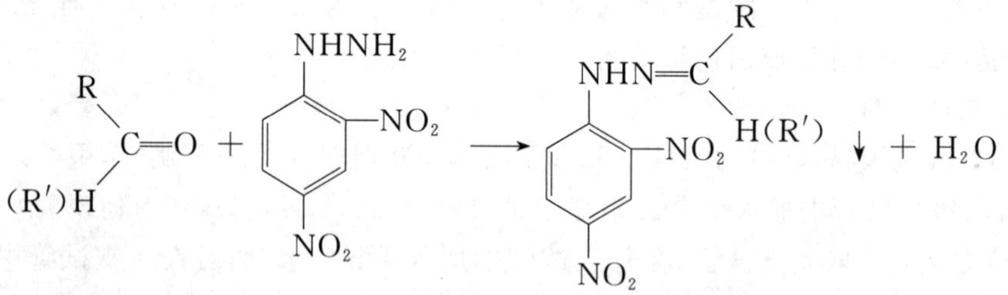

[6] 碘仿反应是鉴别甲基酮的一种简便方法，凡具有 CH_3CO—和 $CH_3CH(OH)$—基团的化合物，均可被次碘酸钠作用生成带有苦杏仁气味的黄色碘仿沉淀。如碱液过量，加热时生成的碘仿发生水解，沉淀消失。

[7] 斐林试剂是由斐林试剂A和斐林试剂B组成。斐林试剂A是硫酸铜水溶液，斐林试剂B是酒石酸钾钠和氢氧化钠的水溶液。由于斐林试剂性质不稳定，贮存时需将A、B分别保存，使用时需临时配置，将斐林试剂A和斐林试剂B等量混合，就得到深蓝色的斐林试剂，溶液中的铜离子络合物作为氧化剂。

[8] 醛比酮易被氧化，使用斐林试剂进行氧化时，一般水溶性的醛可将 Cu^{2+} 还原为 Cu^+，从而生成砖红色的氧化亚铜(Cu_2O)沉淀。

[9] 本实验必须在弱酸性溶液中进行，且不能加热，因为碱性化合物、加热或其他可与二氧化硫作用的物质，都将使西夫试剂失去二氧化硫(或亚硫酸)而出现桃红色，引起判断的错误。

西夫试剂(无色)与醛作用生成紫红色化合物，加入大量的酸后，可使醛类与西夫试剂的作用物分解而褪色；但甲醛和西夫试剂的作用物在强酸条件下仍不褪色。甲基酮类化合物可与二氧化硫作用，与西夫试剂接触后会使试剂脱去亚硫酸，使体系溶液颜色呈现桃红色。

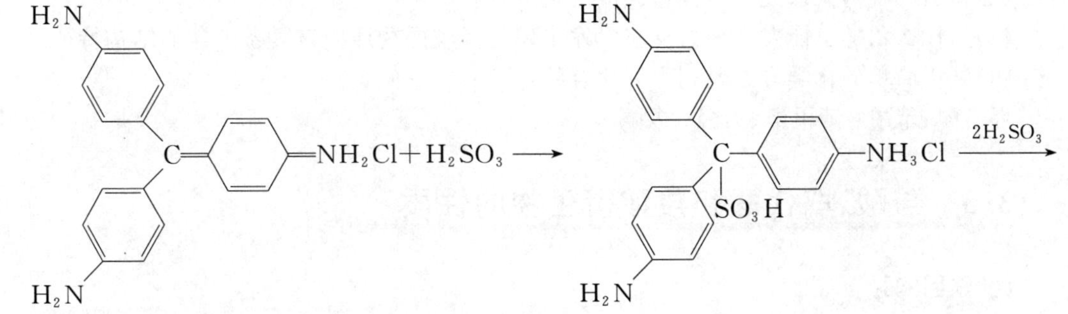

品红氯化氢盐

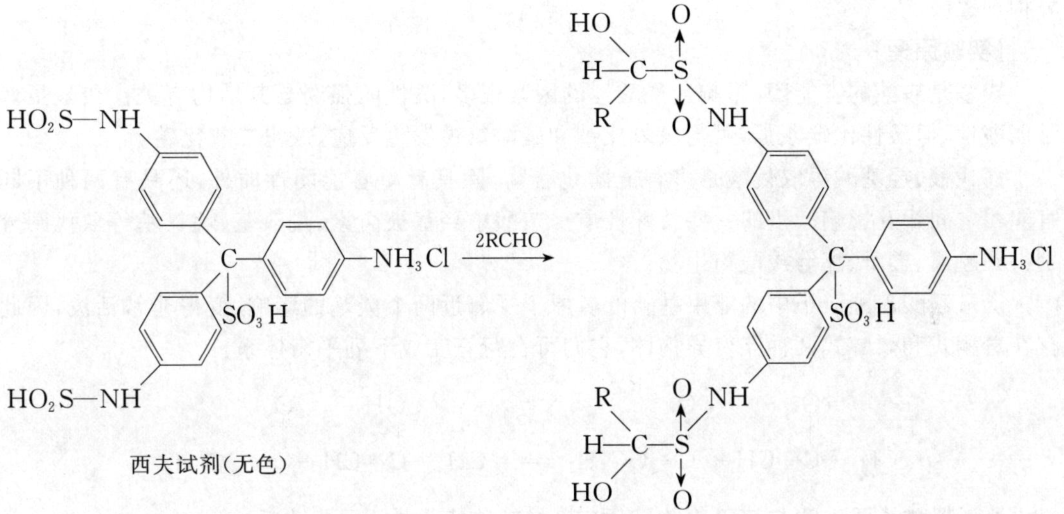

西夫试剂(无色)

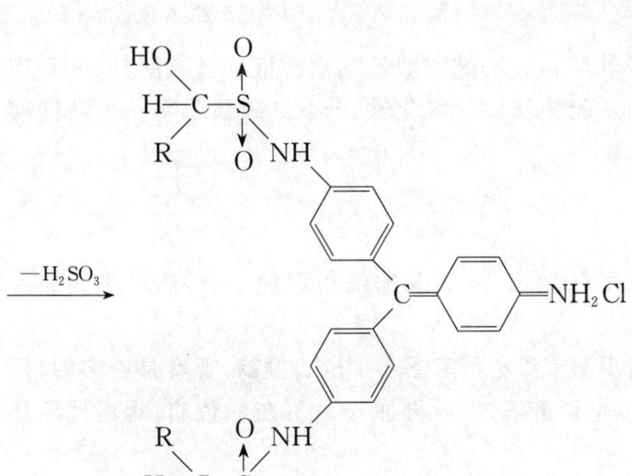

紫红色

【思考题】

(1)如何除去苯中的少量苯酚？

(2)举出几种与三氯化铁有颜色反应的化合物。

(3)为什么乙醇也能发生碘仿反应？发生碘仿反应的物质应该具备怎样的结构特征？

(4)试用简单的化学方法鉴别下列化合物：

环己醇、苯酚、苯甲醛、乙醛、丙酮

3.3　羧酸、取代酸和羧酸衍生物的性质

【实验目的】

认识羧酸、取代酸的结构与化学性质的关系；掌握乙酰乙酸乙酯的酮式与烯醇式的互变异构现象。

【实验原理】

羧基是羧酸的官能团，影响羧酸酸性的因素很多，酸性的强弱与其结构有关。羧酸虽然是弱酸性，但酸性比碳酸强，可与氢氧化钠和碳酸氢钠发生反应，放出二氧化碳。

卤代酸、羟基酸等取代酸是多官能团化合物，除具有单官能团性质外，还具有两种不同官能团之间相互影响产生的一些特殊性质。羧酸中羟基被卤素、酰氧基、烷氧基等取代则分别得到酰卤、酸酐、酯等羧酸衍生物。

乙酰乙酸乙酯分子中的亚甲基上的氢原子受邻近两个羰基的影响，变得非常活泼，因此存在着酮式和烯醇式两种互变异构体，它们可自行互变成下列平衡体系：

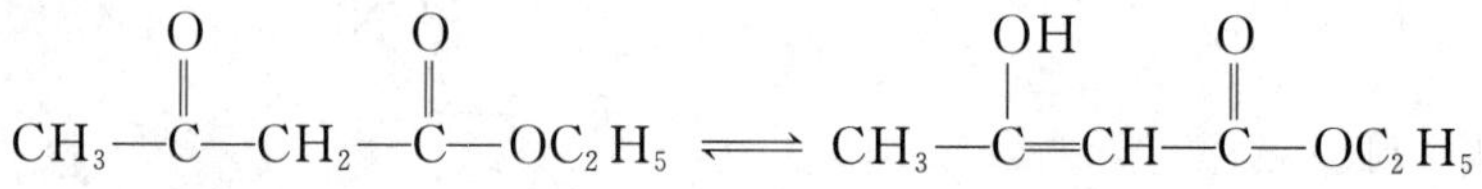

所以乙酰乙酸乙酯与三氯化铁、溴水、2,4-二硝基苯肼均可发生反应。

【药品】

甲酸、10%醋酸、苯甲酸、草酸、10%乳酸、1%乙酰乙酸乙酯水溶液、5%碳酸钠、苯酚饱和水溶液、10%氢氧化钠、饱和溴水、10%硫酸、5%三氯化铁、2,4-二硝基苯肼、1%高锰酸钾、酚酞指示剂、95%乙醇。

【实验步骤】

1. 羧酸的性质

(1)酸性　取试管1支，加入5%碳酸钠溶液10滴及酚酞指示剂1滴，然后逐滴加入10%醋酸溶液，摇匀，观察颜色有何变化？

(2)成盐反应　取试管1支，加入苯甲酸0.2 g和蒸馏水1 mL，振荡，观察是否溶解，再加入10%氢氧化钠溶液数滴，振荡，观察是否溶解，然后再加入10%硫酸数滴，观察现象并说明原因。

(3)氧化作用　取试管3支，分别加入甲酸5滴，10%醋酸5滴和草酸0.1 g。各试管加入水1 mL，摇匀，然后再加入1%高锰酸钾溶液4滴和10%硫酸5滴[1]。把3支试管都放在水浴上加热，观察并比较各试管的颜色变化。做出解释。

2. 羟基酸的性质

(1)乳酸的酸性　取试管 1 支，加入 5%碳酸钠溶液 10 滴和酚酞指示剂 1 滴，然后再加入 10%乳酸数滴，摇匀，观察颜色有何变化？得出结论。

(2)乳酸与三氯化铁的反应[2]　取试管 1 支，加入 3 滴苯酚饱和水溶液和 2 滴 5%三氯化铁溶液，注意观察溶液的颜色。然后再加入 5 滴 10%乳酸溶液，观察试管中溶液的颜色有何变化？

(3)乳酸的氧化　取试管 1 支，加入乳酸溶液 10 滴和 2 滴 10%硫酸，然后，再加入 1%高锰酸钾溶液 3 滴，摇匀，将试管放在水浴上微热，观察颜色有何变化？写出反应式。

(4)丙酮酸的鉴定　在上述 3 中已褪色的溶液里，加入 5 滴 2,4-二硝基苯肼试剂，在水浴上微热 2 min，观察有无黄色沉淀生成，得出结论并写出反应式。

3. 乙酰乙酸乙酯的酮式和烯醇式的互变异构现象

(1)酮式反应　取试管 1 支，加入 10 滴 2,4-二硝基苯肼和 1～2 滴乙酰乙酸乙酯，解释所观察到的现象。

(2)烯醇式反应　取试管 1 支，加入 3 滴乙酰乙酸乙酯，慢慢滴入饱和溴水 1～2 滴，有何变化？解释原因。

(3)酮式与烯醇式的互变[3]　取试管 1 支，加入 1 mL 乙酰乙酸乙酯和 3 滴 5%三氯化铁溶液，即有紫红色出现，然后小心地滴入饱和溴水，直至紫红色消失为止。放置片刻，待紫红色又恢复出现，再滴入溴水，观察现象，得出结论。

【注释】

[1] 饱和羧酸一般不易被氧化，但甲酸和草酸因结构上有易被氧化的氢原子，故有还原性。

[2] 乳酸与三氯化铁反应，产物乳酸铁呈黄色。

$$3CH_3\underset{\displaystyle |\atop OH}{CH}COOH + FeCl_3 \longrightarrow (CH_3\underset{\displaystyle |\atop OH}{CH}COO)_3Fe + 3HCl$$

由于三氯化铁溶液本身也是黄色，反应前后不易观察。为了使颜色变化明显，采用先让三氯化铁与苯酚反应呈紫色，再加入乳酸与混合物液中的三氯化铁反应生成乳酸铁，使反应液由紫色变成黄色。

[3] 乙酰乙酸乙酯与三氯化铁的显色反应是因为其烯醇式与三氯化铁生成了紫红色配合物。

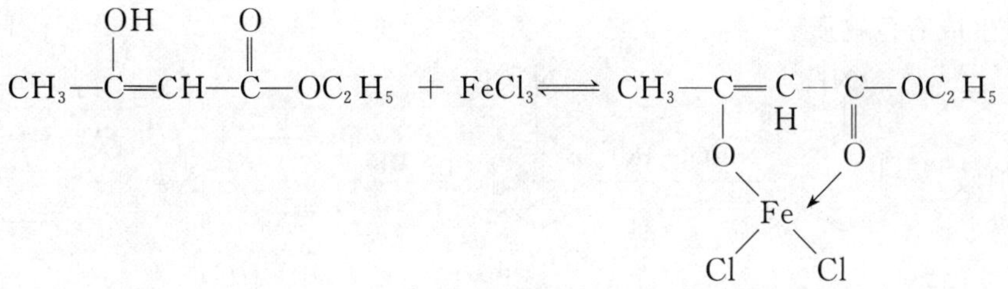

加溴水后，溴与烯醇式结构中C═C双键发生亲电反应，使烯醇式转变为酮式的溴代衍

生物(无色)。

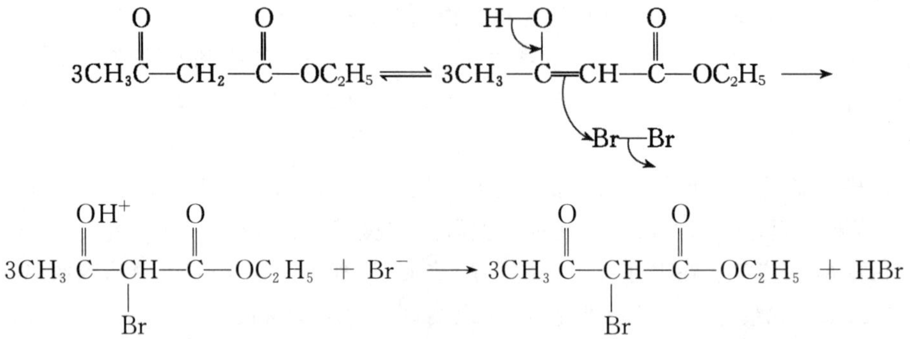

导致烯醇式不再存在，原与三氯化铁所显的颜色也就消失，但酮式与烯醇式间存在一个互变动态平衡，为了恢复已被破坏了的平衡状态，又有一部分酮式转变为烯醇式，它与原来存在于反应液中的三氯化铁相遇，所以又呈紫红色。此现象说明在常温下乙酰乙酸乙酯的酮式与烯醇式是同时存在并相互转变的。

【思考题】

(1)从结构上分析，甲酸、乙二酸应具有哪些特殊性质？

(2)乙酰乙酸乙酯的结构特点是什么？怎样用实验说明它在常温下存在互变异构？

3.4 胺和酰胺的性质

【实验目的】

了解脂肪胺和芳香胺化学反应的异同性；学会鉴别伯、仲、叔胺的简易化学方法；掌握尿素的结构与化学性质。

【实验原理】

胺是一类碱性有机化合物，可与强酸作用生成水溶性的铵盐，这是鉴别胺和证明其碱性的一个依据。

胺类与亚硝酸反应可用于鉴别伯、仲、叔胺，也可以用来鉴别脂肪族伯胺和芳香族伯胺。在脂肪族胺中，伯胺与亚硝酸反应生成相应的醇，并在常温下放出氮气；仲胺与亚硝酸反应生成黄色难溶于水的油状物或固体的 *N*-亚硝基胺；叔胺与亚硝酸反应生成盐而溶于水。

芳香族伯胺与亚硝酸在低温下生成稳定的重氮盐，重氮盐可与 β-萘酚偶合生成橙红色偶氮染料，这是芳香族伯胺独有的反应。芳香族仲胺和芳香族叔胺与亚硝酸发生不同的亚硝化反应，生成有色物质。

伯胺：

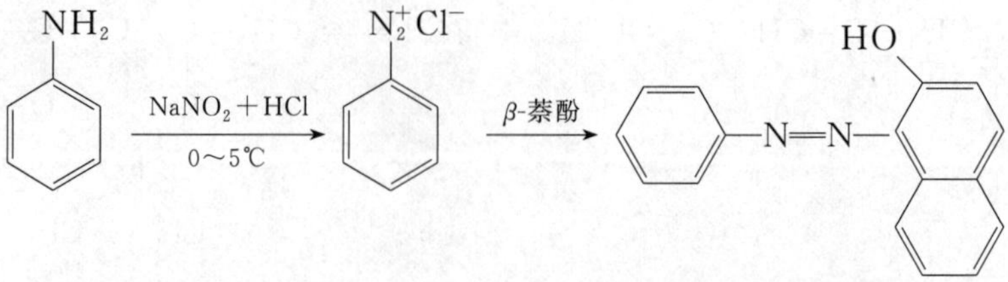

橙红色沉淀

仲胺：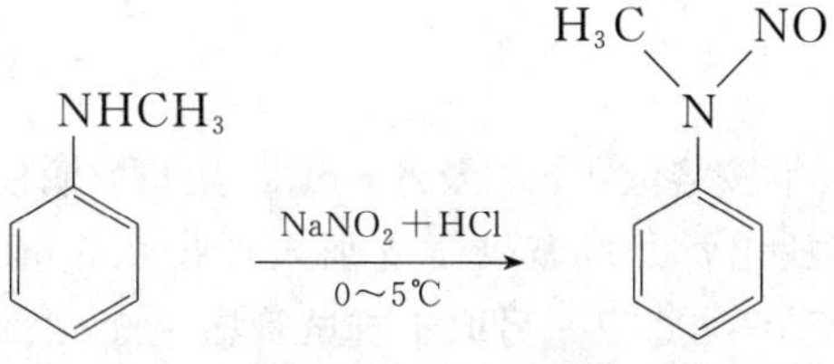

黄色油状液体

叔胺：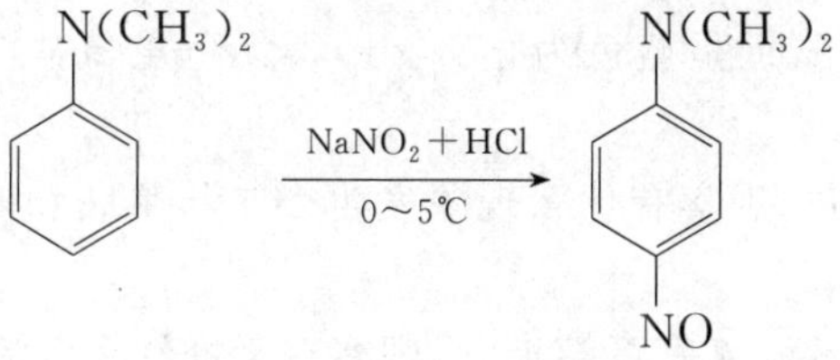

绿色晶体

芳香胺还可以发生亲电取代反应和氧化反应。

同所有酰胺一样，尿素可看作是碳酸的二酰胺，它在碱性或酸性水溶液中都能水解。碱性水解有氨气放出，可作为酰胺结构的鉴定，酸性水解则有二氧化碳放出。

与伯胺一样，尿素遇亚硝酸也生成氮气和二氧化碳，可用于定量分析。将尿素缓慢加热，两分子尿素脱去一分子氨而缩合，生成缩二脲。缩二脲与硫酸铜的碱性溶液作用，产生紫红色配合物，这个颜色反应称为缩二脲反应。

$$H_2N-\overset{\overset{O}{\|}}{C}-NH_2 + H_2N-\overset{\overset{O}{\|}}{C}-NH_2 \xrightarrow{加热} H_2N-\overset{\overset{O}{\|}}{C}-NH-\overset{\overset{O}{\|}}{C}-NH_2 + NH_3$$

尿素和次溴酸钠作用，也能发生类似的霍夫曼降解反应，但产物不是胺类而是分解为氮气和碳酸盐。

$$H_2N-\underset{\underset{O}{\|}}{C}-NH_2 + NaOH + Br_2 \longrightarrow N_2\uparrow + Na_2CO_3 + NaBr + H_2O$$

【药品】

甲胺、苯胺、*N*-甲基苯胺、*N*,*N*-二甲基苯胺、尿素、浓盐酸、饱和重铬酸钾溶液、6 mol/L 盐酸、饱和溴水、6 mol/L 硫酸、*β*-萘酚溶液、10％氢氧化钠、酚酞指示剂、5％氢氧化钠、10％亚硝酸钠、1％硫酸铜、红色石蕊试纸、淀粉-碘化钾试纸。

【实验步骤】

1. 胺的溶解度、碱性、成盐反应

(1)脂肪胺　取甲胺溶液 10 滴加入试管中，加入蒸馏水 1 mL，观察是否溶解，向试管中加入 2 滴酚酞指示剂，观察现象。然后逐滴加入 6 mol/L 盐酸，观察又有何变化？

(2)芳香胺　取 1 支试管加入蒸馏水 1 mL，然后加入苯胺 5 滴，振荡，观察是否溶解，再加 6 mol/L 盐酸 10 滴(边摇边滴加)观察现象[1]，冷却后加入 10％氢氧化钠溶液数滴至溶液呈碱性，观察有何现象？

另取 1 支试管，加入蒸馏水 1 mL 和苯胺 5 滴，摇振后加入 6 mol/L 硫酸 10 滴，观察现象。

2.与亚硝酸的反应

(1)伯胺　①取试管1支,加入甲胺溶液1 mL及6 mol/L盐酸数滴使成酸性,然后滴加10%亚硝酸钠溶液,观察有无气泡放出?②取试管1支加入苯胺0.5 mL和6 mol/L盐酸3 mL,摇匀,把试管浸入冰水中冷至0～5℃[2]。另取1支试管盛0.5 mL 10%亚硝酸钠溶液也浸入冰水中冷却3 min,然后将冷却的苯胺盐酸溶液逐滴加到盛有亚硝酸钠溶液的试管中,摇匀,直至溶液对碘化钾-淀粉试纸呈蓝色为止[3]。即得无色重氮盐溶液。做以下两项实验:

取1 mL重氮盐溶液,水浴加热,观察有什么现象发生[4]?与甲胺和亚硝酸的反应现象有何不同?

再取1 mL重氮盐溶液,加入数滴β-萘酚溶液[5],观察有无橙红色沉淀生成?

(2)仲胺　取试管1支,加入N-甲基苯胺5滴和6 mol/L盐酸1 mL,将试管浸入冰水中冷至0～5℃,再慢慢加入10%亚硝酸钠溶液10滴,边加边摇,观察有无黄色油状物生成。

(3)叔胺　取试管1支,加入N,N-二甲基苯胺5滴和浓盐酸5滴[6],摇匀,在试管中加入碎冰2 g,然后滴加10%亚硝酸钠溶液10滴,用力摇振并搅拌,此时溶液中有黄色固体析出,加入10%氢氧化钠溶液中和呈碱性,转为绿色固体,表明为芳香叔胺[7]。

3.苯胺和溴水的反应

取试管1支,加入1滴苯胺和3 mL水,摇振,再滴加入2滴饱和溴水[8],观察溶液有何变化?

4.苯胺的氧化

取试管1支,加入4 mL水和苯胺1滴,摇匀,然后加入饱和重铬酸钾溶液2～3滴和6 mol/L硫酸10滴,摇振,观察溶液的颜色变化[9]。

5.尿素

(1)水解反应　取尿素0.2 g放入试管,加入5%氢氧化钠溶液5 mL,摇匀,在酒精灯上小火加热,用湿润的红色石蕊试纸在试管口检验其蒸气,解释这一现象。

(2)与亚硝酸的反应　取试管1支,加入0.2 g尿素及2 mL水使之溶解,再加入10%亚硝酸钠溶液1 mL,然后滴入6 mol/L盐酸1 mL,振荡,观察现象。

(3)缩二脲反应　取干燥试管1支,加入0.2 g尿素,在酒精灯上小火加热,直至熔融逐渐变稠凝固后停止加热。加入2 mL水,微热使溶解,然后加入5%氢氧化钠溶液3～4滴和1%硫酸铜溶液2～3滴,观察溶液的颜色变化。

(4)尿素与次溴酸钠的反应　取试管1支,加入0.2 g尿素和1 mL水。另取1支试管加入饱和溴水,再滴加10%氢氧化钠溶液至溴水颜色消失为止[10]。然后将此无色溶液慢慢加入到尿素的水溶液中,立刻观察有何现象发生,并做出解释。

【注释】

[1] 苯胺和无机酸能生成稳定的盐。大多数苯胺盐易溶于水,但其硫酸盐则难溶于水。

[2] 重氮化时,冷却的目的是减少亚硝酸和重氮盐的分解。重氮化反应不是离子反应,作用较慢,所以加入亚硝酸钠溶液时要慢,以免亚硝酸积聚,分解放出一氧化氮和二氧化氮。

[3] 当重氮化作用时,必须注意亚硝酸钠的用量,若亚硝酸钠过量会使生成的重氮盐氧

化，因而在滴加重氮盐时，应及时使用碘化钾-淀粉试纸检验，至刚变蓝为止。

$$2HNO_2 + 2KI + 2HCl \longrightarrow I_2 + 2NO + 2H_2O + 2KCl$$

[4] 重氮盐遇热分解放出氮气。

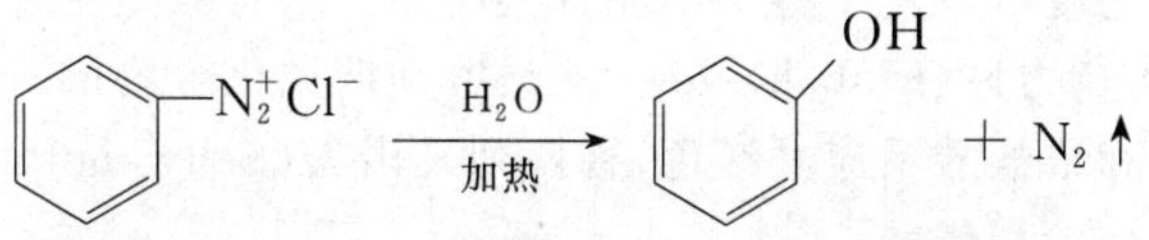

[5] 重氮盐可与 β-萘酚发生偶氮化反应生成橙红色的偶氮染料。

[6] 如果盐酸加得太多，产物呈红棕色。这是因为对亚硝基-*N*，*N*-二甲基苯胺和盐酸作用变成醌式的缘故。

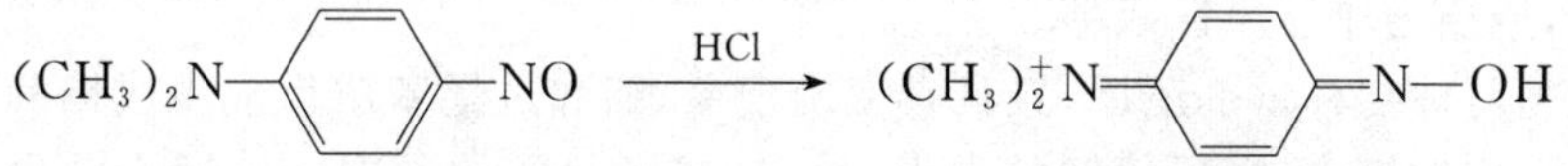

绿色　　　　红棕色

脂肪族叔胺与亚硝酸作用生成盐，不起亚硝酸化作用，故可借此区别脂肪族叔胺和芳香族叔胺。

[7] 对亚硝基-*N*，*N*-二甲基苯胺盐酸盐为黄色固体，在碱性溶液中转为绿色固体。

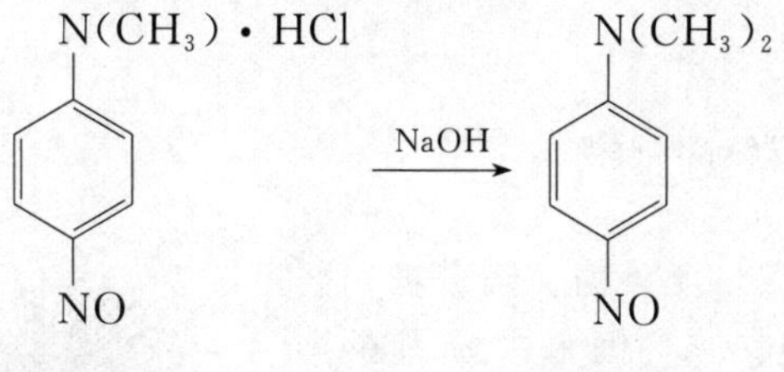

黄色固体　　　　绿色固体

[8] 形成的2,4,6-三溴苯胺是白色沉淀。有时反应液呈粉红色，这是由于溴水将苯胺部分氧化产生复杂的有色产物的缘故。

[9] 苯胺很易氧化，产物视氧化剂的性质和反应条件而异，可以是偶氮苯、氧化偶氮苯、亚硝基苯、硝基苯、对苯醌或苯胺黑等。用重铬酸钾与硫酸作氧化剂时，苯胺最终被氧化为黑色的苯胺黑。

[10] 在通风橱中操作。

【思考题】

(1)在重氮化反应中，如何检验溶液中亚硝酸过量？

(2)重氮化反应中，为什么要用过量的盐酸？而且温度要保持在5℃以下？

(3)如何鉴别伯、仲、叔胺？

3.5 糖类化合物的性质

【实验目的】

掌握糖类化合物的结构和主要化学性质之间的关系；熟悉不同糖类化合物的鉴定方法。

【实验原理】

糖类化合物是指多羟基醛或多羟基酮以及它们的缩合物，通常可分为单糖、低聚糖及多糖。

糖类化合物比旋光度可以用于鉴别不同种类的糖。所有糖类化合物与α-萘酚和浓硫酸反应形成紫色环，称为莫力许(Molish)反应，这是鉴别糖类化合物的一个普遍存在的定性反应。酮糖与间苯二酚和浓盐酸反应呈红色，称西列凡诺夫(Seliwanoff)反应，而醛糖则不能，这个反应可用来区别酮糖和醛糖。

糖按有无还原性，可分为还原性糖和非还原性糖。还原性糖的特点是分子中含半缩醛(酮)结构，不含半缩醛(酮)结构的糖不具有还原性，称非还原性糖。单糖属于还原性糖，双糖按两个单糖的结合方式不同也可分为还原性糖和非还原性糖。麦芽糖、乳糖、纤维二糖为还原性双糖，蔗糖为非还原性双糖。

还原性糖可被斐林试剂还原，且具有变旋现象，能和过量苯肼反应生成糖脎。糖脎有良好的结晶和一定的熔点，根据糖脎的晶形、熔点、成脎时间的不同可鉴别不同种类的糖。果糖和葡萄糖结构不同但能形成相同的脎。

淀粉和纤维素都是由很多葡萄糖缩合而成。葡萄糖以α-苷键连接形成淀粉，若以β-苷键结合则形成纤维素。两者均无还原性。淀粉与碘生成蓝色络合物，碘遇淀粉变蓝是鉴定淀粉的一个灵敏方法。在酸或淀粉酶作用下水解生成葡萄糖。

【仪器和药品】

1. 仪器

显微镜、载玻片、盖玻片、点滴板。

2. 药品

2%葡萄糖、2%果糖、2%麦芽糖、2%蔗糖、1%淀粉、5%α-萘酚-乙醇溶液、0.5%间苯二酚-盐酸溶液、1%碘液、斐林试剂 A、斐林试剂 B、浓盐酸、浓硫酸、10%氢氧化钠、石蕊试纸、滤纸屑。

【实验步骤】

1. 糖的呈色反应

(1)莫利许(Molish)反应　取 5 支试管，分别加入 2%葡萄糖、2%果糖、2%蔗糖、2%麦芽糖、1%淀粉各 10 滴，然后在各支试管中加入 5%α-萘酚-乙醇溶液 3～4 滴，摇匀。将试管倾斜 45°，沿试管壁小心加入浓硫酸 10 滴，勿摇动。此时，浓硫酸与原混合液有明显界面，静止片刻，观察界面有无紫色环出现[1]？观察几分钟，若无颜色变化，可在水浴中温热，再观察之。

(2)西列凡诺夫(Seliwanoff)反应　取试管 2 支，分别加入 2%葡萄糖及 2%果糖溶液各 10 滴，然后各加入间苯二酚-盐酸溶液 5 滴，摇匀，同时放入沸水浴中加热 1～2 min，观察有何变化？

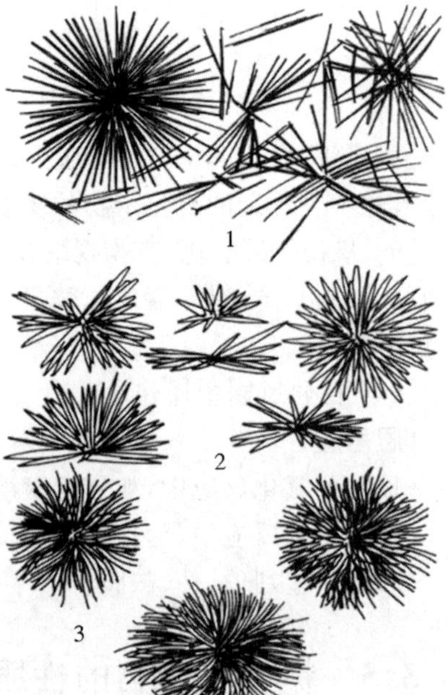

图 3.1　糖脎的晶形

1. 葡萄糖脎　2. 麦芽糖脎　3. 乳糖脎

2. 单糖和双糖的化学性质

(1)还原反应 取试管5支,分别加入斐林试剂A和斐林试剂B各8滴,混匀。再依次分别加入4滴2%葡萄糖、2%果糖、2%麦芽糖、2%蔗糖、1%淀粉溶液、摇匀。同时放入沸水浴中加热4~5 min,观察颜色变化和沉淀生成。

(2)成脎反应 取试管4支,依次加入1 mL 2%葡萄糖、2%果糖、2%麦芽糖、2%蔗糖,再各加入1 mL苯肼试剂[2],充分振荡此溶液。置于沸水浴中加热,记录出现结晶的时间,20 min后,取出试管,冷却,观察是否有结晶析出[3]?最后各取少量结晶,放在载玻片上,用盖玻片盖好。在显微镜下,观察各糖脎的晶形,并与图3.1[4]进行比较。

(3)蔗糖的酸催化水解

取试管1支,加入2%蔗糖溶液1 mL和浓盐酸1滴,然后在沸水浴中加热10 min,冷却后用10%氢氧化钠溶液中和至微碱性,用红色石蕊试纸检验。再加入斐林试剂1 mL(A、B各0.5 mL),摇匀,在沸水浴中加热4~5 min,观察有何变化?为什么?

3. 多糖的性质

(1)淀粉与碘的反应 取试管1支,加入1%淀粉溶液5滴,加水1 mL,摇匀,再加1%碘液1滴,观察有何变化。微热,再观察颜色变化。冷却,又有何变化?

(2)淀粉的水解 取试管1支,加入1%淀粉溶液3 mL及浓硫酸3滴,在沸水浴中加热,每隔2~3 min取1滴水解液,滴在白瓷点滴板上,用碘液检验,观察颜色变化[5],直至水解液遇碘不变色为止。将剩余的水解液,滴加10%氢氧化钠至溶液呈碱性。然后加入斐林试剂1 mL(A、B各0.5 mL)摇匀,在沸水浴中加热3~4 min。观察现象并说明原因。

(3)纤维素的水解 取1支干燥试管,加入一些碎滤纸屑,滴加浓硫酸数滴,用玻璃棒搅成糊状(注意不要变黑),再加入1 mL水,在沸水浴上加热10~15 min,冷却。取10滴水解液加入另1支试管中,滴加10%氢氧化钠溶液呈微碱性,然后加入斐林试剂1 mL(A、B各0.5 mL),摇匀,在沸水浴中加热,观察现象。

【注释】

[1] 紫色环生成的原因通常认为是糖类物质在浓硫酸作用下,脱水生成糠醛及糠醛衍生物,后者再与α-萘酚反应,生成紫色缩合物。反应式如下:

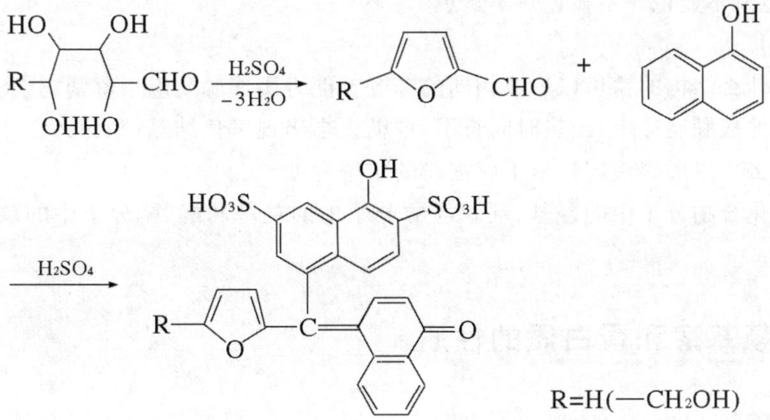

上述反应对甲酸、丙酮、乳酸及各种糠醛衍生物均显近似颜色。所以,正性结果不一定

都是糖，但负性结果一定不是糖。

[2] 苯肼毒性较大，取苯肼时应该谨慎，勿触及皮肤，如触及皮肤，先用稀醋酸冲洗，再用水冲洗。

[3] 为了观察糖脎的结晶，让溶液慢慢冷却到室温，以防迅速冷却使糖脎的结晶变形。蔗糖不与苯肼作用成脎。若加热时间较长，由于苯肼试剂中酸的催化作用，导致蔗糖水解成果糖和葡萄糖，因而也能有少量的糖脎沉淀出现。

[4] 葡萄糖和果糖形成相同的糖脎，但是由于反应速度不同，析出糖脎的时间也不相同，所以利用这一反应可以加以区别和鉴定。几种重要的糖脎晶形如图 3.1 所示。

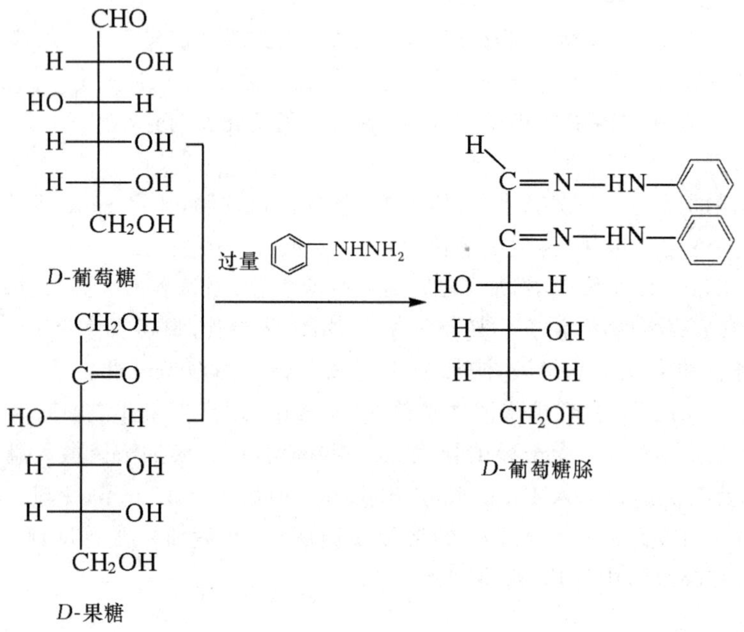

[5] 淀粉水解经过糊精中间物，由大分子水解为小分子，其水解过程可用碘指示。

水解过程：淀粉→蓝糊精→红糊精→无色糊精→麦芽糖→*D*-葡萄糖，与碘显色：深蓝色→蓝色→红色→不显色→不显色→不显色

【思考题】

(1)具有什么结构的糖可以形成相同的糖脎？能否用成脎反应来鉴别它们？

(2)在糖的成脎反应中，加热时间长了，蔗糖也会出现黄色结晶，为什么？

(3)为什么可以用碘液定性地了解淀粉的水解程度？

(4)糖类化合物分子中的羟基、羰基与醇分子中的羟基和醛、酮分子中的羰基有何区别和联系？

3.6 氨基酸和蛋白质的性质

【实验目的】

学习氨基酸与蛋白质的某些主要化学性质；掌握鉴定氨基酸和蛋白质的常用化学方法。

【实验原理】

氨基酸是蛋白质分子的基本组成单位。氨基酸分子中含有氨基和羧基，是两性化合物。氨基酸在水中的电离可用以下式子表示：

$$\underset{\substack{|\\NH_2}}{R-CH-COO^-}\ \underset{OH^-}{\overset{H^+}{\rightleftharpoons}}\ \underset{\substack{|\\NH_3^+}}{R-CH-COO^-}\ \underset{OH^-}{\overset{H^+}{\rightleftharpoons}}\ \underset{\substack{|\\NH_3^+}}{R-CH-COOH}$$

负离子	两性离子	正离子
pH＞pI	pH＝pI	pH＜pI

当氨基酸中正、负离子浓度相等且都很小，主要以两性离子存在时，此时溶液的 pH 称为氨基酸的等电点(pI)。在等电点时，氨基酸的溶解度最小，最易沉淀析出。

氨基酸可被氧化生成 α-酮酸。氨基酸与亚硝酸作用，放出氮气，可定量分析 α-氨基酸。与茚三酮试剂作用生成紫色络合物，也是 α-氨基酸和蛋白质定性定量分析常用的反应。

蛋白质是存在于细胞中的一种含氮的生物高分子化合物，由许多氨基酸分子通过肽键连接而成。在酸、碱存在下，或受酶的作用，进行水解，最终水解的产物是各种氨基酸，其中以 α-氨基酸为主。

蛋白质能起缩二脲的显色反应，该反应可用于区别蛋白质和氨基酸。黄蛋白反应的黄色可以鉴别蛋白质、酪氨酸和苯丙氨酸中的苯基；米隆(Millon)反应的红色可以鉴别蛋白质和酪氨酸中的酚基。

蛋白质分子通过氢键、盐键、疏水键和范德华力维持一定的空间构型。在各种物理、化学因素发生变化时，这些作用力被破坏，它的理化性质和生物活性也随着改变，这种现象称为蛋白质的变性。通常表现为沉淀生成。但沉淀并非一定变性(如盐析)；变性也不一定沉淀(如蛋白质受强酸强碱作用，溶液并无沉淀析出)。蛋白质遇到三氯醋酸、单宁酸等生物碱沉淀剂时产生沉淀，显示蛋白质分子中有杂环氨基酸存在。

【药品】

1%甘氨酸、1%谷氨酸、1%丙氨酸、鸡卵清蛋白溶液、0.1%氢氧化钠、饱和溴水、10%氢氧化钠、饱和硫酸铵溶液、5%碳酸钠、1%醋酸铅、1%醋酸、饱和苦味酸溶液、浓盐酸、10%三氯醋酸、10%亚硝酸钠、2,4-二硝基苯肼、1%硫酸铜、0.1%茚三酮、米隆试剂、饱和硫酸铜溶液、酚酞指示剂、甲基橙指示剂。

【实验步骤】

1. 氨基酸的性质

(1)丙氨酸的氧化　取试管 1 支，加入丙氨酸 1 mL 和 5%碳酸钠 10 滴，摇匀，然后小心滴加饱和溴水，直到溴水颜色不褪为止，将试管在热水浴中加热，使溴水颜色完全褪去，取出，冷却。

(2)丙酮酸的鉴别　在上述已褪色的溶液中，加入 2,4-二硝基苯肼 10 滴，摇匀，在水浴上加热 3 min，观察有何变化？写出反应式。

(3)与亚硝酸的反应　取试管 1 支，加入谷氨酸 1 mL 及浓盐酸 1 滴，摇匀，再滴加 10%亚硝酸钠 2 滴，振荡，观察现象。

(4)两性性质

①取试管1支,加入蒸馏水2 mL,再加入酚酞指示剂1滴和0.1%氢氧化钠1滴,溶液呈红色。然后逐滴加入甘氨酸溶液1 mL左右,观察颜色变化,为什么?

②取试管2支,各加入蒸馏水2 mL,再加入甲基橙指示剂和1%醋酸各1滴,溶液呈橙红色。在1支试管中逐滴加入甘氨酸溶液约1 mL;另1支试管做对照,摇匀,观察颜色变化。解释原因。

2.氨基酸和蛋白质的颜色反应

(1)茚三酮反应　取试管2支,分别加入谷氨酸和蛋白质溶液各1 mL,然后在2支试管中各加入0.1%茚三酮10滴,将试管放到沸水浴中加热10 min,观察现象[1]。

(2)缩二脲反应　取试管1支,加入蛋白质溶液10滴和10%氢氧化钠5滴,摇匀,再加入1%硫酸铜5滴[2],出现什么颜色?

用甘氨酸做对比实验,观察现象[3],比较2支试管里的颜色变化。

(3)黄蛋白反应　取试管1支,加入1 mL蛋白质和8滴浓硝酸,摇匀。观察沉淀的颜色。置于沸水浴中加热,观察颜色有何变化?再滴加10%氢氧化钠至碱性[4]。观察现象。

(4)米隆(Millon)反应[5]　取试管1支,加入蛋白质溶液1 mL,加入米隆试剂3～4滴,微微加热煮沸,比较煮沸前后的颜色变化。

3.蛋白质的性质

(1)蛋白质的盐析作用　取试管1支,加入蛋白质溶液10滴,然后加入饱和硫酸铵溶液2 mL[6],摇振,观察有何现象?再加水2～3 mL,摇匀,观察沉淀是否溶解。

(2)蛋白质的沉淀反应

①加热沉淀蛋白质:取试管1支,加入蛋白质溶液1 mL,在沸水浴中加热5～10 min,有何现象?冷却后,加入2 mL水,沉淀能否再溶于水?

②重金属沉淀蛋白质:取试管2支,各加入蛋白质溶液10滴,分别逐滴加入饱和硫酸铜,1%醋酸铅各5滴[7],摇匀,有何现象?各再加入2～3 mL水,沉淀是否溶解?

(3)生物碱试剂沉淀蛋白质　取2支试管,各加入1 mL蛋白质溶液和2滴1%醋酸,再分别加入2滴饱和苦味酸和10%三氯醋酸[8],摇匀之后,观察溶液的变化。

【注释】

[1] 茚三酮对于任何含有游离氨基的物质均可发生氧化还原反应。除脯氨酸和羟基脯氨酸与茚三酮反应产生黄色外,其他氨基酸和蛋白质均与茚三酮试剂反应生成紫红色,最终在pH=5时,变为蓝紫色。反应式如下:

首先,α-氨基酸被氧化(伯胺也可反应):

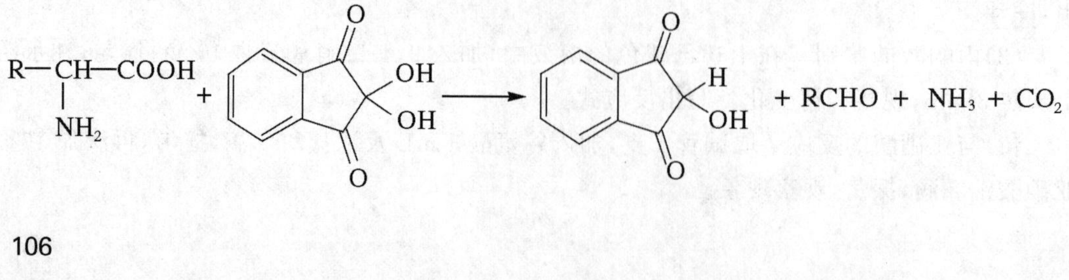

其次，还原型茚三酮与另一分子茚三酮和氨缩合。

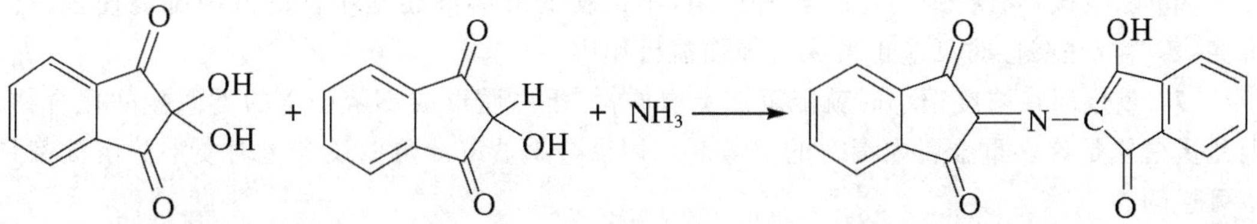

蓝紫色

含有游离氨基的蛋白质或其水解产物均会出现上述颜色反应。尿素、N-取代的 α-氨基酸、β-氨基酸和 γ-氨基酸没有蓝紫色生成。

[2] 任何蛋白质或其水解中间产物均有缩二脲反应，这表明蛋白质或其水解产物中均有肽键。操作过程中应防止加入过多的铜盐。否则，生成过多的氢氧化铜，妨碍紫色或红色的观察。

[3] 蛋白质在碱性条件下发生缩二脲反应，常显紫色，这是由于生成了铜的络合物。其他结构如 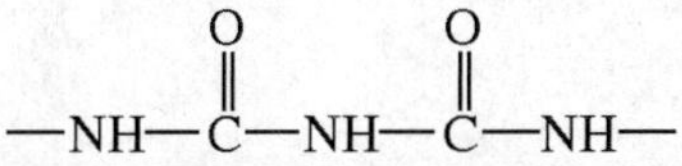 和 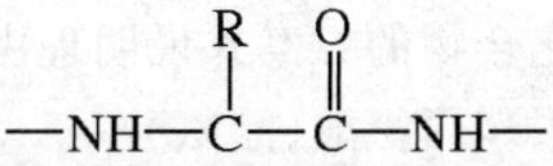 也能形成紫红色的络合物。缩二脲反应的颜色与肽键数有关。氨基酸则没有这种排列，因而对缩二脲实验表现为负结果。但是甘氨酸在同样的条件下，生成深蓝色。反应式如下：

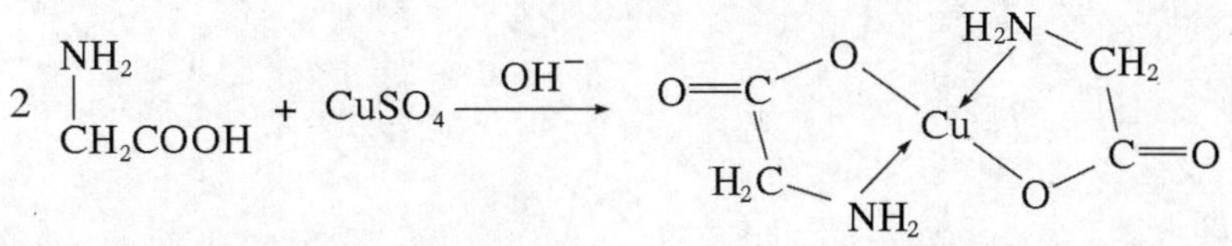

深蓝色

[4] 含有单独的或合并的芳香环的氨基酸和蛋白质都能与硝酸起硝化作用，在苯环上导入硝基，生成黄色的多硝基化合物，加碱后变成橙黄色是由于生成较深颜色的阴离子所致。皮肤上沾上硝酸变黄就是这个道理。

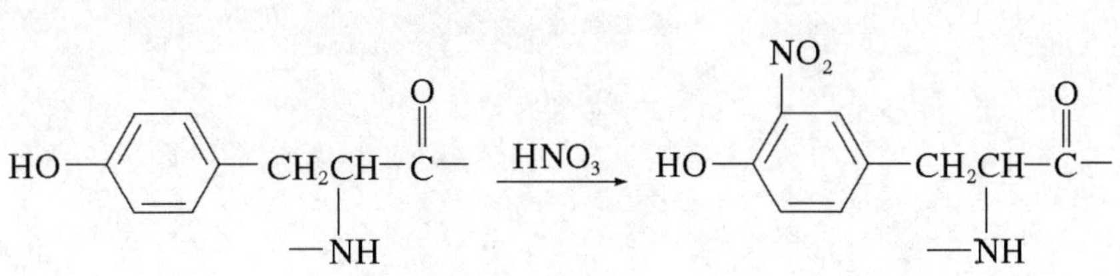

黄色

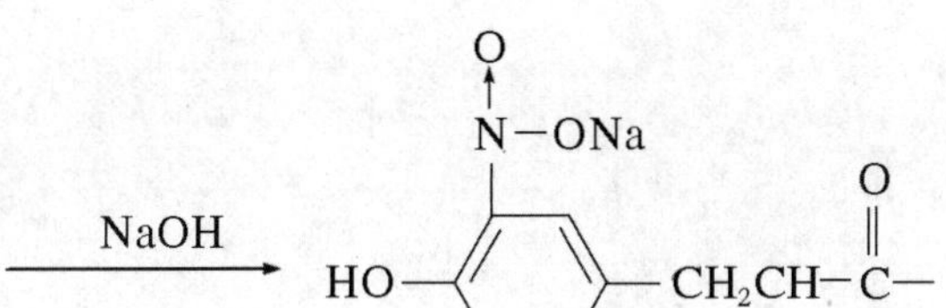

橙黄色

[5] 开始沉淀是白色的，加热后由黄色变为砖红色。

[6] 硫酸铵具有特别明显的盐析作用，不论在弱酸溶液还是中性溶液中都能使蛋白质沉淀，若溶液呈酸性时反应也可大大加强盐析作用。

[7] 重金属在浓度很小时就能沉淀蛋白质，与蛋白质形成不溶于水的类似盐的化合物。因此蛋白质是许多重金属中毒时的解毒剂。用重金属盐沉淀蛋白质和蛋白质加热沉淀都是不可逆的。

[8] 生物沉淀剂多为重金属盐、大分子酸及相对分子量较大的碘化物复盐，生物碱沉淀剂可使蛋白质产生沉淀，沉淀能溶于过量的生物碱试剂中，故生物碱试剂不可多加。

【思考题】

(1)总结本实验中氨基酸和蛋白质性质的异同点。

(2)怎样区分蛋白质的可逆沉淀和不可逆沉淀？

(3)为何蛋清可用于铅和汞中毒的解毒剂？

(4)在蛋白质的缩二脲反应中，加入过量的硫酸铜会导致什么结果？

(5)试设计鉴别下列化合物的方案并说明理由：

尿素、酪蛋白、谷氨酸、苯丙氨酸、酪氨酸

Chapter 4 第 4 章
有机化合物的合成

有机化合物的合成实验是有机化学实验的重要组成部分，它不仅可以加强萃取、蒸馏、分馏、重结晶等一些基本实验操作技能的训练和掌握各类有机化合物的合成方法，而且可以加深对有机化学基础理论知识的理解，同时培养学生进行有机化学实验的兴趣，为今后从事更加复杂的合成和创新性实验打下坚实的基础。

4.1 环己烯的合成

【实验目的】

掌握酸催化下醇脱水制备烯烃的原理和实验方法；学习分馏和盐析的原理和操作方法；掌握分液漏斗的正确使用方法。

【实验原理】

烯烃尤其是相对分子质量低的烯烃是重要的化工合成原料，通常由石油裂解经分离提纯得到。实验室制备烯烃通常采用醇的脱水或卤代烃脱卤化氢两种方法。醇脱水的催化剂可以用氧化铝或分子筛在高温（350～400℃）下进行，也可以使用硫酸、磷酸、对甲基苯磺酸及硫酸氢钾等酸性催化剂脱水的方法。实验室制备少量烯烃通常采用醇的酸催化脱水的方法。

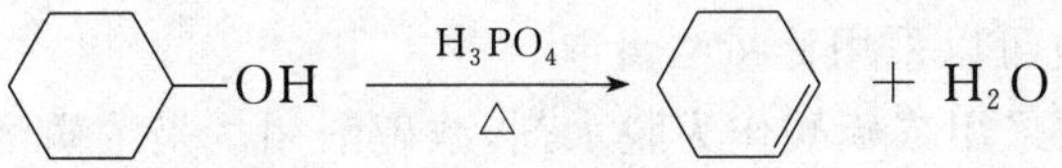

醇酸催化的方法一般认为通过碳正离子中间体进行的单分子消去反应（E1）。

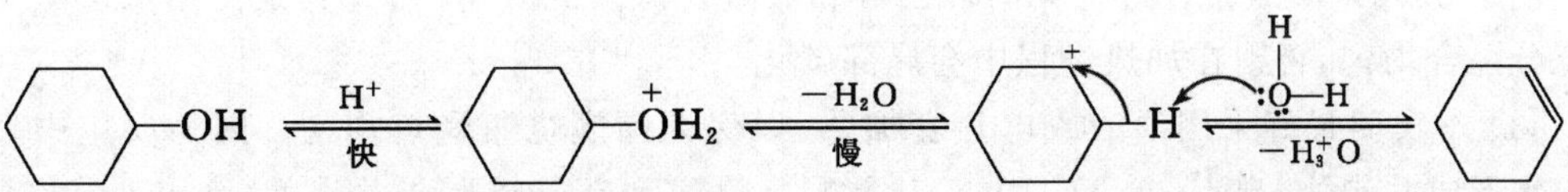

醇的酸催化脱水随醇的结构不同而有所不同。其反应速率为：叔醇 > 仲醇 > 伯醇，叔醇在较低温度下即可脱水。醇的酸催化脱水反应是可逆的，为了促使反应完成，必须不断地把生成的低沸点烯烃蒸出。由于有高浓度的酸存在，会导致烯烃聚合、醇分子间失水和碳架重排等副反应发生，因此，醇的酸催化脱水反应中常伴有副产物——烯烃的聚合物和醚生成。

不对称的醇分子内脱水遵守查依采夫(Zaytzeff)规律，即生成双键上连有较多取代基的烯烃。

【仪器和药品】

1. 仪器

50 mL 圆底烧瓶、韦氏分馏柱、蒸馏头、100℃温度计、直形冷凝管、接收管、50 mL 锥形瓶、50 mL 分液漏斗。

2. 药品

环己醇 10.4 mL(10 g, 0.1 mol)、85%磷酸 3 mL、氯化钠、5%碳酸钠、无水氯化钙。

【实验步骤】

1. 环己烯的生成

在 50 mL 干燥的圆底烧瓶中，加入 10.4 mL 环己醇[1]和 3 mL 85%磷酸，充分摇振使之混合均匀[2]，再加入 2～3 粒沸石。安装好分馏装置，用 50 mL 锥形瓶作为接收器，并将其置于冷水浴中冷却。仪器装置图见分馏装置图 2.18。

用小火直接加热圆底烧瓶至沸腾，控制分馏柱顶部温度不超过 90℃[3]，慢慢地蒸出生成的环己烯和水的浑浊液体[4]。至无液体蒸出时，可以把火加大，当烧瓶中有大量白雾且圆底烧瓶中只剩下少量的残液时，即可停止加热。全部蒸馏时间约为 1 h。

2. 环己烯的分离提纯

馏出液用约 1 g 的氯化钠[5]饱和，然后加入 3～5 mL 5%的碳酸钠溶液中和微量的酸，使溶液成弱碱性。将液体转移到分液漏斗中，摇振后静置分层。放出下层的水相，上层的粗产物转入干燥的锥形瓶中，加入 1～2 g 无水氯化钙干燥[6]，待溶液清亮透明后，将液体过滤至另一个干燥的 50 mL 圆底烧瓶中，加入 2～3 粒沸石，安装蒸馏装置(图 2.17)并用水浴加热蒸馏[7]，用一个称重过的干燥锥形瓶收集 80～85℃的馏分。若蒸出产物浑浊，必须重新干燥过滤后再蒸馏。产量约 4 g。计算产率。

纯环己烯为无色液体，相对分子质量 82.15，沸点 83.0℃，相对密度 $d_4^{20}=0.810$，折射率 $n_D^{20}=1.4465$。

【注释】

[1] 环己醇熔点为 24℃，在常温下为黏稠液体，若用量筒量取，应注意转移中的损失(大约需要量取 12 mL)，也可以采用称量法量取。

[2] 本实验也可以采用浓硫酸作为脱水剂，浓硫酸用量是浓磷酸的一半，使用浓硫酸的缺点：一是浓硫酸容易使有机物碳化，二是浓硫酸具有强腐蚀性且容易产生难闻的 SO_2 副产物。使用 85%磷酸效果较好。同时环己醇和酸液要振荡混合均匀，尤其是使用浓硫酸更应该充分混合均匀，否则在加热过程中会局部碳化。

[3] 本实验最好采用油浴或电热套加热，以保证圆底烧瓶受热均匀。因为反应中环己烯与水形成共沸物(沸点 70.8℃，含水 10%)，环己醇和环己烯形成共沸物(沸点 64.9℃，含环己醇 30.5%)，环己醇和水也形成共沸物(97.8℃，含水 80%)，所以，加热温度不可过高，蒸馏速度不宜太快，以 2～3 s 1 滴为宜，从而减少未反应的环己醇被蒸出。

[4] 在收集和转移环己烯时，最好保持充分的冷却以免因挥发而损失。此外环己烯和环己醇都具有一定的毒性，不要吸入其蒸气或接触皮肤，二者均易燃，应远离火源。

[5] 萃取前加入电解质，可产生“盐析效应”，降低有机化合物和萃取剂在水溶液中的溶解度，提高萃取效率。

[6] 分离时水层应该尽量分离完全，否则将增加无水氯化钙的用量，使产物更多地被干燥剂吸附而导致损失。干燥剂使用前必须研细，以提高干燥效率，在干燥完成前可以观察干燥剂的形状，棱角清楚可辨证明干燥基本完成。在本实验中，无水氯化钙除了作为干燥剂外，还可以除去少量未反应的环己醇（生成醇与氯化钙的结晶醇）。

[7] 蒸馏已经干燥过的产物时，蒸馏所用仪器必须全部干燥，这样才能获得外观清亮透明的产品，否则产品浑浊。

【思考题】

(1)在环己烯的制备过程中，为什么要控制分馏柱顶部的温度不超过 90℃？

(2)在环己烯的粗产品中加入氯化钠，使水层饱和的目的是什么？

(3)本实验中为什么采用无水氯化钙干燥？为什么在蒸馏前一定要把它过滤掉？能否用无水硫酸钠代替？

(4)在蒸馏终止前，出现的白雾是什么？

(5)实验室制备烯烃一般采取醇脱水的方法，还有哪些方法能制备烯烃？

4.2 溴乙烷的合成

【实验目的】

学习以醇为原料制备饱和一元卤代烷的实验原理和方法；掌握低沸点液体有机化合物蒸馏和收集的操作方法；掌握分液漏斗的正确使用方法。

【实验原理】

在实验室中，制备卤代烃最为常用的方法是将结构相对应的醇通过亲核取代反应转变成卤代物，常用的试剂有氢卤酸、三卤化磷和氯化亚砜。在制备溴乙烷时，由于浓氢溴酸不稳定，在实验的过程中都是由溴化钠和过量的浓硫酸作用先生成溴化氢，然后直接和乙醇作用的方法制备溴乙烷。

$$NaBr + H_2SO_4 \xrightarrow{\triangle} HBr + NaHSO_4$$

$$C_2H_5OH + HBr \overset{\triangle}{\rightleftharpoons} C_2H_5Br + H_2O$$

醇和溴化氢的反应是一个可逆反应，为了使反应平衡向生成溴乙烷的方向移动，可以采取增大反应物的浓度和减少生成物浓度的方法实现。本实验通过增加乙醇和浓硫酸的用量，并使生成的低沸点溴乙烷（沸点为 38.4℃）及时蒸出的方法来实现溴乙烷的制备。此外，浓硫酸可以吸收生成的水，有利于反应的顺利完成。

除上述主反应外，还有下列三个副反应伴随发生。

$$2CH_3CH_2OH \xrightarrow[\triangle]{\text{浓 } H_2SO_4} CH_3CH_2OCH_2CH_3 + H_2O$$

$$CH_3CH_2OH \xrightarrow[\triangle]{\text{浓 } H_2SO_4} CH_2{=}CH_2\uparrow + H_2O$$

$$2HBr + H_2SO_4(浓) \xrightarrow{\triangle} Br_2\uparrow + SO_2\uparrow + 2H_2O$$

由于副反应的发生，所以需要对粗产物进行分离、提纯和精制。虽然副产物乙醚与溴乙烷互溶，但可以利用乙醚在浓硫酸中溶解而溴乙烷在浓硫酸中不溶的性质除去乙醚，乙醚在低温下与浓硫酸作用生成鉾盐，这是它溶于浓硫酸的原因。

$$CH_3CH_2OCH_2CH_3 + H_2SO_4(浓) \xrightarrow[低温]{} CH_3CH_2\overset{+}{\underset{H}{O}}CH_2CH_3HSO_4^-$$

【仪器和药品】

1.仪器

100 mL 和 50 mL 圆底烧瓶、直形冷凝管、蒸馏头、接收管、100℃温度计、50 mL 锥形瓶、50 mL 分液漏斗、研钵。

2.药品

无水溴化钠(研细)8 g(0.076 mol)、95%乙醇 10 mL(7.6 g,0.16 mol)、98%浓硫酸。

【实验步骤】

1.溴乙烷的生成

在 100 mL 圆底烧瓶中，加入 10 mL 95%的乙醇及 9 mL 蒸馏水，在不断旋摇和冷水冷却下，慢慢加入 12 mL 浓硫酸[1]，冷至室温后。在冷却和摇振下分批加入 8 g 研细的溴化钠[2]，混合均匀，加入 2～3 粒沸石，装上蒸馏头、冷凝管和温度计作为蒸馏装置[3]。接收器内盛适量的冷水，接收管的末端刚好浸没在冷水中[4]。仪器装置见图 2.17。

开始时缓慢加热圆底烧瓶，瓶中反应物开始发泡，控制反应平稳发生[5]。油状液体不断地流出并沉于接收瓶底，约 0.5 h 后慢慢提高加热温度，直到无油状物馏出为止[6]，反应即可结束。反应瓶内的剩余物稍冷后马上倒入废液缸内，以免因冷却结块给清洗带来困难。

2.溴乙烷的分离提纯

将接收器中的液体倒入干燥的分液漏斗(分液漏斗的使用见 2.5)，摇振并静置后，将下层的溴乙烷粗产品放入干燥的锥形瓶中[7]，把锥形瓶置于冷水浴中冷却，在旋摇下用滴管慢慢滴加浓硫酸(小心取用!)2～3 mL[8]，直到上层有机相溴乙烷变得澄清透明与下层硫酸明显分层为止，用干燥的分液漏斗分去下层浓硫酸。溴乙烷从分液漏斗的上口倒入 50 mL 干燥的圆底烧瓶内，加入 2～3 粒沸石，在水浴上用小火加热蒸馏，收集 34～40℃的馏分[9]，已称重的干燥接收器应浸在冰水浴中，产量约 8 g。计算产率。

纯溴乙烷为无色液体，易燃，有毒，相对分子质量 108.97，沸点 38.4℃[10]，相对密度 $d_4^{20}=1.455$，折射率 $n_D^{20}=1.4239$。

【注释】

[1] 加少量水可以防止反应进行时产生大量的泡沫，减少副产物乙醚的生成和溴化氢的挥发。浓硫酸使用时一定要小心操作，缓慢滴加，注意散热，以防止发生危险。

[2] 溴化钠要用研钵研细，分批加入并摇振均匀，以防止结块而影响溴化氢的产生。加入溴化钠时不要沾在圆底烧瓶的瓶口，可以将纸卷成筒状插入瓶口方便溴化钠的加入。加入的溴化钠不会全部溶解。

[3] 由于溴乙烷的沸点较低，为使冷凝充分，必须选用效果较好的冷凝器，装置的各接头处要求严密不漏气。

[4] 溴乙烷密度比水大，且在水中的溶解度甚小(1∶100)，低温时又不与水作用，加入冷水起到液封的作用，减少其挥发损失。装置的密闭性和溴乙烷在低温下处理保存是本实验成功的关键。

[5] 蒸馏速度宜慢，否则蒸气来不及冷却而挥发，而且开始加热时，常有很多泡沫产生，若加热过快会使反应剧烈引起暴沸，同时由于溴化氢被浓硫酸氧化生成单质溴，会使产物略带有黄色，因此必须严格控制反应温度。

[6] 馏出液由浑浊变成澄清时，表示已经蒸完。蒸馏过程中应注意防止接收器中的液体发生倒吸。发生倒吸时应将接收器放低，使接收管的末端露出液面。注意移走热源前，接收管末端应该离开接收器的液面，避免倒吸。

[7] 应尽可能将水分离干净，否则，用浓硫酸洗涤时会产生热量而使产物挥发损失。

[8] 加浓硫酸可以除去乙醚、乙醇及水等杂质。为防止产物挥发，应在冷却条件下操作。

[9] 当洗涤不够时，馏分中仍可能含有极少量的水和乙醇，它们与溴乙烷分别形成共沸物(溴乙烷-水，沸点37℃，含水约1%；溴乙烷-乙醇，沸点37℃，含乙醇约3%)。

[10] 在合成实验中，有必要记住主要试剂、产物和副产物的物理常数，这有助于控制反应的温度、产物的分离和提纯等。

【思考题】

(1)在本实验中，哪一种原料是过量的？为什么原料间的配比不是1∶1？在计算产量时，应该选用何种原料的用量作为计算产率的标准？

(2)溴乙烷的分离提纯过程中，加入浓硫酸的目的是什么？

(3)为了减少溴乙烷的挥发损失，本实验采取了哪些措施？本实验中溴乙烷的产率一般不高，可能的原因是什么？

(4)加料时，先使溴化钠与浓硫酸混合，然后再加乙醇和水，可以吗？为什么？

4.3 *β*-萘乙醚的合成

【实验目的】

学习威廉逊(Williamson)反应合成混合醚的原理和方法；掌握回流、蒸馏和重结晶及过滤等操作技术。

【实验原理】

简单醚可以通过酸催化下醇分子间脱水的方法制备；混合醚可以通过卤代烷和醇钠或者酚钠反应的方法制备，该方法称为威廉逊合成法。反应的机理是烷氧基或酚氧基负离子对卤代烷的双分子亲核取代(S_N2)反应。芳脂醚是芳香烃基和脂肪烃基组成的醚，由于直接连在芳环上的卤素不容易被亲核试剂取代，不能用卤代芳烃和脂肪醇的钠盐制备，而应使用相应酚的钠盐和脂肪卤代烃制备，例如作为香料添加剂的*β*-萘乙醚(又称为橙花醚)就是通过这种方法制备的。

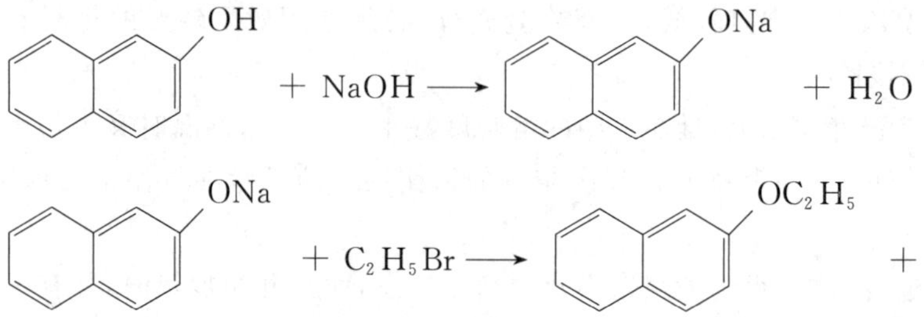

由于β-萘酚的酸性比水的酸性强，所以β-萘酚的钠盐可以用β-萘酚和氢氧化钠反应制备。反应溶剂选用的是无水乙醇，可以保证溴乙烷和β-萘酚的钠盐充分混合均匀，加快反应速度。

【仪器和药品】

1. 仪器

50 mL 圆底烧瓶、球形冷凝管、直形冷凝管、蒸馏头、接收管、100℃温度计、50 mL 锥形瓶、100 mL 烧杯、减压过滤装置、短颈漏斗。

2. 药品

β-萘酚 2.9 g(0.02 mol)、溴乙烷 1.5 mL(2.1 g,0.02 mol)、氢氧化钠 0.9 g(0.023 mol)、无水乙醇 20 mL、95%乙醇、碎冰、活性炭。

【实验步骤】

1. β-萘乙醚的合成

在 50 mL 圆底烧瓶中，加入 20 mL 无水乙醇和 0.9 g 氢氧化钠，充分摇振，使氢氧化钠溶解。再将 2.9 g β-萘酚[1]加入其中，充分摇振，最后加入 1.5 mL 溴乙烷[2]和 2～3 粒沸石，安装回流冷凝管，加热回流 2 h。仪器装置见图 2.13(a)。

2. β-萘乙醚的分离提纯

反应结束后将反应装置改为蒸馏装置，蒸馏回收大部分乙醇，仪器装置图见图 2.17。将圆底烧瓶内剩余物倒入盛有 30 mL 冰水混合物的烧杯中，充分搅拌，减压抽滤，用少量水洗涤后得粗产物。

粗产物可用使用 95%乙醇进行重结晶(操作步骤见 2.12)，β-萘乙醚的产率约为 3 g。计算产率。

纯β-萘乙醚为无色片状晶体，相对分子质量 172.22，熔点 37.5℃，相对密度 d_4^{20} = 1.061。

【注释】

[1] β-萘酚有毒，对皮肤、黏膜有强烈的刺激作用，量取时要小心。如果触及皮肤，应立即用肥皂水清洗。加入β-萘酚时切忌不要沾在圆底烧瓶的瓶口，可以将纸卷成筒状插入瓶口方便β-萘酚的加入。

[2] 溴乙烷的蒸气具有麻醉性，对眼睛及呼吸系统有刺激作用，使用时一定要小心。

【思考题】

(1)用威廉逊合成法制备β-萘乙醚的实验中，为什么使用β-萘酚和溴乙烷作为反应的原料，而不是使用β-溴萘和乙醇作为反应的原料？在威廉逊合成法中，对卤代烷的结构有什么要求？为什么？

(2)在制备β-萘酚的钠盐时，使用的是氢氧化钠的乙醇溶液，为什么不能使用氢氧化钠的水溶液？

(3)反应完成后，为什么要将大部分乙醇蒸出后将剩余物倒入冰水混合物中而不是将反应混合物直接倒入冰水混合物中？

4.4 苯甲醇和苯甲酸的合成

【实验目的】

掌握康尼查罗(Cannizzaro)反应的原理及其在有机合成中的应用；学习萃取、重结晶及蒸馏等操作技术。

【实验原理】

不含α-活泼氢的醛(如苯甲醛、呋喃甲醛、甲醛等)在浓的强碱作用下，发生自身氧化还原反应，一分子醛还原为醇，另一分子醛氧化为酸(碱性溶液中生成羧酸盐)，此反应称为康尼查罗(Cannizzaro)反应或歧化反应。苯甲醛在浓 NaOH 作用下，生成苯甲酸的钠盐和苯甲醇，苯甲酸的钠盐经过酸化得到苯甲酸。

$$2C_6H_5CHO + NaOH(浓) \longrightarrow C_6H_5COONa + C_6H_5CH_2OH$$

$$C_6H_5COONa + HCl \longrightarrow C_6H_5COOH + NaCl$$

康尼查罗反应的实质是羰基的亲核加成。反应中羟基负离子对一分子苯甲醛进行加成，加成物的氢负离子向另一分子苯甲醛转移并进行酸碱质子交换反应，其机理可以表示如下：

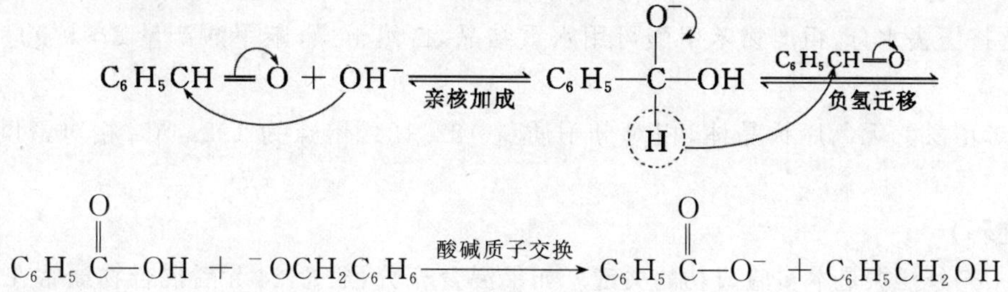

如果其他没有α-活泼氢的醛和甲醛在浓碱存在下，同样会发生交叉康尼查罗反应，甲醛总是氧化成甲酸，其他的醛还原成相应的醇。

在康尼查罗反应中，通常使用50%的浓碱，其中碱的物质的量比醛的物质的量多1倍以上，否则反应不完全，未反应的醛与生成的醇混在一起，通过蒸馏很难分离。

【仪器和药品】

1. 仪器

125 mL 锥形瓶、橡胶塞、125 mL 分液漏斗、50 mL 圆底烧瓶、蒸馏装置、空气冷凝管、250 mL 烧杯、短颈漏斗。

2. 药品

苯甲醛(新蒸)20 mL(21 g,0.2 mol)、氢氧化钾 18 g(0.32 mol)、乙醚 30 mL、10%碳酸钠溶液 10 mL、浓盐酸、饱和亚硫酸氢钠溶液 5 mL、无水硫酸镁、刚果红试纸。

【实验步骤】

1. 苯甲醇和苯甲酸的合成

在 125 mL 锥形瓶中配制 18 g 氢氧化钾和 18 mL 的蒸馏水溶液，冷却至室温后，在不断摇动下，分次将 20 mL 新蒸馏过的苯甲醛加入到瓶中，每次加约 4 mL，每次加完后都应塞紧瓶塞，用力摇振以使反应物充分混合[1]。若温度过高，可适时地把锥形瓶放入冷水浴中冷却，最后反应物变成白色糊状物，放置 24 h 以上。

2. 苯甲醇的分离提纯

向反应混合物中逐渐加入足够量的水（大约 60 mL），不断搅拌使其中的苯甲酸盐全部溶解，将溶液转移到分液漏斗中，每次用 20 mL 乙醚萃取 3 次苯甲醇。将乙醚萃取过的水溶液保存好，留待提取苯甲酸。合并乙醚萃取液，将其依次用 5 mL 饱和亚硫酸氢钠溶液、10 mL 10%碳酸钠溶液和 10 mL 冷水洗涤[2]。分离出的乙醚溶液，用无水硫酸镁干燥，直到溶液清亮透明。

将干燥后的乙醚溶液滤入 50 mL 圆底烧杯中，加入 2～3 粒沸石，安装蒸馏装置（见图 2.17），加热蒸馏回收乙醚[3]，蒸完乙醚后，再蒸馏苯甲醇（此时应用空气冷凝管），用已称重量的锥形瓶收集 198～204℃的馏分。苯甲醇产量约 7 g。计算产率。

纯苯甲醇为无色液体，相对分子质量 108.13，沸点 205.4℃，相对密度 $d_4^{20}=1.045$，折射率 $n_D^{20}=1.5396$。

3. 苯甲酸的分离提纯

在不断搅拌下，向前面保存的乙醚萃取过的水溶液中，慢慢滴加浓盐酸酸化至刚果红试纸变蓝。充分冷却（必要时可用碎冰块冷却）使苯甲酸析出，结晶完全。抽滤，用少量冷水洗涤结晶，挤压去水分，粗产物苯甲酸可用水重结晶，自然干燥，苯甲酸产量 8～9 g。计算产率。

纯苯甲酸为无色片状晶体，相对分子质量 122.124，熔点为 122.4℃，相对密度 $d_4^{20}=1.270$。

【注释】

[1] 充分摇振是本实验成功的关键。如果混合充分，放置 24 h 后混合物通常在瓶内固化，苯甲醛气味消失。

[2] 使用饱和亚硫酸氢钠洗涤时，不可过分摇振，以避免出现乳浊液；饱和碳酸钠洗涤时，会有气体产生，注意分液漏斗的排气。

[3] 因乙醚的沸点（34.5℃）低，装置要密闭，蒸馏温度不可过高，避免因空气中乙醚浓度过大而发生危险。蒸馏所用仪器必须是干燥的。

【思考题】

(1)试比较康尼查罗反应与羟醛缩合反应的反应物在结构上有何不同。

(2)本实验中两种产物是根据什么原理分离提纯的？用饱和亚硫酸氢钠及 10 mL 10%碳酸钠溶液洗涤的目的是什么？

(3)乙醚萃取后的水溶液，用浓盐酸酸化到中性是否最佳？为什么？不用试纸或试剂检验，怎样判断酸化已经达到最佳？

4.5 苯乙酮的合成

【实验目的】

学习傅瑞德尔-克拉夫兹(Friedel-Crafts)酰基化反应制备芳香酮的原理和方法;掌握电动搅拌、回流、萃取、洗涤、蒸馏等操作技术。

【实验原理】

傅瑞德尔-克拉夫兹(Friedel-Crafts)酰基化反应(简称傅-克酰基化反应)是制备芳香酮的最重要和最常用的方法之一,可用 $FeCl_3$、$SnCl_4$、BF_3、$ZnCl_2$、$AlCl_3$ 等路易斯酸作催化剂,催化剂以无水 $AlCl_3$ 和无水 $AlBr_3$ 为最佳;分子内的傅-克酰基化反应还可以用多聚磷酸作催化剂。酸酐是常用的酰化试剂,这是因为酰氯气味难闻而酸酐原料易得、纯度高、操作方便、无明显的副反应或有害气体放出,反应平稳且产率高,生成的芳香酮容易提纯。

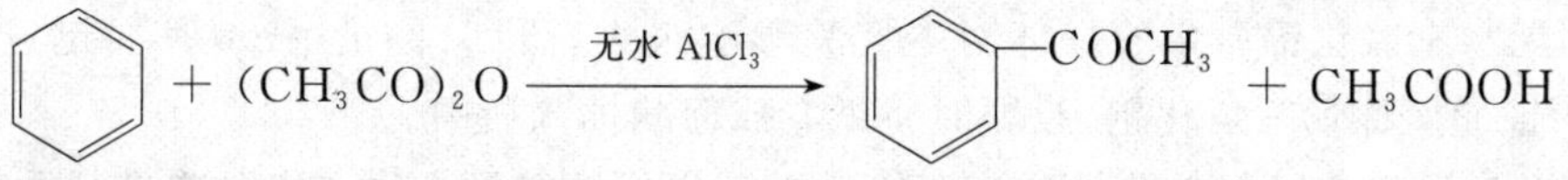

傅-克酰基化反应常用过量的液体芳烃、二硫化碳、硝基苯、二氯甲烷等作为反应的溶剂。

傅-克酰基化反应是一个放热反应,通常是将酰基化试剂配成溶液,慢慢滴加到盛有芳香族化合物溶液的反应瓶中,但是需密切注意反应温度的变化。

由于芳香酮与三氯化铝可形成配合物,与烷基反应相比,酰基化反应的催化剂用量要大得多。对烷基化反应,$AlCl_3$/RX(摩尔比)=0.1;而酰基化反应中,以酰氯为酰化试剂时,$AlCl_3$/RCOCl=1.1;以酸酐为酰化试剂时,由于芳烃与酸酐反应产生的有机酸会与 $AlCl_3$ 反应,所以 $AlCl_3/(RCO)_2O=2.2$。

【仪器和药品】

1.仪器

100 mL 三口瓶、恒压滴液漏斗、电动搅拌装置、球形冷凝管、氯化钙干燥管、烧杯、分液漏斗、锥形瓶、蒸馏装置、空气冷凝管。

2.药品

无水苯 20.5 mL(18 g,0.23 mol)、乙酸酐 4.2 mL(4.55 g, 0.044 mol)、无水三氯化铝 14 g(0.10 mol)、浓盐酸、苯、5%氢氧化钠溶液、无水硫酸镁。

【实验步骤】

1.苯乙酮的合成

在 100 mL 三口瓶上安装恒压滴液漏斗、电动搅拌装置和回流冷凝管(上端安装一个氯化钙干燥管再与氯化氢气体吸收装置相连)[1],装置图见 2.16(b)。然后向三口瓶中迅速加入 14 g 研细的粉状无水三氯化铝[2]和 20.5 mL 无水苯。在搅拌下将 4.2 mL 乙酸酐[3]用恒压滴液漏斗慢慢加到三口烧瓶中(先加几滴,待反应发生后再继续滴加),控制乙酸酐的滴加速度,以三口瓶稍热为宜。滴加完毕后(约需 20 min)关闭恒压漏斗的活塞,待反应缓和后,在沸水浴中搅拌回流,直到不再有氯化氢气体逸出为止(可用湿润的 pH 试纸检验)。

2.苯乙酮的分离提纯

将反应混合物冷却到室温,在搅拌下倒入盛有 25 mL 浓盐酸和约 40 g 碎冰的烧杯中

(在通风橱中进行),若仍有固体不溶物,可补加适量浓盐酸使之完全溶解。将混合物转入分液漏斗中,分出下层有机层,上层水层用苯萃取 2 次(每次 8 mL),合并有机层。有机层依次用 10 mL 5%氢氧化钠、10 mL 水洗涤,然后用无水硫酸镁干燥,直到溶液清亮透明。

干燥后的溶液滤入圆底烧瓶中,加入 2～3 粒沸石,安装蒸馏装置(见图 2.17),先在水浴上蒸馏回收苯[4],然后在石棉网上或电热套上加热蒸去残留的苯,当温度上升到 140℃左右时,停止加热,稍冷后,加入 2～3 粒沸石,改用空气冷凝管蒸馏,收集 195～202℃馏分[5]。产量约为 4 g。计算产率。

纯苯乙酮为无色透明油状液体,相对分子质量 120.16,沸点 202℃,熔点 20.5℃,相对密度 $d_4^{20}=1.028$,折射率 $n_D^{20}=1.5372$。

【注释】

[1] 本实验所用仪器和试剂均需充分干燥,否则影响反应顺利进行,装置中凡是与空气接触的部位应安装干燥管。

[2] 无水三氯化铝质量的好坏对本实验影响很大,研细、称量、投料都要迅速。可以用带塞子的锥形瓶称量三氯化铝,投料时将纸卷成筒状插入瓶中。

[3] 乙酸酐存放过久会吸潮而水解为乙酸,所以用乙酸酐必须在实验前进行重新蒸馏,收集 137～140℃馏分。乙酸酐能强烈地腐蚀皮肤和眼睛,操作时小心拿取,避免接触热的蒸气。

[4] 由于最终产物不多,宜选用较小的圆底烧瓶,苯溶液可以通过分液漏斗分批加入圆底烧瓶中。

[5] 用减压蒸馏效果会更好。

【思考题】

(1)本实验中为什么要控制乙酸酐溶液的滴加速度?

(2)反应完成后反应物为什么要倒入碎冰中?为什么要加入足够量的浓盐酸?

(3)本实验成功的主要关键是什么?

(4)采用酰氯和酸酐作为酰化试剂,无水三氯化铝的用量有什么不同?

(5)在傅-克酰基化反应中,为什么硝基苯可以作为反应的溶剂?

4.6 苯亚甲基苯乙酮的合成

【实验目的】

学习羟醛缩合反应的基本原理和苯亚甲基苯乙酮的合成方法;掌握电动搅拌、浓缩、抽滤等操作技术。

【实验原理】

在稀碱催化作用下,具有 α-活泼氢的醛酮发生分子间缩合反应,一分子醛的 α-氢原子加到另一分子醛的羰基氧原子上,而其余部分则加到羰基碳原子上,生成 β-羟基醛酮。如果提高反应温度,β-羟基醛酮会进一步脱水,生成 α,β-不饱和醛酮,这种反应称为羟醛缩合反应。这是合成 α,β-不饱和羰基化合物的重要方法,也是有机合成中增长碳链的重要反应。常用的催化剂是钠、钾、钙、钡氢氧化物的水溶液或醇溶液,也可以使用醇钠或仲胺。羟醛缩合反应分为自身缩合和交叉羟醛缩合两种。

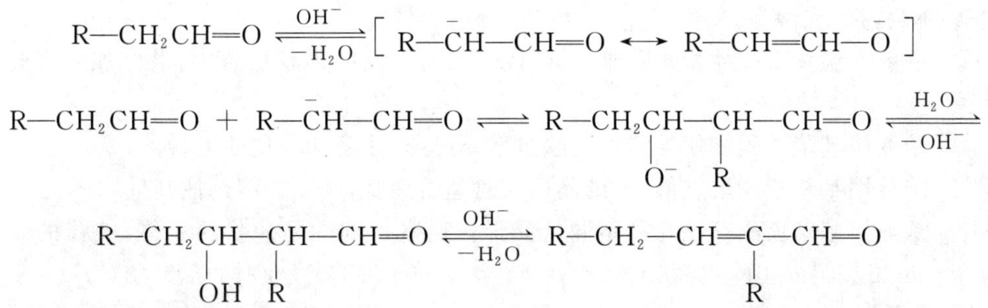

无 α-活泼氢的芳香醛与有 α-活泼氢的醛酮的反应是交叉的羟醛缩合，缩合产物自发脱水生成稳定的具有共轭体系的 α,β-不饱和醛酮。这种交叉的羟醛缩合称为克莱森-施密特(Claisen-Schmidt)反应，它是合成侧链上含两种官能团的芳香族化合物及含多个苯环的脂肪族中间体的一条重要途径。

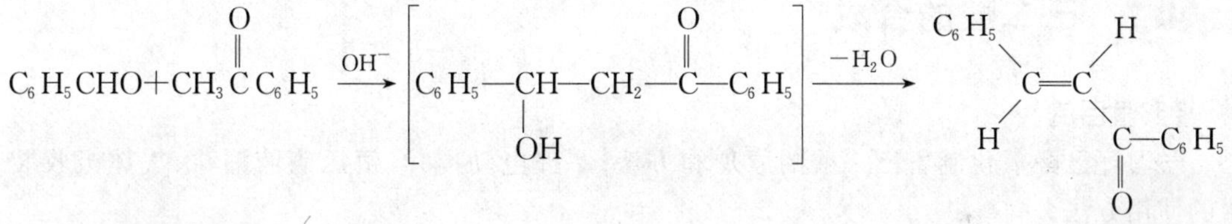

【仪器和药品】

1. 仪器

100 mL 三口瓶、电动搅拌装置、100℃的温度计、50 mL 恒压滴液漏斗、减压过滤装置。

2. 药品

苯甲醛(新蒸)5 mL(5.3 g，0.05 mol)、苯乙酮 6 mL(6 g，0.05 mol)、10%的氢氧化钠溶液 25 mL、乙醇。

【实验步骤】

1. 苯亚甲基苯乙酮的合成

在装有电动搅拌装置、温度计和恒压滴液漏斗的三口瓶中，加入 25 mL10%氢氧化钠溶液、15 mL 乙醇和 6 mL 苯乙酮，装置见图 2.16(b)。在搅拌下，由恒压滴液漏斗滴加 5 mL 苯甲醛，控制滴加速度，保持反应温度在 25～30℃[1]之间，必要时用冷水浴冷却。滴加完毕后，继续保持此温度搅拌 0.5 h。然后加入几粒苯亚甲基苯乙酮作为晶种[2]，即有固体析出，室温下继续搅拌 1～1.5 h，反应完成。

2. 苯亚甲基苯乙酮的分离提纯

反应完成后将三口瓶置于冷水中冷却 15～30 min，使结晶完全。减压抽滤，收集产物，用水充分洗涤，至洗涤液对石蕊试纸显中性。然后用少量冷乙醇(5～6 mL)洗涤结晶，挤压抽干，得苯亚甲基苯乙酮粗产物[3]。粗产物用 95%乙醇重结晶[4](每克产物约需 4～5 mL 溶剂)，若溶液颜色较深可加少量活性炭脱色，得浅黄色片状结晶 6～7 g。计算产率。

纯苯亚甲基苯乙酮，相对分子质量 208.26，相对密度 $d_4^{20}=1.071$，有顺反两种异构体。其中反式构型为淡黄色棱状晶体，熔点 58℃；顺式构型为淡黄色晶体，熔点 45～46℃。

【注释】

[1] 反应温度以 25～30℃为宜。温度过高(>30℃)，副产物多；温度过低(<15℃)，产

物黏稠，不易过滤和洗涤。

［2］一般在温室下搅拌 1 h 后即可析出结晶，为引发结晶较快析出，最好加入事先制好的晶种。

［3］苯亚甲基苯乙酮能使某些人皮肤过敏，处理时注意勿与皮肤接触。

［4］苯亚甲基苯乙酮熔点低，重结晶回流时呈熔融状，必须加溶剂使其呈均相。

［5］苯亚甲基苯乙酮存在几种不同的晶形。通常得到的是片状的 α 体，纯粹的 α 体熔点为 58～59℃。另外，还有棱状或针状 β 体（熔点 56～57℃）及 γ 体（熔点 48℃）。

【思考题】

(1)本实验中可能会产生哪些副反应？实验中采取了哪些措施来避免副产物的产生？

(2)本实验中苯甲醛和苯乙酮的加成产物为什么容易失水？

(3)写出苯甲醛与丙醛及丙酮（过量）在稀碱催化下的反应方程式。

4.7 己二酸的合成

【实验目的】

学习环己醇氧化制备己二酸的原理和方法；掌握电动搅拌、恒压滴液漏斗、气体吸收装置的使用方法。

【实验原理】

制备羧酸常用的方法是烯、醇、醛等的氧化法。常用的氧化剂有硝酸、重铬酸钾（或钠）的硫酸溶液、高锰酸钾、过氧化氢或过氧乙酸等。氧化反应一般都是放热反应，所以必须严格控制反应条件和反应温度。如果反应失控，不仅破坏产物，降低收率，有时还有爆炸的危险。实验室中，己二酸的合成通常采用硝酸或高锰酸钾氧化环己醇或环己酮的方法制备，但是硝酸氧化环己醇的方法反应非常的剧烈，同时伴有大量的二氧化氮毒性气体放出，既危险又污染环境。所以通常选用高锰酸钾氧化法，在碱性介质中实现己二酸的制备。

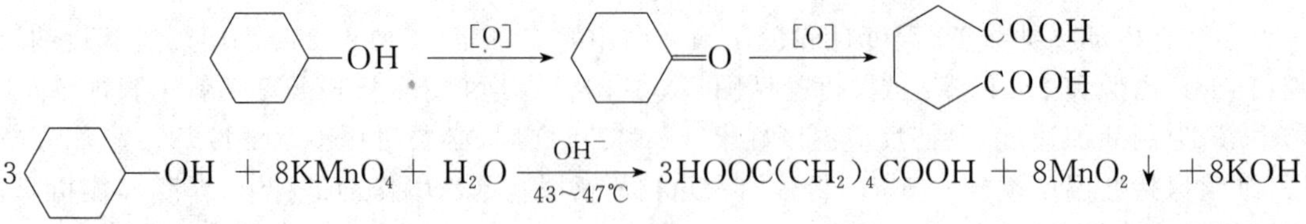

【仪器和药品】

1. 仪器

250 mL 三口瓶、电动搅拌装置、100℃的温度计、50 mL 恒压漏斗、减压过滤装置。

2. 药品

环己醇 2.1 mL(2 g，0.02 mol)、高锰酸钾 6 g(0.038 mol)、10%氢氧化钠 5 mL、浓盐酸 4 mL、亚硫酸氢钠。

【实验步骤】

1. 己二酸的合成

在装有电动搅拌装置、温度计和恒压滴液漏斗的 250 mL 三口瓶中，加入 6 g 高锰酸钾、

5 mL 10%的氢氧化钠溶液和 50 mL 水，搅拌使之溶解。装置见图 2.16(b)。取 2.1 mL 环己醇加到恒压滴液漏斗中[1]，开动搅拌器，控制环己醇滴加速度，使反应的温度保持在 45℃左右[2]。当环己醇滴加完毕，继续搅拌，反应物温度开始下降时，再用热水浴加热 30 min[3]，使二氧化锰凝结，反应完成。

用滴管取出少许混合物溶液，在一张平整的滤纸上点一小滴混合物以检验反应是否完成。若观察到试液的紫色存在，可加少量固体亚硫酸氢钠除掉过量的高锰酸钾，直到没有紫色的环为止。

2.己二酸的分离提纯

趁热减压过滤反应混合物，滤渣二氧化锰用少量热水洗涤两次[4]，合并滤液和洗液，将滤液转移到 250 mL 烧杯中，冷却。用 4 mL 浓盐酸酸化，使溶液呈强酸性。小心地将烧杯在石棉网上用小火加热蒸发，使溶液的体积减少到 12 mL 左右。加入少许活性炭，加热煮沸 2 min 脱色，趁热过滤，冷却后即有白色结晶析出，过滤，烘干，称重。产量 1.5～2 g。计算产率。

纯己二酸为白色棱状晶体，相对分子质量 146.14，熔点 153℃，相对密度 $d_4^{20}=1.360$。

【注释】

[1] 环己醇熔点为 24℃，熔融时为黏稠液体。为减少转移时的损失，可用少量水冲洗量筒，并入分液漏斗中。

[2] 反应开始时用 40℃水浴温热。当三口瓶内的温度升到 30℃时，必须撤去温水浴。如果反应温度超过 30℃时，反应就难以控制，会引起内容物冲出反应器。反应过程中，如温度超过 47℃，可用冷水冷却，要严格控制所规定的温度条件。

[3] 这一步必须在撤去热水浴，反应温度不再上升后进行。

[4] 在二氧化锰滤渣中易夹杂己二酸钾盐，故需洗涤。

【思考题】

(1)在本实验中，为什么必须严格控制滴加环己醇的速度和反应物的温度？

(2)制备羧酸的常用方法有哪些？

(3)洗涤二氧化锰的目的是什么？

4.8 肉桂酸的合成

【实验目的】

学习肉桂酸的制备原理和方法；掌握回流、水蒸气蒸馏、脱色、热过滤、减压过滤等操作方法。

【实验原理】

芳香醛和酸酐在碱性催化剂作用下可以发生类似羟醛缩合反应，生成 α,β-不饱和芳香酸，这个反应称为普金(Perkin)反应。为使反应顺利进行，实验中可以用相应酸酐的羧酸钾或羧酸钠等作为催化剂，也可以用无水碳酸钾或叔胺作为催化剂。典型的例子是肉桂酸的制备。

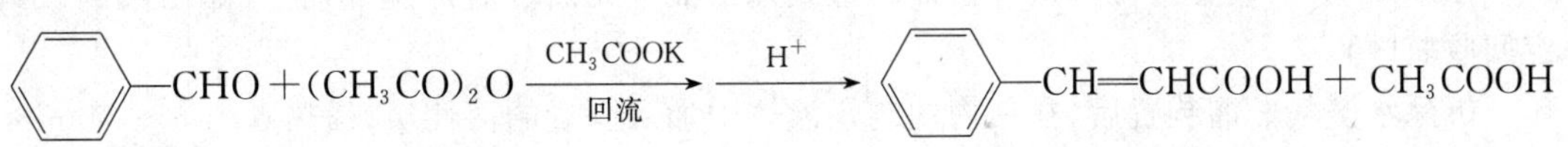

碱的作用是促使酸酐烯醇化，生成亲核的乙酸酐碳负离子，然后碳负离子与芳香醛的羰基发生亲核加成反应。加成产生的中间产物通过氧酰基交换生成更稳定的 β-酰氧基丙酸负离子，最后经过 β-消去生成肉桂酸盐。反应过程如下：

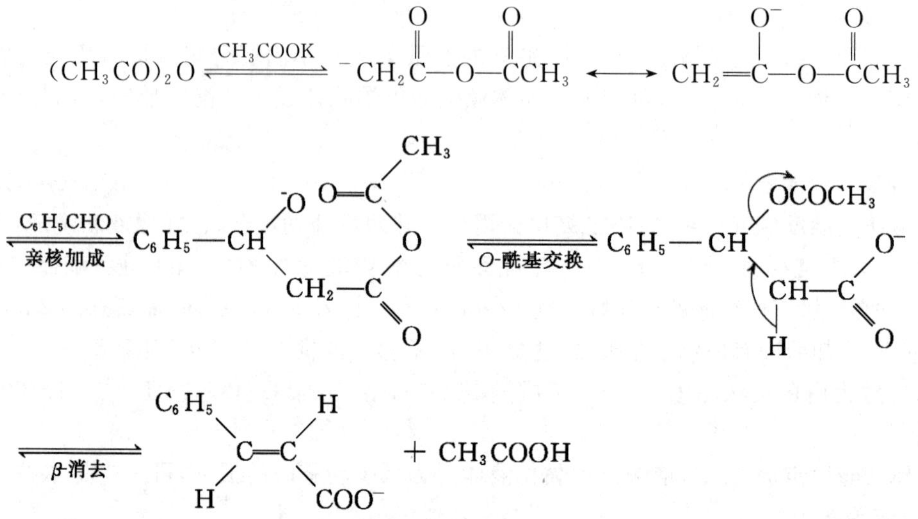

理论上肉桂酸，存在顺反两种异构体，但是普金反应只得到反式肉桂酸（化学名称反-3-苯基-2-丙烯酸，熔点为 133℃），顺式肉桂酸（化学名称顺-3-苯基-2-丙烯酸，熔点为 68℃）不稳定，在较高反应温度下很容易转变为热力学更稳定的反式异构体。

【仪器和药品】

1. 仪器

50 mL 圆底烧瓶、500 mL 长颈圆底烧瓶、空气冷凝管、水蒸气蒸馏装置、减压过滤装置。

2. 药品

苯甲醛（新蒸）5 mL（5.3 g，0.05 mol）、乙酸酐 7.5 mL（8 g，0.078 mol）（新蒸）、无水乙酸钾 3 g、碳酸钠、浓盐酸、活性炭、刚果红试纸。

【实验步骤】

1. 肉桂酸的合成

在 50 mL 圆底烧瓶中，混合 3 g 研细的无水乙酸钾、7.5 mL 乙酸酐[1]和 5 mL 苯甲醛[2]及 2～3 粒沸石，装上空气冷凝管（仪器装置见图 2.13(a)，将图中的球形冷凝管换成空气冷凝管即可），用小火加热，保持反应微沸，回流 1～1.5 h（从液滴自冷凝管缓慢滴下开始计时），停止加热。

2. 肉桂酸的分离提纯

将反应的混合物趁热倒入预先装有 25 mL 热水的 250 mL 长颈圆底烧瓶中，用 30 mL 的热水分两次洗涤反应瓶，洗涤液也并入长颈圆底烧瓶中，分批加入适量的无水碳酸钠（约 5～7.5 g），使溶液呈弱碱性（pH 8～9）。

按图 2.19 的装置进行水蒸气蒸馏。直到馏出液中无油珠时停止蒸馏[3]（馏出液倒入指定回收瓶内）。

拆除水蒸气蒸馏装置后，在瓶内的剩余液体中加入少量的活性炭，加热煮沸 5～10 min，趁热过滤。边搅拌边小心地向热的滤液中加入浓盐酸酸化至 pH 1～2，冷却，待结晶全部析出后，减压过滤，用少量的蒸馏水洗涤固体两次，抽干后的产品可以在 80℃烘箱中或自然条件下干燥，即可得到肉桂酸白色晶体。产量约为 4 g。计算产率。

如要获得较大晶型的结晶，可以在热水或 3∶1 的稀乙醇中重结晶[4]。

反式肉桂酸白色至淡黄色粉末，相对分子质量为 148.17，熔点为 133℃，相对密度 $d_4^{20}=1.248$。

【注释】

[1] 乙酸酐存放过久会吸潮而水解为乙酸，所以乙酸酐在实验前必须进行重新蒸馏，收集 137～140℃馏分。乙酸酐能强烈地腐蚀皮肤和眼睛，操作时小心拿取，避免接触热的蒸气。

[2] 苯甲醛放置过久会自动氧化生成苯甲酸，这不仅影响反应的进行，而且苯甲酸混在产品中不易分离，影响产品质量。因此，所用的苯甲醛要事先蒸馏，收集 170～180℃温度范围内的馏分。苯甲醛低毒，对神经有麻醉作用，对皮肤有刺激性。应避免吸入蒸气或与皮肤接触。

[3] 馏出液体中有未反应的苯甲醛、乙酸和水等。

[4] 在 25℃时 100 g 水溶解肉桂酸 0.06 g；100 g 无水乙醇溶解肉桂酸 22.03 g。

【思考题】

(1)肉桂酸制备实验为什么用空气冷凝管做回流冷凝管？

(2)水蒸气蒸馏的原理是什么？它的应用范围如何？

(3)在肉桂酸的制备实验中，水蒸气蒸馏除去什么？可否不用水蒸气蒸馏，直接加热蒸馏？

(4)本实验中水蒸气蒸馏前为什么不能用氢氧化钠代替碳酸钠溶液来中和水溶液？

4.9 乙酸异戊酯的合成

【实验目的】

学习乙酸异戊酯的制备原理和方法；掌握回流、萃取、常压蒸馏等操作方法。

【实验原理】

羧酸酯是一类在工业和商业上广泛使用的化合物，可以用在化妆品或食品添加剂中。低级酯一般是具有芳香气味或特定的水果香味的液体。自然界中许多水果和花草的芳香气味，就是由于酯存在的缘故。羧酸酯可以由羧酸和醇在催化剂存在下直接酯化制备，也可以采用酰氯、酸酐或腈的醇解制备，有时也可以通过羧酸盐与卤代烷或硫酸酯的反应制备。

乙酸异戊酯采用乙酸和异戊醇在浓硫酸催化下加热的方法制备。

$$CH_3COOH + HOCH_2CH_2CH(CH_3)_2 \xrightleftharpoons[\triangle]{\text{浓 } H_2SO_4} CH_3COOCH_2CH_2CH(CH_3)_2 + H_2O$$

酯化反应是一个可逆反应。使用浓硫酸作催化剂和加热，能促使上述可逆反应较快达到平衡。为了提高酯的产率，常采用一种原料过量，或不断移去产物的方法，使平衡向右移动。由于乙酸比异戊醇廉价易得，且易从产物中除去，故本实验采用乙酸过量的方法。

粗产品中的乙酸异戊酯不溶于水，而未反应的乙酸、浓硫酸溶于水，这些杂质可用水萃取除去。残存的酸可以用碳酸氢钠洗涤，最后通过蒸馏来纯化酯。

乙酸异戊酯具有香蕉般的水果香味，可以广泛用于配制食用香精，在油漆、皮革和化妆品中也得到广泛应用。

【仪器和药品】

1. 仪器

回流装置、蒸馏装置、125 mL 分液漏斗、锥形瓶。

2. 药品

异戊醇 10.8 mL(8.8 g，0.1 mol)、乙酸 12.8 mL(13.5 g，0.225 mol)、浓硫酸 2.5 mL、5%的碳酸氢钠水溶液、饱和氯化钠水溶液、无水硫酸镁。

【实验步骤】

1. 乙酸异戊酯的合成

在 50 mL 干燥的圆底烧瓶中加入 10.8 mL 异戊醇和 12.8 mL 乙酸，摇匀。然后在冷却下分次小心地加入 2.5 mL 的浓硫酸，边加边摇动[1]，混合均匀后加入 2～3 粒沸石。仪器装置见图 2.13(a)。小火加热回流 1 h(从液滴自冷凝管缓慢滴下开始计时)，停止加热，让混合液冷却至室温。

2. 乙酸异戊酯的分离提纯

将混合液小心地转移到分液漏斗中，用 25 mL 冷水洗涤圆底烧瓶，并将洗液合并至分液漏斗中。摇振洗涤[2]数分钟，静止分层后，分净下层水层。有机层用 15 mL 5%的碳酸氢钠水溶液洗涤[3]，以除去粗产物酯中少量的乙酸杂质。静置后分去下层水溶液，再用 15 mL 5%的碳酸氢钠水溶液洗涤 1 次，至水溶液对 pH 试纸呈碱性为止。然后再用 10 mL 饱和的氯化钠水溶液[4]洗涤 1 次，尽量把水层分净。上层(酯层)由分液漏斗口转入干燥的锥形瓶中，用 1～2 g 无水硫酸镁干燥，直到溶液清亮透明[5]。

将干燥过的酯过滤到圆底烧瓶中，加入 2～3 粒沸石，按图 2.17 安装好蒸馏装置(仪器必须干燥)。加热蒸馏，收集 134～141℃范围内的馏分。产量约 9 g。计算产率。

纯乙酸异戊酯具有刺激性的无色透明液体，易燃，应避免接触皮肤和吸入其蒸气。相对分子质量 130.19，沸点 142.5℃，相对密度 $d_4^{20}=0.867$，折射率 $n_D^{20}=1.400\,3$。

【注释】

[1] 浓硫酸与有机物必须混合均匀，否则加热时会使有机化合物碳化，溶液变黑。加热回流时升温速度要缓慢。

[2] 此时应轻轻振荡，以免发生乳化。

[3] 用碳酸氢钠水溶液洗涤时，有大量的二氧化碳产生，因此开始时分液漏斗的塞子不要塞紧，摇振漏斗至无明显的气泡后再塞紧摇振，洗涤过程中应及时排气。

[4] 饱和氯化钠水溶液不但可以降低酯在水中的溶解度(0.16 g/100 mL)，而且可以防止乳化，有利于分层，便于分离。

[5] 如果溶液仍有浑浊，可以适当补加无水硫酸镁，直到溶液透明为止。

【思考题】

(1)酯化反应是可逆的，本实验采用什么办法来提高酯的产率？还有什么办法可以用来提高酯的产率？

(2)粗产物乙酸异戊酯依次经过水洗、碳酸氢钠溶液洗涤、饱和氯化钠溶液洗涤、无水硫酸镁干燥，其目的是什么？

(3)为什么过量的乙酸比过量的异戊醇容易从产品中除去？

(4)如果用过量异戊醇能提高转化率吗？为何本实验采用过量的乙酸？

4.10 乙酰水杨酸的合成

【实验目的】

学习乙酰水杨酸的制备原理和方法；掌握重结晶、减压过滤的原理和操作方法。

【实验原理】

乙酰水杨酸，俗称阿司匹林(Aspirin)，是止痛片的主要成分，是一种常见的解热止痛、用于治疗感冒的有效药物。由水杨酸(邻羟基苯甲酸)和乙酸酐反应制备。水杨酸是一个双官能团的化合物，它既是酚又是羧酸，它可以进行两种不同的酯化反应。当与乙酸酐作用时，可以得到乙酰水杨酸；如与过量的甲醇反应，生成水杨酸甲酯，它是第一个作为冬青树的香味成分被发现的，因此称为冬青油。本实验以浓硫酸作为催化剂，使水杨酸中的羟基与乙酸酐发生酰化反应，制得乙酰水杨酸。

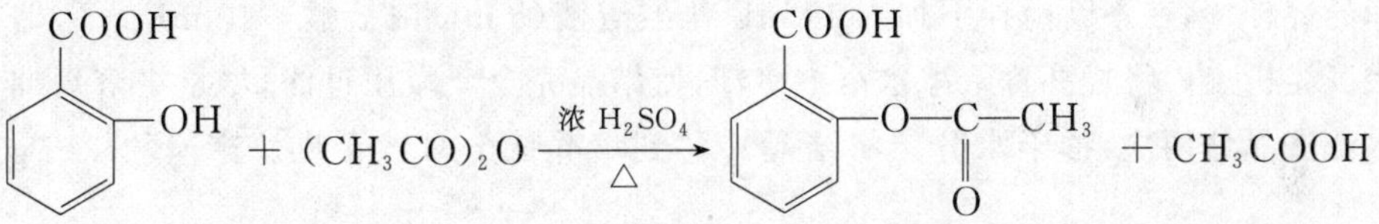

除上述主反应外，还可能伴随水杨酸分子之间缩合副反应的发生，生成少量的聚合物。

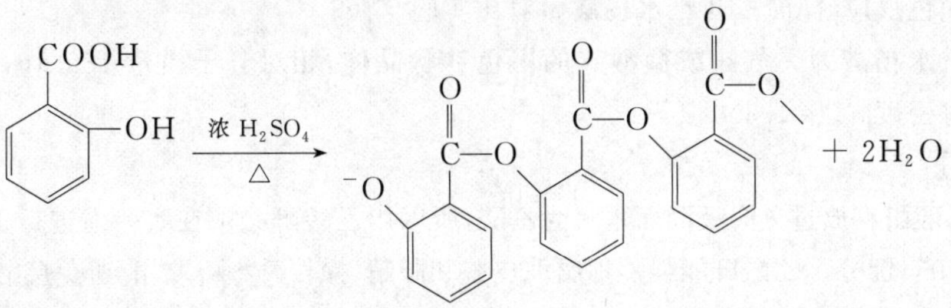

乙酰水杨酸中的杂质主要包括上述的聚合物和反应不完全或后处理乙酰水杨酸分解而来的水杨酸。去除聚合物杂质可以采用过滤的方法，因为乙酰水杨酸溶于碳酸氢钠，而聚合物不溶；水杨酸杂质可以在各步纯化过程和产物的重结晶过程中除去。与多数酚类化合物一样，水杨酸可以与三氯化铁形成深色络合物；而乙酰水杨酸因酚羟基已被酰化，不再与三氯化铁发生颜色反应，因此，杂质很容易被检出。

【仪器和药品】

1. 仪器

100 mL 圆底烧瓶、球形冷凝管、减压过滤装置、100℃温度计、100 mL 和 250 mL 的烧杯。

2. 药品

水杨酸 2 g(0.014 mol)、乙酸酐 5 mL(5.4 g，0.05 mol)、浓硫酸、浓盐酸、饱和碳酸氢钠

溶液、1%的三氯化铁溶液。

【实验步骤】

1. 乙酰水杨酸的合成

在 100 mL 圆底烧瓶中加入 2 g 水杨酸，5 mL 的乙酸酐[1]，在摇振下，加入 5～7 滴浓硫酸，摇振圆底烧瓶使水杨酸全部溶解后，安装普通回流装置，仪器装置见图 2.13(a)。水浴温度控制在 85～90℃[2]，水浴加热 15 min，冷却至室温，即有乙酰水杨酸结晶析出[3]。

2. 乙酰水杨酸的分离提纯

冷却后，将反应物在搅拌下倒入盛有 30 mL 冷水的烧杯中，用 20 mL 水冲洗圆底烧瓶，并转入烧杯中，然后将烧杯用冰水浴冷却，放置大约 20 min。结晶完全后进行抽滤，用抽滤液反复淋洗烧杯，直到所有晶体都被收集到布氏漏斗中。用少量冷水洗涤结晶两次，尽量将溶剂抽干。粗产物转移至表面皿，自然干燥。

为了得到更纯的乙酰水杨酸，将上述粗产物转移到 100 mL 烧杯中，在搅拌下加入 25 mL 饱和碳酸氢钠溶液，加完后继续搅拌几分钟，直到没有二氧化碳气泡产生为止[4]。

减压过滤可以除去副产物聚合物后，再用 5～10 mL 水洗涤漏斗，合并滤液，把滤液转移到干净的烧杯中，在不断搅拌下加入 15 mL 盐酸溶液(5 mL 浓盐酸＋10 mL 水)，即有乙酰水杨酸沉淀析出。将烧杯置于冰水浴中冷却，使结晶完全。减压过滤，尽量将溶剂抽干。再用冷水洗涤晶体两次，抽干水分。将结晶转移到培养皿上自然干燥。产量约 1.5 g。计算产率。

取乙酰水杨酸几粒结晶加到盛有 5 mL 水的试管中，加入 1～2 滴 1%的三氯化铁溶液，观察有无颜色反应；同时取几粒水杨酸做对比实验。

纯乙酰水杨酸为无气味或微酸味的白色针状晶体，相对分子质量 180.16，熔点 135～136℃，相对密度 $d_4^{20}=1.350$。

【注释】

[1] 乙酸酐存放过久会吸潮而水解为乙酸，所以用乙酸酐必须在实验前进行重新蒸馏，收集 137～140℃馏分。乙酸酐能强烈地腐蚀皮肤和眼睛，操作时小心取用，避免接触热的蒸气。

[2] 反应温度不宜过高，否则将会增加副产物的生成，如水杨酰水杨酸酯及少量的聚合物等。

[3] 如不结晶，可用玻璃棒摩擦瓶壁并将反应物置于冰水中冷却使结晶产生。

[4] 乙酰水杨酸与饱和碳酸氢钠反应生成水溶性钠盐，而聚合物不溶于碳酸氢钠溶液，通过过滤除去该副产物，使乙酰水杨酸纯化。

【思考题】

(1)乙酰水杨酸在沸水中受热分解而得到一种溶液，后者对三氯化铁能够发生显色反应，试解释之并写出反应方程式。

(2)制备乙酰水杨酸时，加入浓硫酸的目的是什么？

(3)在制备乙酰水杨酸时，有哪些副产物？如何除去？

(4)醇和酚的酯化反应有什么不同？

4.11 乙酰苯胺的合成

【实验目的】

学习乙酰苯胺的制备原理和方法；掌握常压分馏、减压过滤和重结晶的基本原理和操作方法。

【实验原理】

芳香族伯胺的酰化反应在有机合成中常用来保护氨基，通常是转化成乙酰基的衍生物，这样不但可以降低芳胺对氧化的敏感性，使其不被反应试剂破坏，而且乙酰化氨基的活化能力比氨基的活化能力有所降低，使氨基由较强的邻对位定位基转变成中等强度的邻对位定位基，使反应由多元取代变为一元取代。此外，由于乙酰基的空间效应，往往选择性地生成对位取代产物。氨基的乙酰化反应很容易发生，同时乙酰化的氨基又很容易通过水解除去乙酰基。

乙酰苯胺可以通过苯胺与乙酸、乙酸酐和乙酰氯等试剂反应制备。其中苯胺与乙酰氯的反应最快，乙酸酐次之，乙酸最慢。但是乙酸作为乙酰化试剂价格便宜、毒性小、操作方便，因此本实验采用乙酸作为乙酰化试剂。

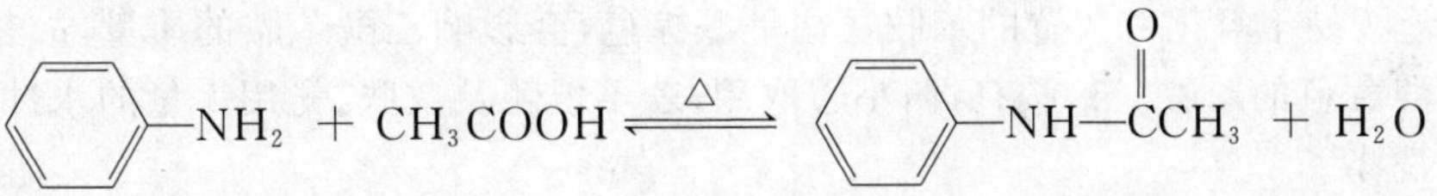

苯胺与乙酸共热生成乙酰苯胺和水，同时乙酰苯胺和稀酸共热时又容易水解成苯胺和乙酸，因此，在反应过程中通过增加乙酸的用量和利用分馏将反应生成的水除去的方法，提高乙酰苯胺的产量。

【仪器和药品】

1. 仪器

50 mL 圆底烧瓶、韦氏分馏柱、250℃温度计、50 mL 锥形瓶、蒸馏头、接收管、减压过滤装置、短颈漏斗。

2. 药品

苯胺（新蒸馏）5 mL（5.1 g，0.055 mol）、乙酸 7.5 mL（7.9 g，0.13 mol）、锌粉 0.1 g、活性炭 0.2 g。

【实验步骤】

1. 乙酰苯胺的合成

在 50 mL 圆底烧瓶中，加入 5 mL 苯胺[1]，7.5 mL 乙酸以及锌粉约 0.1 g[2]，装上韦氏分馏柱，顶端安装蒸馏头和温度计，蒸馏头支管和接收管直接相连，接收管的下端伸入锥形瓶（或烧杯或试管）中，以收集蒸出的水和部分乙酸，锥形瓶外部用冷水浴冷却。仪器装置见图 4.1。

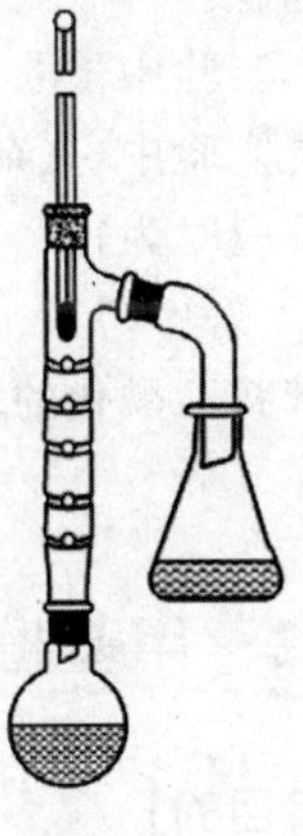

图 4.1 乙酰苯胺的制备装置图

将圆底烧瓶用小火加热，使反应物保持微沸大约 15 min，然后逐渐升高温度，控制馏出液的温度在 100～105℃之间约 45 min，反应生成的水和部分没有反应的乙酸已被蒸出[3]，当温度计的读数开始下降时，表示反应已经完成，即可以停止加热。

2. 乙酰苯胺的分离提纯

在不断搅拌下，将圆底烧瓶中的剩余物趁热缓慢倒入盛有 60 mL 冷蒸馏水的烧杯里[4]，搅拌并冷却烧杯，使粗乙酰苯胺完全析出。然后用布氏漏斗进行抽滤，再用 5～10 mL 冷蒸馏水洗涤，以除去固体表面吸附的酸液，得到粗产物乙酰苯胺。

粗产物乙酰苯胺可以用水重结晶。将粗产物转移到盛有 60 mL 蒸馏水的烧杯中，加热至微沸，使粗产物溶解（如果溶液中还有小油滴，可用量筒补加水，直到无小油滴为止[5]），记录全部水量。然后在溶液中继续补加总水量的 20%～30%的水。

若溶液颜色较深，可用活性炭脱色，待溶液稍冷后，才可以加入约 0.2 g 的活性炭[6]，用玻璃棒搅拌并再煮沸 1～2 min，趁热用热的短颈漏斗过滤，滤纸要使用折叠滤纸（图 2.24）。在冰水混合液下冷却滤液，待全部析出无色片状乙酰苯胺结晶后，抽滤，将产品转移至一个预先称重的表面皿或滤纸上，自然干燥，称重。产量约 5 g。计算产率。

纯乙酰苯胺为无色闪光鳞片状晶体，有一定的毒性，相对分子质量 135.17，熔点 114.3℃，相对密度 $d_4^{20}=1.219$。

【注释】

[1] 苯胺易于氧化。久置的苯胺往往呈深棕色，会影响乙酰苯胺的质量，故最好用新蒸的无色或淡黄色的苯胺。苯胺有毒，小心取用，若不慎触及皮肤，先用大量的水冲洗，再用肥皂和温水洗涤。

[2] 加入锌粉的目的是防止苯胺在反应过程中被氧化而生成有色杂质。

[3] 收集水和乙酸的总体积大约是 3.5 mL。

[4] 圆底烧瓶中的剩余物冷却后，固体产物立即析出，沾在瓶壁上不易处理。故须趁热在搅拌下倒入冷水中，以除去过量的乙酸及未反应的苯胺（苯胺与乙酸生成苯胺乙酸盐而溶于水）。

[5] 小油滴是熔融状态的含水的乙酰苯胺，因其相对密度大于水，所以沉在容器底部。

[6] 不要把活性炭加入到沸腾的溶液中，否则溶液会溢出容器外。

【思考题】

（1）本实验中采取了哪些措施来提高乙酰苯胺的产率？

（2）本实验中，夹杂在粗乙酰苯胺中的少量苯胺和乙酸是如何除去的？

（3）反应时为什么要控制分馏柱顶端的温度在 100～105℃之间，高于或低于这个温度范围有什么不好？

（4）苯胺乙酰化的目的是什么？乙酰苯胺与热的稀盐酸或稀氢氧化钠反应时生成什么产物？

4.12 甲基橙的合成

【实验目的】

通过甲基橙的制备学习重氮化反应和偶合反应的原理；掌握低温下化学反应操作方法；

掌握重结晶的基本原理和操作方法。

【实验原理】

甲基橙是一种常见的酸碱指示剂，它是以对氨基苯磺酸为原料制备重氮盐，再与 N,N-二甲基苯胺在弱酸性介质中发生偶合反应得到，偶合反应首先得到的是嫩红色的酸式甲基橙，称为酸性黄，遇到碱时酸性黄转变为橙黄色的钠盐，即为甲基橙。

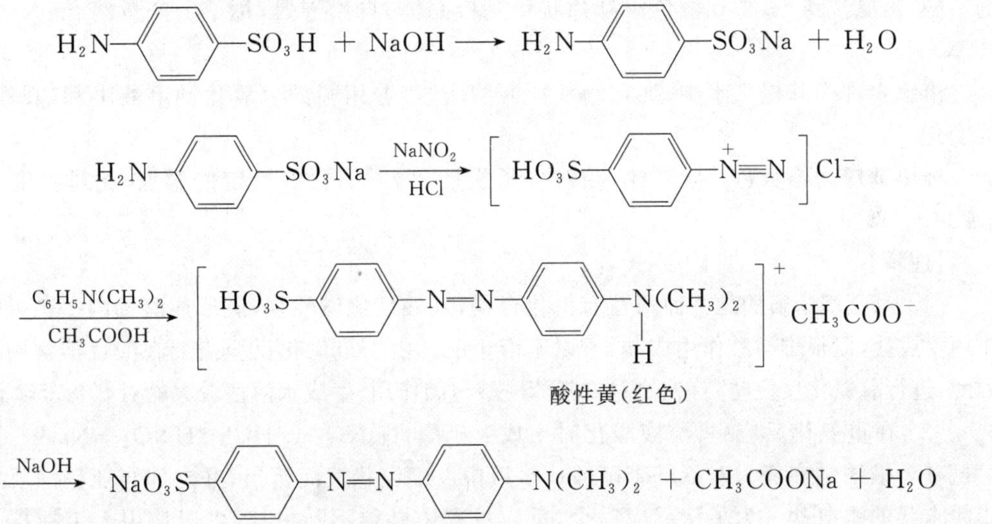

酸性黄（红色）

甲基橙（橙色）

【仪器和药品】

1. 仪器

100 mL 烧杯、水浴、试管、玻璃棒、减压过滤装置、100℃温度计。

2. 药品

对氨基苯磺酸晶体 2.1 g(0.01 mol)、亚硝酸钠 0.8 g(0.11 mol)、N,N-二甲基苯胺 1.3 mL(1.2 g, 0.01 mol)、食盐、浓盐酸、5%氢氧化钠溶液、乙醇、乙醚、乙酸、淀粉-碘化钾试纸。

【实验步骤】

1. 重氮盐的制备

在 100 mL 烧杯中，放入 2.1 g 对氨基苯磺酸晶体及 10 mL 5%氢氧化钠溶液，在热水浴中温热使之溶解[1]；同时在试管中将 0.8 g 亚硝酸钠溶于 6 mL 水中，加入上述烧杯内，用冰盐浴冷至 0～5℃。在不断搅拌下[2]，将 3 mL 浓盐酸和 10 mL 水配成的溶液慢慢滴加到上述混合液中，使温度保持在 5℃以下[3]，很快就有对氨基苯磺酸重氮盐的白色细粒沉淀生成，用淀粉-碘化钾试纸检验[4]。为了保证反应完全，继续在冰盐浴中放置 15 min。

2. 偶合反应

在 1 支试管中加入 1.3 mL N,N-二甲基苯胺（N,N-二甲基苯胺有毒，小心取用）和 1 mL 乙酸，振荡使之混合。在搅拌下将此溶液慢慢加到上述冷却的对氨基苯磺酸重氮盐溶液中，加完后，继续搅拌 10 min。然后慢慢加入 25 mL 5%氢氧化钠溶液，直到反应物变为橙色，此时反应液呈碱性，粗制的甲基橙呈细粒状沉淀析出[5]。

3. 甲基橙的分离提纯及其性质实验

将反应物在沸水浴上加热 5 min，使粗的甲基橙溶解，冷至室温，再在冷水浴中冷却，使甲基橙晶体完全析出，抽滤收集结晶，依次用少量的水、乙醇、乙醚洗涤，抽干。

若要得到较纯的产品，可以用水进行重结晶。每 1 g 粗产物甲基橙加入 25 mL 沸水，使之溶解，让溶液冷至室温，然后在冰盐浴中冷却，待结晶全部析出后，抽滤，沉淀依次用少量的乙醇、乙醚洗涤[5]，得到橙色小叶片状甲基橙晶体，自然干燥，称重。产量约 2.5 g。计算产率。

溶解少许甲基橙于水中，加几滴稀盐酸溶液，接着用稀的氢氧化钠溶液中和，观察颜色的变化。

纯甲基橙为橙黄色片状晶体，相对分子质量 327.33，没有确定的熔点，相对密度 $d_4^{20}=1.280$。

【注释】

[1] 对氨基苯磺酸是一种两性有机化合物，其酸性比碱性强，能形成酸性内盐，它能与碱作用生成盐，但很难与酸作用成盐，所以不溶于酸。由于重氮化反应需要在酸性溶液中完成，因此，进行重氮化反应时，首先使对氨基苯磺酸与碱作用，生成水溶性较大的对氨基苯磺酸钠。

[2] 在重氮化反应中，溶液酸化时生成亚硝酸：$NaNO_2 + HCl \rightarrow HNO_2 + NaCl$。同时，对氨基苯磺酸钠亦变为对氨基苯磺酸从溶液中以细粒状沉淀析出，并立即与亚硝酸反应，生成粉末状的重氮盐。为了使反应完全，反应过程中必须不断搅拌，可以使用人工搅拌、机械搅拌或磁力搅拌等。

[3] 重氮化反应过程中，控制反应温度很重要，反应温度若高于 5℃，则生成的重氮盐易水解生成苯酚，导致产率降低。因此，制备好的重氮盐应该保存在冰水浴中待用。

[4] 用淀粉-碘化钾试纸检验，若试纸显深蓝色表明亚硝酸过量。

$$2HNO_2 + 2KI + 2HCl \longrightarrow I_2 + 2NO + 2H_2O + 2KCl$$

这时应加入少量尿素除去过多的亚硝酸。因为亚硝酸能起氧化和亚硝基化作用，所以亚硝酸的用量过多会引起一系列副反应，如与 *N*,*N*-二甲基苯胺作用生成亚硝基化合物或肟等。

$$H_2N{-}\overset{\overset{\large O}{\|}}{C}{-}NH_2 + HNO_2 \longrightarrow N_2 + CO_2 + H_2O$$

若试纸不显蓝色，尚需补充亚硝酸钠，并充分搅拌，直到淀粉-碘化钾试纸刚好变蓝。

[5] 若反应物中含有没有作用的 *N*,*N*-二甲基苯胺乙酸盐，在加入氢氧化钠后，就会有难溶于水的 *N*,*N*-二甲基苯胺析出，影响产物的纯度。湿的甲基橙在空气中受光的照射后，颜色很快变深，所以一般得紫红色粗产物。

[6] 重结晶操作应迅速，否则由于产物呈碱性，在温度高时易使产物变质，颜色变深。用乙醇、乙醚洗涤的目的是使其迅速干燥。

【思考题】

(1)在本实验中，制备重氮盐时为什么要把对氨基苯磺酸变成钠盐？本实验如改成下列操作步骤：先将对氨基苯磺酸与盐酸混合，再滴加亚硝酸钠溶液进行重氮化反应，可以吗？

为什么？

(2)重氮盐的制备为什么要将反应温度控制在 0～5℃范围内？

(3)试解释甲基橙在酸碱介质中的变色原因，并用反应式表示。

4.13 对氨基苯磺酸的微波辐射合成

【实验目的】

了解微波辐射下合成对氨基苯磺酸的原理和方法；掌握微波加热实验的操作技术。

【实验原理】

不同于传统的加热方式，微波加热是将微波电磁能转变为热能，其能量是通过空间或介质以电磁波的形式来传递的，加热过程与物质内部分子的极化有着密切关系。其频率与偶极子转向极化和界面极化的时间正好吻合。因此，介质在微波场中的加热也主要靠这两种极化方式实现的。微波对化学反应的加速主要是对极性有机物的选择加热，即微波导致的热效应；除此之外，还存在着一种非温度引起的非热效应，即改变了反应的动力学，降低了反应的活化能。与传统的加热方法相比，微波辐射具有反应速率快、操作方便、产率高和易于纯化等优点。例如由苯胺和浓硫酸制备对氨基苯磺酸的反应，如果采用常规的加热方式，反应温度要达到 180～190℃且反应时间一般是 4～5 h，而采用微波辐射的加热方式只需要 10 min，大大地缩短了反应时间，提高了实验效率。

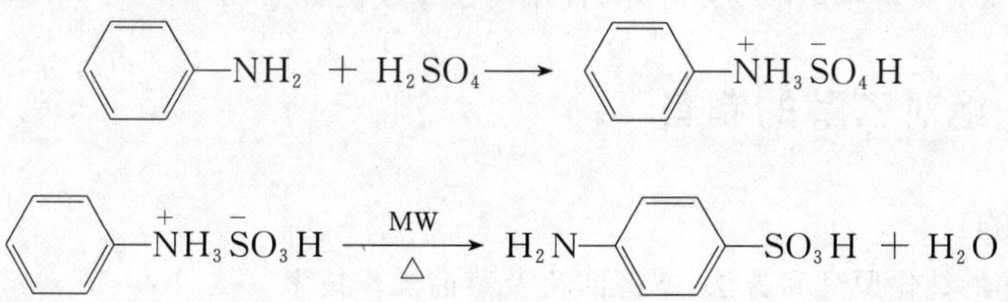

【仪器和药品】

1. 仪器

200 mL 烧杯、100 mL 烧杯、25 mL 圆底烧瓶、空气冷凝管、1 000 W 的微波炉、减压过滤装置。

2. 药品

苯胺(新蒸馏)2.9 mL(2.8 g，0.03 mol)、浓硫酸 1.7 mL(3.13 g，0.031 mol)、10%的氢氧化钠、碎冰。

【实验步骤】

1. 对氨基苯磺酸的微波辐射合成

在 25 mL 圆底烧瓶中加入 2.8 g 苯胺，分批加入 1.7 mL 浓硫酸[1]，并不断摇振。加完酸后将圆底烧瓶放入微波炉内，装上空气冷凝管(为使装置安全稳妥，可在圆底烧瓶下方垫一个烧杯)，并同时在微波炉内放入盛有 100 mL 水的烧杯[2]，火力调至低档，持续 10 min，装置图见 1.9。关闭微波炉，待稍冷后[3]，取出 1～2 滴反应混合物，倒入 2 mL 10% NaOH 溶液中，若得到澄清的溶液，则认为反应完全，否则需继续加热。

2. 对氨基苯磺酸的分离提纯

反应完毕后，将反应液在不断搅拌下趁热倒入盛有 20 mL 冷水或碎冰的烧杯中。此时白色对氨基苯磺酸析出，充分冷却后减压抽滤，用少量水洗涤后得粗产物。

粗产物可以用热水重结晶，并用活性炭脱色，可得到含两分子结晶水的对氨基苯磺酸，产量约为 4 g。计算产率。

白色晶体在 100℃时失去水分，无水物在 290～300℃不经熔融而直接碳化。

对氨基苯磺酸为白色粉末，相对分子质量 173.19，熔点 288℃（分解），相对密度 $d_4^{20}=1.485$。

【注释】

[1] 由于加浓硫酸时，浓硫酸与苯胺激烈反应生成苯胺硫酸盐，因此先要滴加硫酸，当加至生成的盐不能摇振时，才可分批加入。

[2] 用烧杯装 100 mL 开水置于微波炉中，可以分散微波能量，从而减少反应中因火力过猛而发生碳化。

[3] 稍冷可以使未反应的苯胺冷凝下来，以免苯胺受热挥发而造成损失和中毒。

【思考题】

(1)磺化的反应机理是什么？经历的中间产物是什么？

(2)为什么微波辐射可以加速反应？

(3)为什么对氨基苯磺酸易溶于水，而难溶于苯或乙醚？

4.14 绝对乙醇的制备

【实验目的】

学习乙醇的纯化原理和方法；掌握回流及蒸馏操作技术。

【实验原理】

在有机合成实验中，溶剂的纯度对反应速度及产率有很大影响。在有些反应中，对纯度要求很高，即使微量杂质或水分的存在也会对反应产生一定的影响，所以必须在绝对干燥无水的条件下进行。工业乙醇含有 95.5%乙醇和 4.5%的水。若要得到含量更高的乙醇，在实验室中通常采用加入氧化钙(生石灰)加热回流，使乙醇中的水与氧化钙作用，生成氢氧化钙的方法来除去水分。这样制得的是无水乙醇，纯度可达到 99.5%。若要得到纯度更高的绝对乙醇，则可将制得的无水乙醇和金属镁或金属钠进行反应，除去残余的微量水分得到。

$$2C_2H_5OH + Mg \longrightarrow (C_2H_5O)_2Mg + H_2\uparrow$$

$$(C_2H_5O)_2Mg + 2H_2O \longrightarrow 2C_2H_5OH + Mg(OH)_2$$

或

$$2C_2H_5OH + 2Na \longrightarrow 2C_2H_5ONa + H_2\uparrow$$

$$C_2H_5ONa + H_2O \rightleftharpoons C_2H_5OH + NaOH$$

【仪器和药品】

1. 仪器

500 mL 圆底烧瓶、250 mL 圆底烧瓶、球形冷凝管、150℃温度计、干燥管、长颈漏斗、蒸馏装置。

2. 药品

95%乙醇 200 mL、氧化钙(生石灰)、无水氯化钙、高锰酸钾、无水硫酸铜、稀盐酸;金属钠 0.25 g、邻苯二甲酸二乙酯 1 g、99.5%乙醇 100 mL、镁条或镁屑 0.6 g、碘片。

【实验步骤】

1. 无水乙醇(含量 99.5%)的制备

在 500 mL 圆底烧瓶[1]中,放置 200 mL 95%乙醇和 60 g 生石灰[2],用木塞塞紧瓶口,放置下次实验待用[3]。

实验时,拔去木塞,装上回流冷凝管,其上端连接一个盛有无水氯化钙的干燥管[4],安装回流装置[见图 2.13(b)],在水浴上加热回流约 2～3 h,稍冷后取下回流冷凝管,安装蒸馏头和温度计,装置改为蒸馏装置(见图 2.17)。蒸除前馏分后,用干燥的吸滤瓶或圆底烧瓶作接收器,其支管连接一个无水氯化钙干燥管,与大气相通。水浴加热,蒸馏至几乎无液滴流出为止。称量无水乙醇的重量或体积,计算回收率。

检验乙醇是否有水,常用的办法是取 1 支干净的试管,里面放一小粒高锰酸钾或少量的无水硫酸铜粉末,迅速滴入几滴新制得的无水乙醇,塞住试管口。观察乙醇是否变为紫红色或变为蓝色,如果没有变化说明含水量很低,产品质量符合要求。由于乙醇吸水很快,所以检验时操作要快,高锰酸钾比无水硫酸铜的反应灵敏。

2. 绝对乙醇(含量 99.95%)的制备

(1)用金属镁制备　在 250 mL 的圆底烧瓶中,放置 0.6 g 干燥的纯镁条或镁屑[5],10 mL 99.5%的乙醇[6],装上回流冷凝管,并在回流冷凝管上端连接一个盛有无水氯化钙的干燥管,安装回流装置[见图 2.13(b)]。在沸水浴上加热后,移去热源,立即投入几小粒碘片[7](注意此时不要振荡),不久碘片周围即发生反应,慢慢扩大,最后可以达到相当剧烈的程度[8]。待镁全部反应完毕后,加入 100 mL 99.5%的乙醇和 2～3 粒沸石。回流加热 1 h,安装蒸馏无水乙醇的装置(见图 2.17)蒸馏,产物储存于带有橡胶塞或磨口塞的容器中。

(2)用金属钠制备　在 250 mL 的圆底烧瓶中,放置 2 g 金属钠[9]和 100 mL 99.5%的乙醇,加入 2～3 粒沸石,并在回流冷凝管上端连接一个盛有无水氯化钙的干燥管,安装回流装置[见图 2.13(b)]。在沸水浴上加热回流 30 min 后,加入 4 g 邻苯二甲酸二乙酯[10],再加热回流 10 min。取下回流冷凝管,改为蒸馏装置(见图 2.17),产物收集于玻璃瓶中,用橡胶塞或磨口塞塞住。

纯粹乙醇为无色液体,易燃,沸点为 78.5℃,折射率 n_D^{20} =1.3611。

【注释】

[1] 本实验中所用的仪器必须彻底干燥。由于无水乙醇具有很强的吸水性,在操作和存放过程中必须防止水分进入。

[2] 一般用干燥剂干燥有机溶剂时,在蒸馏前应先过滤除去干燥剂。但氧化钙与乙醇中的水反应生成的氢氧化钙,因在加热时不易分解,故可以留在圆底烧瓶中一起进行蒸馏。

[3] 若不提前进行放置，在回流过程中会延长回流时间。

[4] 要加入过量的干燥剂，可以让干燥剂充分吸收多余的水分。

[5] 镁应该稍过量一些，以保证镁可以除去无水乙醇中的水分。

[6] 当所用乙醇含水量超过 0.5%时，则反应更不容易进行。

[7] 碘可以加快反应进行，有时作用太慢则需要适当加热促使反应进行。如果加碘片后，不发生反应，可以接着再加数粒碘片。一般来讲，乙醇与镁的作用是缓慢的，

[8] 加碘片引发反应后，要及时移去热源，这是因为在引发反应过程中会产生大量的热，要防止暴沸发生。

[9] 取用金属钠时应使用镊子，先用双层滤纸吸去粘附在金属钠上的溶剂，用小刀切去其表面的氧化层，然后再切成小条。切下来的钠屑放回原瓶中，切勿与滤纸一起投入废物缸内，并严禁将大量金属钠与水接触，以免引发燃烧爆炸。加入钠后切勿将瓶塞塞紧，防止因产生的氢气压力过大而发生爆炸。

[10] 加入邻苯二甲酸二乙酯的目的是利用它能与氢氧化钠进行如下反应：

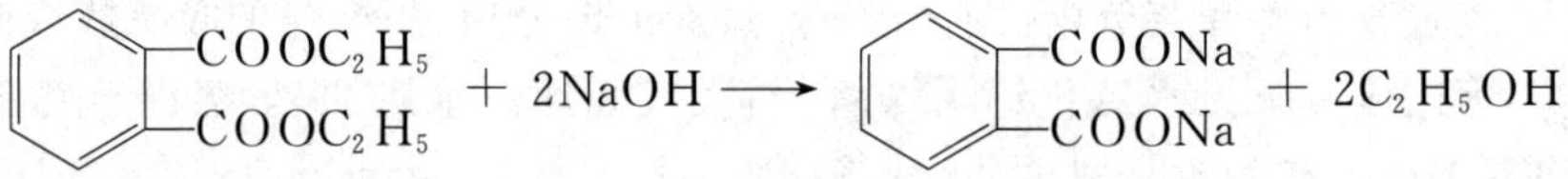

因此消耗了氢氧化钠，促使乙醇钠与水的作用，这样制得的乙醇可以达到极高的纯度。

【思考题】

(1)制备无水试剂时应注意什么事项？

(2)为什么要在加热回流和蒸馏时在冷凝管的顶端和接收器支管上安装盛有无水氯化钙干燥管？

(3)用 200 mL 95%乙醇制备无水乙醇时，理论上需要多少克的氧化钙(生石灰)？

(4)实验过程中，回流装置改为蒸馏装置时会有大量的乙醇挥发，如何操作可以减少损失？

Chapter 5 第 5 章

天然有机化合物的提取和分离

自然界的植物、动物、微生物及其代谢产物中的有机化合物是天然的有机化合物。随着天然有机化合物的研究开发，各种天然动植物和微生物资源得到了世界各国的广泛重视和利用，它们已广泛应用于医药、食品和化妆品等行业，有许多天然有机化合物是天然药物、天然食品添加剂和天然化妆品活性成分的主要来源。例如近年来国际化妆品市场的护肤护发品竞相采用天然原料，如芦荟、卵磷脂、蔬菜汁等。这些化妆品对人体安全性能好，无副作用。另外我国地域辽阔，天然资源丰富，种类繁多，取材方便，仅药用植物就有 5 000 多种，而且利用中草药治病强身已有悠久的历史并具有完整的临床经验。这些起到各种生物活性作用的天然有机化合物结构复杂、种类繁多、用途广泛、含量较低，并与许多其他物质共存，要很好地研究和利用这些天然有机化合物，就必须经过提取和分离过程，通常是采用适当的溶剂和方法，将有用成分从生物组织中溶出转移至所用溶剂中，得到含有有用成分的提取液，这一过程称为提取。最常用的提取方法为溶剂提取法，包括浸渍法、渗滤法、回流法等。经典的提取方法出现较早，技术较成熟，而且往往不需要特殊的仪器，因此应用比较普遍。但是存在提取率低、杂质去除率低、能耗高、生产周期长、污染环境等缺点。为了提高有用成分的提取率，国内外正在研究和开发出一些新的提取分离工艺和方法，因此，准确度高、快速简单的提取分离方法已成为天然有机化合物研究的热点。

目前已有一些新的提取和分离的方法应用到天然有机化合物的提取中，如超临界萃取技术、超声波提取技术、微波辅助提取技术、半仿生提取法、酶提取法和膜分离、高速离心分离等。但是，我国天然有机化合物的提取和分离技术和国外差距较大，特别是高纯度制备分离技术，导致我国目前依然是以粗产品加工为主，因此新型提取分离技术的研究特别是一些平台技术如制备色谱等对我国中药现代化、新药开发、食品加工等有着重要意义。

本章主要介绍几种天然有机化合物的简单的提取和分离方法，从而对天然有机化合物的提取和分离有一些初步的认识。

5.1 油脂的提取和性质

油脂是人类的主要食物之一，也是一种重要的工业原料。我们日常食用的动物油、花生油、菜籽油、豆油、棉籽油等都是油脂。油脂是提供能量的重要物质，1 g 油脂在完全氧化时放出的热量约为 39.3 kJ，大约是糖类(约 17.2 kJ/g)或蛋白质(约 18 kJ/g)的 2 倍。油脂还能溶解一些脂溶性维生素(如维生素 A、维生素 D、维生素 E、维生素 K)，因此，摄取一定量的油脂能促进人体对食物中含有的这些维生素的吸收。

油脂的提取方法主要有以下几种：

(1)压榨法　是借助机械外力的作用，将油脂从油料中挤压出来的取油方法，是最简单也是最古老的方法。

(2)浸出法(萃取法)　它是利用固液萃取的原理，选用某种能够溶解油脂的有机溶剂，经过对油料的接触(浸泡或喷淋)，使油料中油脂被萃取出来的一种方法。

(3)水代法　水代法与普通的压榨法、浸出制油工艺不同，主要是将热水加到经过蒸炒和细磨的原料中，利用油、水不相溶的原理，以水作为溶剂，从油料中把油脂代替出来，故名为水代法。

(4)机械分离(离心法)　利用离心机将油脂分离出来，主要用于从液态原料中提取。如奶中分离奶油。还可与压榨法等结合使用，以减少残渣。

(5)水酶法　是一种较新的油脂与蛋白质分离的方法，它将酶制剂应用于油脂分离，通过对油料细胞壁的机械破碎作用和酶的降解作用提高油脂的提取率。

(6)反胶束萃取技术　将含油脂和蛋白质的原料溶于反胶束体系，蛋白质增溶于反胶束极性水池内，同时油脂萃取进入有机溶剂中，这一步称为前萃，然后用水相，通过调节离子强度等，使蛋白质转入水相，离心分离，实现反萃。

(7)超临界 CO_2 萃取法　超临界 CO_2 萃取方法是利用超临界流体具有的优良溶解性及这种溶解性随温度和压力变化而变化的原理，通过调整流体密度来提取不同物质。

【实验目的】

学习用溶剂萃取法提取油脂，了解油脂的组成、结构和性质；掌握索氏油脂提取器的使用方法。

【实验原理】

油脂易溶于石油醚、氯仿、乙醇等有机溶剂。植物性油脂通常存在于植物的果实和种子中，利用有机溶剂从植物果实和种子中提取粗脂肪的方法称为溶剂萃取法。果实和种子经溶剂反复浸泡萃取后，全部粗脂肪溶于溶剂中，过滤除去油料残渣，然后蒸除溶剂，即获得粗脂肪。这种方法不仅油脂的提取率较高，而且油脂的质量也较好。本实验以乙醇为溶剂，从花生仁中提取花生油。由于用溶剂浸泡花费时间长，所以实验室常使用索氏提取器来提取油脂。

油脂是由多种高级脂肪酸(如硬脂酸、软脂酸或油酸等)跟甘油生成的甘油酯。它们的结构可以表示如右图：

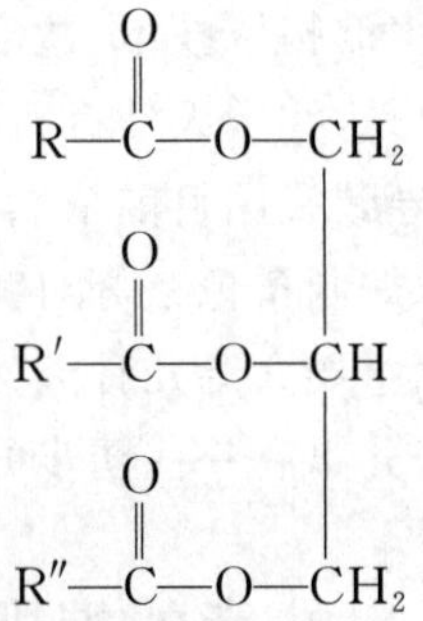

结构式里 R、R′、R″代表饱和烃基或不饱和烃基。它们可以相同，也可不相同。如果 R、R′、R″相同，这样的油脂称为单甘油酯。如果 R、R′、R″不相同，就称为混甘油酯。天然油脂大都是混甘油酯。

由于油脂是多种高级脂肪酸甘油酯的混合物，而高级脂肪酸中既有饱和的，又有不饱和的，因此，许多油脂兼有烯烃和酯类的一些化学性质，可以发生加成反应和水解反应。

油脂中含有不饱和键的脂肪酸可与卤素发生亲电加成反应，根据卤素的用量，可测知油脂的不饱和程度。

如果油脂在碱性条件下水解，生成高级脂肪酸盐。这样的水解反应，叫皂化反应。反应式如下：

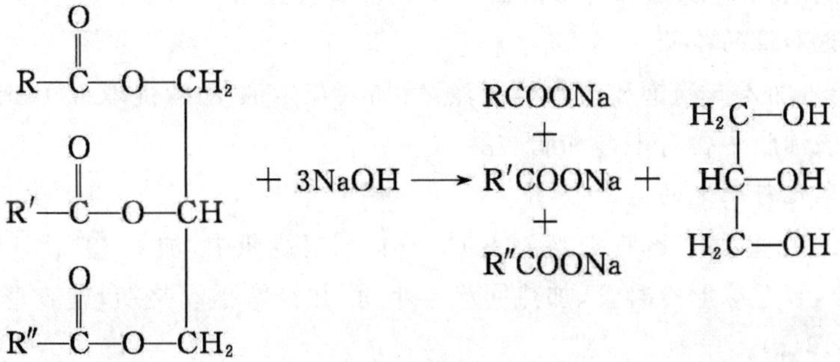

高级脂肪酸盐是肥皂的有效成分，工业上就是利用这个反应来制造肥皂。

生成的甘油可以用硫酸铜和氢氧化钠的溶液来鉴别，甘油与铜盐在碱性溶液里生成深蓝色的络合物。反应式如下：

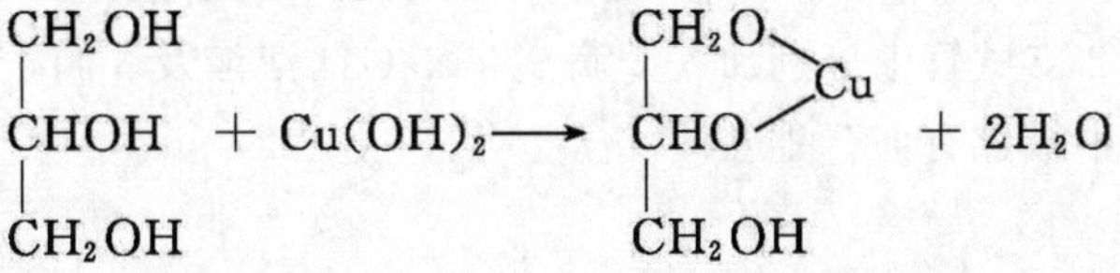

【仪器和药品】

1. 仪器

索氏提取器、玻璃漏斗、研钵、水浴锅、100 mL 圆底烧瓶、250 mL 烧杯、球形冷凝器、电热套。

2. 药品

花生、10%盐酸溶液、95%乙醇、5%硫酸铜溶液、20%氢氧化钠溶液、饱和溴水溶液、5%氢氧化钠溶液、饱和食盐水溶液、蓖麻油、滤纸。

【实验步骤】

1. 样品的准备

先将被提取的固体油料样品(花生仁)在 100～110℃的烘箱内烘烤 1 h，冷却后，去皮称取 7.5 g，放入研钵研成细小颗状，用药勺装入事先已准备好的滤纸筒内[1]，并将滤纸筒放入索氏提取器中，滤纸筒要低于虹吸管上端并且注意不要堵塞下端的虹吸口。

2. 花生油的提取

在 100 mL 圆底烧瓶加入 95%乙醇 30 mL，沸石 3～4 粒，装上放好滤纸筒的索氏提取器和配套的回流冷凝管，借助漏斗从冷凝管口加入 95%乙醇，至虹吸管高度的 2/3 处，然后加热提取,实验装置参看图 2.9。在抽提过程中,应保持恒温,使乙醇每 6～8 min 虹吸 1 次。抽提约 1 h(虹吸 6～7 次)。停止加热(本实验只提取部分油脂,若提取全部油脂大约需要 3 h)。撤去电热套,小心卸下索氏提取器,取出残渣滤纸筒。

将索氏提取器所装的花生油-乙醇提取液倒入烧瓶中,改用蒸馏装置回收乙醇溶剂。(本次实验从略)。

将上述得到的花生油-乙醇的母液留做下面各项实验用。

3. 油脂不饱和性的检验

取试管 1 支,加入 5 滴饱和溴水溶液,然后加入花生油-乙醇提取液 1 mL,摇振,溴的红棕色消失表明该油脂中含有不饱和脂肪酸。

4. 油脂的皂化与肥皂的盐析

量取 20 mL 花生油-乙醇提取液放入 100 mL 圆底烧瓶中,加入 20% NaOH 溶液 12 mL 及沸石 3～4 粒,装上球形冷凝管,加热回流半小时,并经常摇动烧瓶,检查皂化是否完全[2]。装置参看图 2.13(a)。

待皂化完全后,拆除回流装置。将皂化液倒入一个盛有 15 mL 饱和食盐水的小烧杯里,边倒边搅拌,混合液变得混浊,并有一层肥皂浮于液面。小烧杯用冷水冷却,冷却时不要搅拌,使肥皂凝固析出。

5. 甘油的鉴定

取 2 支干净试管,1 支试管加入 2 mL 盐析后的肥皂下层清液,另 1 支试管加入 2 mL 水作空白实验,然后在 2 支试管中分别加入 5 滴 5% NaOH 溶液及 3 滴 5% $CuSO_4$ 溶液,观察现象,比较两支试管中颜色有何区别?

6. 肥皂的性质

取少量上述 4 所制的肥皂置于小烧杯中,加入 10 mL 蒸馏水,搅拌使之溶解,所制肥皂水溶液供下面实验使用。

(1)脂肪酸的析出　取 1 支试管加入肥皂水溶液 3 mL,滴入过量的 10%稀盐酸,观察有什么现象发生?

(2)肥皂的乳化作用　取 1 支试管加入 4 mL 水及 2 滴蓖麻油,充分振荡,静止后有何现象?向试管加入肥皂水 2 mL,振荡,有何现象?

【注释】

[1] 滤纸筒包裹时要严密,防止样品漏出堵塞虹吸管,还要保证回流溶剂能均匀浸润被萃取物。滤纸筒既要紧贴提取器壁,又能方便取放。滤纸筒可自行制作。其方法为:取脱脂滤纸 1 张,卷成圆筒状(其直径略小于索氏提取器内径),底部折起而封闭,装入样品,上口折起封闭,防止样品漏出。

[2] 皂化作用是否完全的检验法:用滴管取出反应液数滴放在试管里,加入 5 mL 蒸馏水,加热并振荡,如果没有油滴分出,表示皂化已完全。否则反应混合物应继续加热皂化几分钟再做检验,直到皂化完全。

【思考题】

(1)索式提取器的工作原理是什么？

(2)对索式提取器中滤纸筒的基本要求是什么？

(3)为什么要将固体物质(如花生仁)研细成粉末？

(4)写出本次实验所涉及的化学反应方程式。

5.2 黄连素的提取

【实验目的】

学习从中草药提取生物碱的原理和方法；熟悉固液提取的装置及方法。

【实验原理】

黄连素(也称小檗碱)是一种重要的生物碱，是我国应用很久的中药，是中草药黄连的主要有效成分，其含量可达4%～10%。除了黄连中含有黄连素以外，黄柏、白屈菜、伏牛花、三颗针等中草药中也含有黄连素，其中以黄连和黄柏中含量最高，黄连素具有显著的抑菌作用，常用的盐酸黄连素又叫盐酸小檗碱，黄连素能对抗病原微生物，对多种细菌如痢疾杆菌、结核杆菌、肺炎球菌、伤寒杆菌及白喉杆菌等都有抑制作用，其中对痢疾杆菌作用最强，常用来治疗细菌性胃肠炎、痢疾等消化道疾病，它无抗药性和副作用。近年研究发现，黄连素还具有降血糖、抗心律失常的功效。

黄连素是黄色针状体，微溶于水和乙醇，较易溶于热水和热乙醇中，几乎不溶于乙醚。黄连素存在三种异构体，但多以季铵碱的形式存在。黄连素的盐酸盐、氢碘酸盐、硫酸盐、硝酸盐均难溶于冷水，易溶于热水，故可用水对其进行重结晶，从而达到纯化目的。

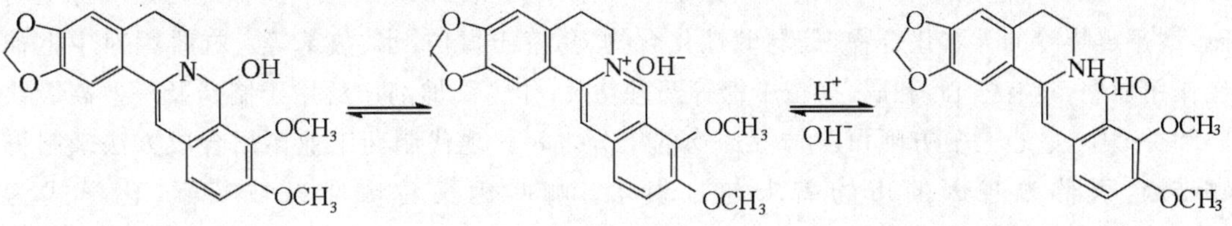

醇式　　　　季铵碱式　　　　醛式

【仪器和药品】

1.仪器

25 mL烧瓶、冷凝管、蒸馏头、量筒、布氏漏斗、抽滤瓶。

2.药品

黄连、95%乙醇、浓盐酸、1%乙酸。

【实验步骤】

(1)取2 g磨细的中药黄连，放入25 mL圆底烧瓶中，加入10 mL乙醇，装上回流冷凝管，装置参看图2.13(a)，在热水浴中加热回流30 min，冷却并静置浸泡30 min，抽滤。滤渣重复上述操作处理1次[1]。合并2次所得滤液。

(2)在水泵减压下蒸出乙醇，再加入1%醋酸溶液(6～8 mL)加热溶解，趁热抽滤除去不溶物，然后在滤液中滴加浓盐酸至溶液浑浊为止(约需2 mL)，放置冷却[2]即有黄色针状晶体析出[3]。抽滤，并用冰水洗涤两次，再用丙酮洗涤1次。烘干后称重约为0.2 g[4]。

【注释】

[1] 后一次提取可适当减少乙醇用量和缩短浸泡时间。也可用索氏提取器连续提取。

[2] 最好用冰水浴冷却。

[3] 如晶形不好，可用水重结晶1次。

[4] 得到纯净的黄连素晶体比较困难。将黄连素盐酸盐加热水至刚好溶解，煮沸，用石灰乳调节pH 8.5～9.8，冷却后滤去杂质，滤液继续冷却到室温以下，即有针状体的黄连素析出，抽滤，将结晶在50～60℃下干燥。熔点145℃。

【思考题】

(1)黄连素为何种生物碱类的化合物?

(2)为何要用石灰乳来调节pH，可否使用强碱氢氧化钾(钠)? 为什么?

5.3 茶叶中咖啡因的提取

茶叶是我国传统饮品，茶叶有解毒、利尿、止泻、消炎等功效。茶的鲜叶中含有75%～80%的水分，干叶中含量为20%～25%。近年来人们利用现代科学技术对茶叶进行了较系统的研究，已知其化学成分有上百种之多，其中主要成分为蛋白质、黄酮类、茶多酚、生物碱、氨基酸、碳水化合物、矿物质、维生素、色素、脂肪和芳香物质等。

茶叶中的生物碱类，包括咖啡因、茶碱、可可碱等。茶叶中的咖啡因含量最高，占2.5%～5.5%。泡茶时有80%的咖啡因能溶于水中，是苦味成分之一。咖啡因是一种生物碱，属于黄嘌呤的天然化合物，是弱碱性化合物，易溶于氯仿、水、热苯等。咖啡因对中枢神经作用强烈，具有强心、利尿、兴奋中枢等药理功效，作为添加剂广泛用于制药及一些高级饮料和香烟中，它也是复方阿司匹林等药物的组分之一。现代制药工业多用合成方法来制得咖啡因，天然咖啡因的市场需求与日俱增。咖啡因又称咖啡碱或茶素，化学式为$C_8H_{10}O_2N_4$，相对分子质量为194.19。含结晶水的咖啡因是无色、无臭、发亮的针状晶体，味苦，在空气中易风化，在100℃时即失去结晶水并开始升华，120℃时升华相当显著，178℃时升华很快。无水咖啡因的熔点为234.5℃。

【实验目的】

学习从茶叶中提取咖啡因的基本原理及方法；学习用索氏提取器进行固-液萃取的原理及方法；学习用升华法提纯咖啡因。

【实验原理】

咖啡因(1,3,7-三甲基-2,6-二氧嘌呤)可以看作是嘌呤的衍生物，其结构式与茶碱、可可碱类似。纯净的咖啡因是柔韧有丝光的针状结晶，升华精制得六角形棱柱状晶体。每克咖啡因可溶于46 mL水、5.5 mL热水(80℃)、66 mL乙醇、22 mL热乙醇(60℃)。极易溶于吡咯及含 4%水的四氢呋喃。本实验利用咖啡因溶于乙醇的性质，将它逐渐溶于乙醇中，但同时茶叶中其他可溶于乙醇的成分也分离出来了，因此通过溶剂的分离得到的是咖啡因的粗产品，随后用升华的方法将咖啡因提纯。

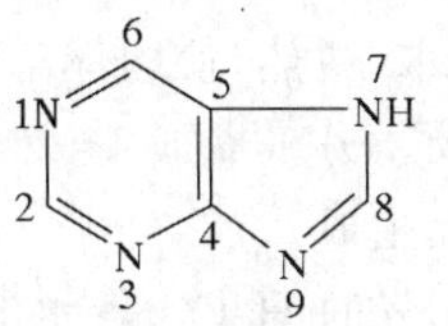
嘌呤

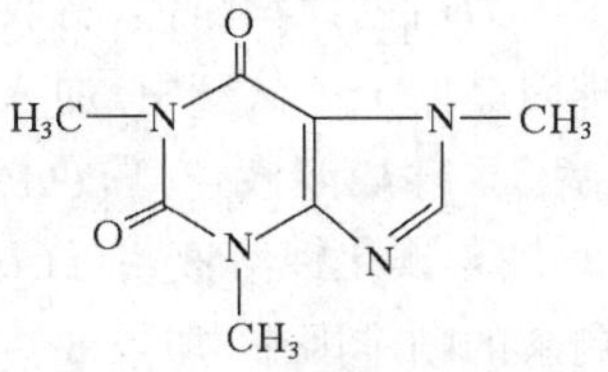
咖啡因

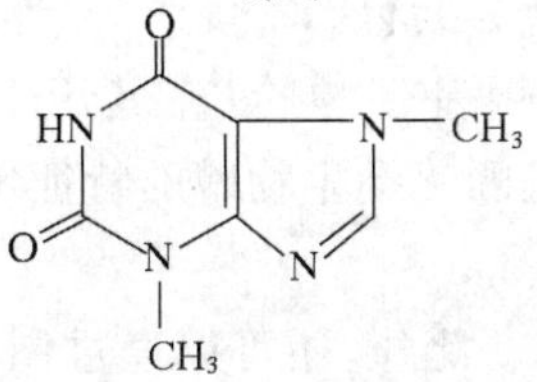
可可碱

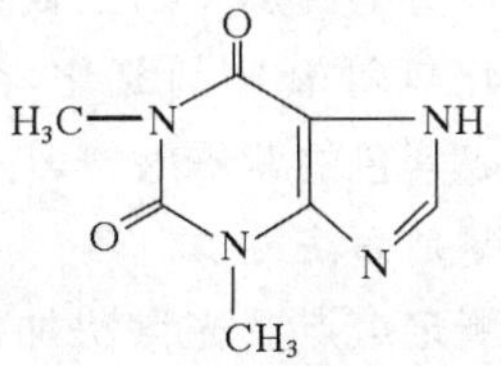
茶碱

【仪器和药品】

1. 仪器

索式提取器、可调控温加热套、蒸馏装置、脱脂棉、滤纸、量筒、玻璃棒、漏斗、熔点测定仪、分析天平。

2. 药品

茶叶、4 g 生石灰、30%双氧水、浓氨水、95%乙醇、5% 鞣酸溶液、10% 盐酸、碘-碘化钾溶液。

【实验步骤】

1. 用索氏提取器提取粗咖啡因

称取干茶叶 5 g 装入滤纸筒中，轻轻压实，放入索氏提取器中，另外在圆底烧瓶中加入 70 mL 95%乙醇，放入 3～4 粒沸石，按图 2.9 安装好索氏提取装置。电热套加热至沸腾，连续提取 1 h，此时提取液的颜色越变越深，待索氏提取器中的液体刚虹吸下去时，立即停止加热。

2. 浓缩粗咖啡因

安装好蒸馏装置，参照图 2.17，将萃取液倒入圆底烧瓶中蒸去乙醇。当圆底烧瓶中液体剩余约 10 mL 左右时，立即停止蒸馏，将残留液倒入蒸发皿中，加入 4 g 生石灰[1]，用玻璃棒充分搅拌。用电热套（100～120 V）加热除尽乙醇，然后将蒸发皿焙烧，除尽水分[2]。冷却后，擦去粘在边上的粉末，以免升华时污染产物。

3. 咖啡因提纯

在蒸发皿上盖 1 张用大头针刺有许多小孔[3]的圆形滤纸，取一个合适的玻璃漏斗罩在滤纸上，漏斗颈部疏松地塞上棉花，用电热套小心加热[4]，逐渐升温，尽可能使升华速度慢一些。咖啡因蒸气通过纸孔后，遇到漏斗内壁冷凝为固体，附着在漏斗内壁和滤纸上。当滤纸上出现大量白色晶体时，停止加热，揭开漏斗和滤纸，观看咖啡因的颜色形状，仔细用小刀将附在其上的咖啡因刮下放入干净的器皿中，将蒸发皿内的残渣加以搅拌，重新放好滤纸和漏斗，用较高的温度再升华1次，此时，温度也不宜太高，否则蒸发皿内大量冒烟，造成产品污染和损失。最后合并2次升华所收集的咖啡因。

4. 咖啡因的鉴定实验

(1)纯净的咖啡因为白色针状晶体，将收集到的咖啡因用熔点测定仪测定熔点。

(2)取少量咖啡因晶体于小试管中，加入4 mL水，微热，使固体溶解。分装于2支试管中，1支加入1～2滴5%鞣酸溶液，有白色沉淀生成。另1支加1～2滴10%盐酸(或10%硫酸)，再加入1～2滴碘-碘化钾溶液，有红褐色沉淀生成。

(3)在表面皿剩余的咖啡因中，加入8～10滴30%的H_2O_2，置水浴上加热蒸干，残渣显美丽的玫瑰红色。在残渣上滴加1滴浓氨水，颜色为紫色。

咖啡因可被过氧化氢等氧化剂氧化，生成四甲基偶嘌呤(将其用水浴蒸干，呈玫瑰红色)，后者与氨作用即成紫色的紫脲酸铵，该反应是嘌呤类生物碱的特征反应。

5. 咖啡因的其他鉴别方法

咖啡因可以通过测定熔点及光谱法加以鉴别。此外，还可以通过制备咖啡因水杨酸盐衍生物进一步确证。咖啡因作为碱，可与水杨酸作用生成水杨酸盐。反应式如下：

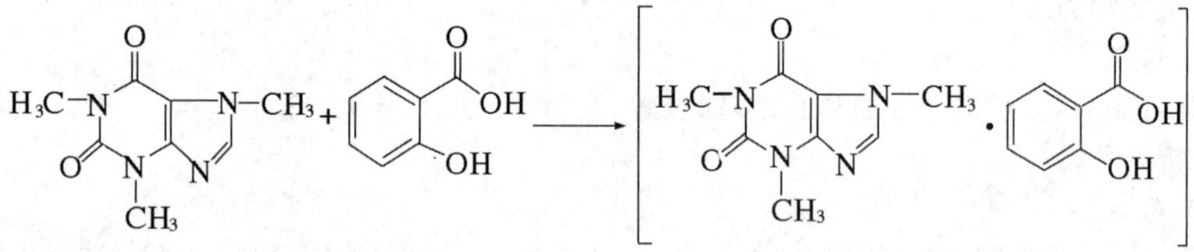

咖啡因　　水杨酸　　咖啡因水杨酸盐

咖啡因水杨酸盐衍生物的制备方法：在试管中加入50 mg咖啡因、37 mg水杨酸和4 mL甲苯，在水浴上加热摇振使其溶解，然后加入约1 mL石油醚(60～90℃)，在冰浴中冷却结晶。如无晶体析出，可以用玻璃棒或刮刀摩擦管壁。用玻璃钉漏斗过滤收集产物，测定熔点。纯盐的熔点137℃。

【注释】

[1] 提取过程中，生石灰起中和和吸水作用(除去鞣酸，使之留在废弃物里)。

[2] 升华开始时有少量水分，将产生一些烟雾，会污染器皿和产品(影响纯度，水会使咖啡碱变黄)。

[3] 蒸发皿上覆盖刺有小孔的滤纸是为了保证蒸气通过，避免已升华的咖啡因回落入蒸发皿中。漏斗颈塞棉花，是为防止咖啡因蒸气逸出，密封不好会导致产率降低。

[4] 在升华过程中必须始终严格控制加热温度，温度太高，将导致被烘物和滤纸炭化，一些有色物质也会被带出来，影响产品的质量。

【思考题】

(1)生石灰的作用是什么？

(2)咖啡因升华时为什么必须除净水分？

(3)升华装置中，为什么要在蒸发皿上覆盖刺有小孔的滤纸？漏斗颈为什么要塞棉花？为什么必须严格控制温度？

(4)咖啡因与鞣酸溶液作用生成什么沉淀?

5.4 槐花米中芦丁的提取

【实验目的】

学习黄酮苷类化合物的提取方法;掌握热过滤及重结晶等基本操作。

【实验原理】

芦丁(Rutin)又称云香苷(Rutioside)具有调节毛细血管壁的渗透性的作用,临床上用作毛细血管止血药,作为高血压症的辅助治疗药物。

芦丁存在于槐花米和荞麦叶中,槐花米是槐系豆科槐属植物的花蕾,含芦丁量高达12%~16%,荞麦叶中含8%,芦丁是黄酮类植物的一种成分,黄酮类植物成分是存在于植物界并具有以下基本结构的一类化合物:就黄色色素而言,它们的分子中都有一个酮式羰基又显黄色,所以称为黄酮。

黄酮的中草药成分几乎都带有一个以上羟基,还可能有甲氧基、烃基、烃氧基等其他取代基,3、5、7、3′、4′几个位置上有羟基或甲氧基的机会最多,6、8、1′、2′等位置上有取代基的成分比较少见。由于黄酮类化合物结构中的羟基较多,大多数情况下是一元苷,也有二元苷。芦丁是黄酮苷,其结构如下:

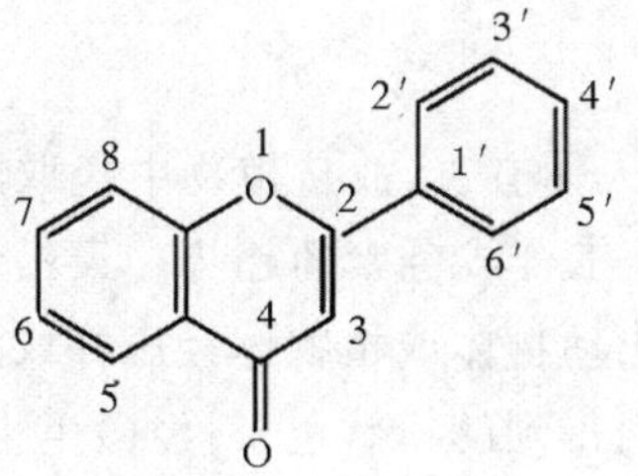

黄酮

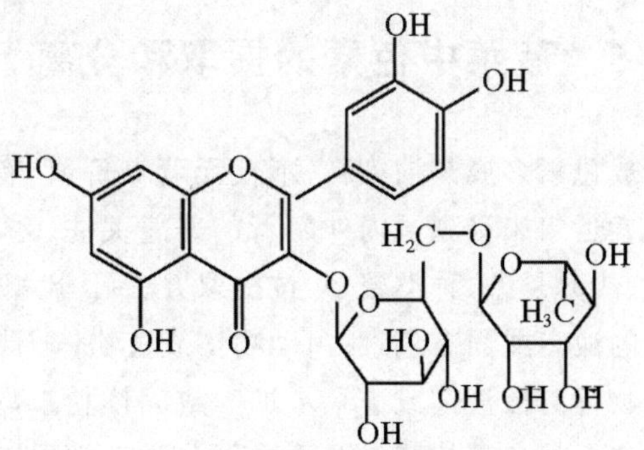

槲皮素-3-O-葡萄糖-O-鼠李糖

芦丁(槲皮素-3-O-葡萄糖-O-鼠李糖)为淡黄色小针状结晶,不溶于乙醇、氯仿、石油醚、乙酸乙酯、丙酮等溶剂、易溶于碱液中呈黄色,酸化后复析出。可溶于浓硫酸和浓盐酸呈棕黄色,加水稀释复析出。含3个结晶水熔点为174~188℃,无水物的熔点为188℃。

【仪器和药品】

1.仪器

研钵、烧杯、布氏漏斗。

2.药品

槐花米、饱和石灰水溶液、15%盐酸。

【实验步骤】

(1)称取3 g槐花米用研钵研成粉状物,置于50 mL烧杯中,加入30 mL饱和石灰水溶液[1]，在不断搅拌下加热，加热煮沸 15 min 后，抽滤。滤渣再用 20 mL 饱和石灰水溶液煮沸 10 min，抽滤。合并 2 次滤液。

(2)滤液用 15% 盐酸中和(约需 2 mL)，调节 pH 为 3～4[2]。放置 1～2 h，使沉淀完全，抽滤，沉淀用水洗涤 2～3 次，得到芦丁的粗产物。

(3) 将制得的粗芦丁置于 50 mL 的烧杯中，加入 30 mL 水，加热煮沸，不断搅拌并慢慢加入约 10 mL 饱和石灰水溶液，调节溶液的 pH 为 8～9，待沉淀溶解后，趁热过滤。滤液置于 50 mL 的烧杯中，用 15%盐酸调节溶液的 pH 为 4～5，静置 30 min，芦丁以浅黄色结晶析出，抽滤，产品用水洗涤 1～2 次，烘干后重约 0.3 g，熔点 174～176℃(文献值为 174～178℃)。

【注释】

[1] 加入饱和石灰水溶液既可以达到碱溶解提取芦丁的目的，又可以除去槐花米中大量多糖黏液质。也可直接加入 30 mL 水和 1 g $Ca(OH)_2$ 粉末，而不必配成饱和溶液，第二次溶解时只需加 20 mL 水。

[2] pH 过低会使芦丁形成盐而增加了水溶性，降低收率。

【思考题】

(1)为什么要使用饱和的石灰水溶液?

(2)溶液的 pH 为什么要控制在 3～4 之间?

5.5 菠菜中色素的提取和分离

合成色素多属焦油染料，不仅无营养价值，有的还对人体有害，故从植物中提取的食用天然色素近年来受到国内外学者的普遍关注，并有取代人工合成色素的趋势。天然色素来源广泛、成分复杂、种类繁多，按提取方法可分为四大类：由动物体或植物体经压榨或溶剂提取而成的液态或固态色素；由动物体或植物体干燥、磨碎而得到的粉状色素；经微生物发酵、代谢产物分离成液体或进一步加工成固体粉末的色素；以天然产物为原料经酶作用而制得的色素。天然色素按其来源不同可分为三类：植物色素，如叶绿素、胡萝卜素、花青素等；动物色素，如血红素、胭脂虫红等；微生物色素，如红曲色素、核黄素等。

大多情况下，天然色素按其化学结构进行分类，如表 5.1 所示。

表 5.1 天然色素分类

系别	类别	色素举例
多烯色素	胡萝卜素类	β-胡萝卜素
多酚色素	叶黄素类	辣椒红素、藏红花素
	花青苷类	玉米红、萝卜红
	黄酮类	高粱红、可可色素
	鞣质类	鞣质、儿茶素
	查尔酮类	红花红、红花黄

续表 5.1

系别	类别	色素举例
醌酮色素	酮类 蒽醌类 萘醌类	姜黄素、红曲色素 虫胶色素 紫草根色素
吡咯色素	卟啉类	叶绿素、血红素
其他色素	含氮花青素 混合物	甜菜红、核黄素 焦糖

本实验介绍的是从菠菜中提取色素，菠菜叶中含有叶绿素、胡萝卜素和叶黄素等多种天然色素。叶绿素是植物进行光合作用所必需的催化剂，也是可食用的绿色色素，可用于糕点、饮料水等中，添加于胶姆糖中还可消除口臭。胡萝卜素的三种异构体中 β-异构体具有维生素 A 的生理活性，可代替维生素 A 使用，也可作为食品工业中的色素使用，最新研究报道显示 β-胡萝卜素还有防癌功能。叶黄素是胡萝卜素的羟基衍生物，在光合作用中具有收集光能的作用。

【实验目的】

通过绿色植物色素的提取和分离，了解天然物质分离提纯的方法；通过柱色谱和薄层色谱分离操作，加深了解微量有机物色谱分离鉴定的原理。

【实验原理】

绿色植物如菠菜叶中含有叶绿素（绿）、胡萝卜素（橙）和叶黄素（黄）等多种天然色素。叶绿素存在两种结构相似的形式即叶绿素 a（$C_{55}H_{72}O_5N_4Mg$）和叶绿素 b（$C_{55}H_{70}O_6N_4Mg$），其差别仅是叶绿素 a 中一个甲基换成甲酰基即是叶绿素 b，其结构式如下：

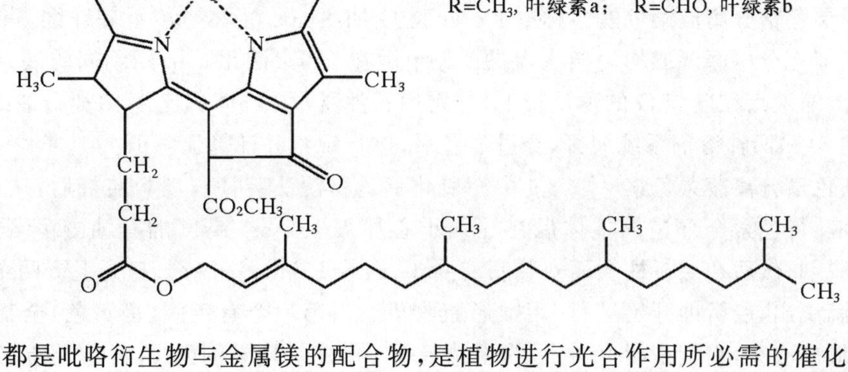

它们都是吡咯衍生物与金属镁的配合物，是植物进行光合作用所必需的催化剂。植物中叶绿素 a 的含量通常是叶绿素 b 的 3 倍。尽管叶绿素分子中含有一些极性基团，但大的烃基结构使它易溶于醚、石油醚等一些非极性的溶剂。

胡萝卜素($C_{40}H_{56}$)是具有长链结构的共轭多烯。它有三种异构体,即 α-胡萝卜素、β-胡萝卜素和 γ-胡萝卜素,其中 β-胡萝卜素含量最多,也最重要。在生物体内,β-胡萝卜素受酶催化氧化形成维生素 A。目前 β-胡萝卜素已可进行工业生产,可作为维生素 A 使用,也可作为食品工业中的色素。叶黄素($C_{40}H_{56}O_2$)是胡萝卜素的羟基衍生物,它在绿叶中的含量通常是胡萝卜素的两倍。与胡萝卜素相比,叶黄素较易溶于醇而在石油醚中溶解度较小。

【仪器和药品】

1. 仪器

布氏漏斗、研钵、分液漏斗、载玻片、毛细管、层析柱、滴液漏斗、UV-1100 紫外分光光度计。

2. 药品

石油醚(60～90℃)、甲醇、乙醇(95%)、菠菜叶、丙酮、苯、乙酸乙酯、饱和 NaCl 溶液、无水硫酸钠、硅胶 G、中性氧化铝(150～160 目),0.25%羧甲基纤维素钠(CMC)水溶液。

【实验步骤】

1. 提取与分离

(1)抽滤法提取菠菜色素　取 15 g 洗净且用滤纸吸干水的新鲜菠菜叶,用剪刀剪碎并与 20 mL 甲醇拌匀,在研钵中研磨约 5 min,然后用布氏漏斗轻微抽滤,弃去滤液。将菠菜汁放回研钵,适当研磨,用 15 mL 石油醚-甲醇混合液(体积比为 3∶2)萃取,轻微抽滤,重复提取三次,将每次的提取液用滴管转移到分液漏斗,然后用 10 mL 水洗涤两次,以除去萃取液中的甲醇(洗涤时轻轻振荡,以防止乳化),弃去水-甲醇层。将石油醚层转移至干燥的锥形瓶中,用无水硫酸钠干燥后倒入圆底烧瓶,在水浴上蒸馏,蒸去大部分石油醚至体积约为 1 mL 左右。

(2)浸泡法提取菠菜色素　在研钵中放入 10 g 新鲜的菠菜叶,加入 15 mL 石油醚-乙醇(体积比 3∶2)混合液,适当研磨(不要研成糊状,否则会给分离造成困难),将提取液用滴管转移到分液漏斗中。反复提取 3 次,合并提取液。向提取液中加入 10 mL 饱和 NaCl 溶液(防止乳化)除去水溶性物质,弃去水层,再用蒸馏水洗涤两次。将石油醚层转移至干燥的锥形瓶中,用无水硫酸钠干燥后倒入圆底烧瓶,在水浴上蒸去大部分石油醚至体积约为 1 mL 左右。

(3)薄层色谱分离菠菜色素　称取 3 g 硅胶 G 加 8 mL 0.25%羧甲基纤维素钠(CMC)水溶液,立即充分研磨调成均匀糊状,制板,晾干后在 110℃活化 1 h,用不同的展开剂展开。将上述的浓缩液点在硅胶 G 的薄层板上,分别用石油醚-丙酮(体积比 8∶2)和石油醚-乙酸乙酯(体积比 6∶4)两种溶剂系统展开,经过显色后,进行观察并计算比移值。

(4)柱色谱分离菠菜色素　取 3 g 中性氧化铝进行湿法装柱。填料装好后,从柱顶加入上述浓缩液,待色素全部进入柱体后在柱顶小心加入 1.5 cm 高度的石油醚-丙酮(体积比 9∶1)作洗脱剂,然后在层析柱上面安装滴液漏斗,内装 15 mL 洗脱剂,打开上下两个活塞,让洗脱剂逐滴滴出,层析即开始进行,用锥形瓶收集。当第一个有色圈(橙黄色)全部滴出时,取另一锥形瓶收集,它就是胡萝卜素,约用洗脱剂 40 mL。用石油醚-丙酮(体积比 7∶3)作洗脱剂,绿色圈下端呈黄色,再加 20 mL 洗脱剂洗脱,颜色分层更明显,但速度很慢,总共用去洗脱剂约100 mL。分出第二个黄色带，它是叶黄素[1]。再用正丁醇-乙醇-水(体积比3:1:1)作洗脱剂，速度很快，用洗脱剂约60 mL，它就是叶绿素(蓝绿色溶液)。

2. 紫外可见吸收光谱的测定

(1)胡萝卜素的紫外可见吸收光谱的测定　用石油醚稀释所得的橙黄色试样，加到1 cm的比色皿中，以石油醚作空白试剂，用UV-1100紫外可见分光光度计测定λ_{max}。

(2)叶绿素的紫外可见吸收光谱的测定　用石油醚稀释所得的绿色试样，加到1 cm的比色皿中，以石油醚作空白试剂，用UV-1100紫外可见分光光度计测定λ_{max}。

【注释】

[1] 叶黄素易溶于醇而在石油醚中溶解度较小，从嫩绿菠菜中得到的提取液里，叶黄素含量很少，柱色谱中不易分出黄色带。

【思考题】

(1) 为什么在洗脱叶绿素、叶黄素和胡萝卜素三种色素时使用洗脱剂石油醚-丙酮比例不同?

(2) 试比较叶绿素、叶黄素和胡萝卜素三种色素的极性，为什么胡萝卜素在层析柱中移动最快?

5.6 牛奶中酪蛋白、乳糖和脂肪的分离

牛奶中主要含有蛋白质、脂肪、糖类、矿物质和维生素。其中牛奶中约含3.5%的蛋白质，而且以酪蛋白为主，其次为乳白蛋白和乳球蛋白。牛奶中碳水化合物主要是乳糖，其含量为4.6%～4.7%，乳糖有调节胃酸，促进胃肠蠕动和消化腺分泌，助长肠道中某些乳酸菌繁殖，抑制腐败菌生长的作用。牛奶中维生素的含量与牛的饲料有关，夏天奶牛吃青草多，牛奶维生素A含量较高。夏季日照长，维生素D的含量也较高。牛奶中含有无机盐0.7%～5%，而且特别富含钙、磷、钾。牛奶中铁很少，只有0.2 mg/100 g，此外，牛奶中还含有铜、锌、锰、碘、钼等微量元素。

【实验目的】

了解牛奶中主要物质的化学成分；学习从牛奶中分离和鉴别蛋白质、乳糖和脂肪三种物质的方法。

【实验原理】

牛奶中含有蛋白质、乳糖和脂肪等物质，根据这些物质的性质，可以使用几种不同的溶剂体系将它们分离出来。牛奶中的蛋白质与稀醋酸作用凝结成固体，这种固体便是奶酪(酪蛋白)。分离奶酪后留下的溶液含有较多的乳糖，再用乙醇处理，乳糖便成结晶析出。由于牛奶中的脂肪常有碍于酪蛋白和乳糖的分离。因此，为了获得较纯的酪蛋白和乳糖，常选用脱脂牛奶为原料，或者使用石油醚、二氯甲烷等有机溶剂单独将牛奶中的全部脂肪萃取提出，然后再进行酪蛋白与乳糖的分离。

酪蛋白是蛋白质的一种，它具有蛋白质的所有性质。如它是两性物质，具有等电点和胶体的性质等，可用鉴别蛋白质的方法加以鉴别。

乳糖是哺乳动物乳汁中特有的一种双糖，乳糖由一分子葡萄糖和一分子半乳糖所构成，

是还原性糖。纯净的乳糖为白色的结晶性颗粒或粉末，无臭，味微甜，在水中易溶，在乙醇、氯仿或乙醚中不溶。

【仪器和药品】

1. 仪器

250 mL 烧杯、安全瓶、水浴、150 mL 烧杯、水泵、250 mL 抽滤瓶、表面皿、布氏漏斗、台秤。

2. 药品

全脂奶粉、95%乙醇、脱脂牛奶、α-萘酚-乙醇溶液、醋酸溶液（醋酸与水的体积比为1∶9）、10%氢氧化钠溶液、0.1%盐酸溶液、碳酸钙（粉末）、茚三酮、1%硫酸铜溶液、浓硫酸、苯肼、二氯甲烷、pH 试纸。

【实验步骤】

1. 从牛奶中提取奶酪

在 250 mL 烧杯中，放入 100 mL 脱脂牛奶，在水浴上加热到 40℃时，边搅拌边滴加醋酸溶液，直到酪蛋白不再析出（约 4 mL 醋酸溶液）[1]。然后将清液小心倒入事先准备好的 150 mL 烧杯中（不要将奶酪倒出）。将析出的酪蛋白固体减压抽滤，移至表面皿上，干燥后称重。

2. 从牛奶中分离乳糖

向上述清液中加入 2.5 g 碳酸钙[2]，加热微沸 10 min，使乳白蛋白和乳球蛋白沉淀完全，减压过滤（除去乳白蛋白、乳球蛋白和碳酸钙），保留滤液。在滤液中加入 1～2 粒沸石，加热浓缩至 3～5 mL，加入 10 mL 95%乙醇（注意离开火焰）和少量活性炭，搅拌均匀后在水浴上加热至沸腾，趁热过滤，滤液必须澄清。放置一段时间，乳糖结晶析出，抽滤，用 95%乙醇洗涤产品。

3. 乳脂的分离

在 150 mL 烧杯中加入 10 g 奶粉及 50 mL 二氯甲烷[3]，搅拌均匀，在通风橱内水浴加热煮沸 1～2 min。用重力过滤将奶粉从二氯甲烷中除去，滤液滤入预先干燥的烧杯中。在通风橱中继续在水浴上蒸去二氯甲烷，即得到无色的胶状物脂肪。

4. 奶酪和乳糖的鉴定

(1)取一小块奶酪于试管中，加蒸馏水 2 mL，再加 10%氢氧化钠 1 mL，摇振，加入 5 滴 1%硫酸铜溶液，摇匀，有缩二脲反应，会有紫红色出现，证明奶酪是蛋白质。

(2)取一小块奶酪于试管中，加入蒸馏水 2 mL，再加入 0.1%盐酸溶液调节 pH=5，再加入茚三酮，加热试管，溶液颜色变为蓝紫色。

(3)取试管 1 支，加入粗制乳糖晶体（或混浊液）少许，加入水 1 mL，摇荡使其溶解。然后加入 α-萘酚-乙醇溶液 5 滴，摇匀。将试管倾斜 45°，沿试管壁小心加入 1 mL 浓硫酸，不要摇动，会有紫色环出现。

(4)取自制乳糖溶于少量水中，浓度约为 5%，在试管中加入 1 mL 乳糖溶液，1mL 苯肼试剂[4]，摇匀，试管口用棉花塞住，在沸水浴中加热，并不时摇振，加热 10～15 min 后，取出放置冷却，乳糖脎成结晶析出。取少量乳糖脎在显微镜下观察其结晶形态，可证实为乳糖。

【注释】

[1] 应避免加酸过多,因为酸可能使某些乳糖水解成葡萄糖和半乳糖。

[2] 加入 $CaCO_3$ 的目的一方面是中和溶液的酸性,防止加热时乳糖水解,另一方面又能使乳白蛋白和乳球蛋白沉淀。

[3] 在二氯甲烷提取液中加入几粒沸石或一根一端封口的毛细管以防止沸腾时发生暴沸。

[4] 苯肼试剂有毒,小心使用,勿触及皮肤,如触及皮肤先用稀醋酸清洗,再用水冲洗。

【思考题】

(1)在实验中,为什么加入醋酸?

(2)了解乳糖的性质,除了实验中给出的乳糖鉴别方法,还可用什么方法进行鉴别?

Chapter 6 第 6 章

设计性实验

实验教学的目的不仅是验证基本知识，培养学生掌握一定的实验基本方法，更重要的是培养学生观察、判断、抽象思维能力以及总结表达、运用知识解决实际问题的能力和创新能力，培养学生科学的研究方法及实事求是、一丝不苟的科学态度。

而设计性实验是实现这一目标的有效方法和途径。在设计性实验中，学生根据所给出的实验题目和要求，自拟实验方案，查阅有关文献和参考资料，提出设计思路和实验步骤，使学生处于教学的中心地位和主体地位，有利于调动学生学习的积极性、激发学生的兴趣、培养学生分析问题和解决问题能力，激发学生潜意识中的创造性。

6.1 乙酰二茂铁的制备

6.1.1 设计提示

二茂铁是一种具有芳香性的金属有机化合物。常温下为橙黄色粉末，有樟脑气味。熔点 172～174℃，沸点 249℃，100℃以上能升华；不溶于水，易溶于苯、乙醚、汽油、柴油等有机溶剂。与酸、碱、紫外线不发生作用，化学性质稳定，400℃以内不分解。其分子呈现极性，具有高度热稳定性、化学稳定性和耐辐射性，其在工业、农业、医药、航天、节能、环保等行业具有广泛的应用。二茂铁具有类似于苯的一些芳香性，但比苯更容易发生亲电取代反应，例如 Fridel-Crafts 反应。酰化时由于催化剂和反应条件不同，可得到乙酰二茂铁或 1,1′-二乙酰二茂铁。与苯的衍生物的反应相似，由于乙酰基的致钝作用，使两个乙酰基并不在同一个环上。

制备实验一般分为三个步骤：

(1)粗产品的制备　此步骤主要涉及制备的主反应，包括选用何种原料和试剂、反应条件(如温度、时间、原料和试剂的用量等)和反应装置。

(2)粗产品的精制　此步骤主要涉及对粗产品的分离和提纯，一般可根据产品的物态选用合适的分离提纯的方法。如果产品是液体，则可采用蒸馏、分馏和萃取等方法进行分离提纯。如果产品是固体则可采用过滤和重结晶的方法进行分离提纯。

(3)产品的验证　得到纯产品后，可通过测定物理常数(如沸点、熔点、折射率、比旋光度等)、化学分析法和光谱分析进行验证。

6.1.2 设计要求

(1)设计实验方案　包括实验目的、实验原理、实验用品、操作步骤、实验装置图、结果讨论和参考文献。

(2)实验操作　实验方案要提前3周交给指导教师审阅允许后方可进行实验。在实验操作过程中,要严格按实验方案步骤进行操作,认真观察实验现象并做好记录。

(3)完成实验报告　实验结束后,在3日内写出实验报告。将实验方案和实验报告一并交给指导教师。

6.1.3 注意事项

(1)注意做好防火、防爆、防中毒等安全事项。

(2)严格遵守实验室规章制度。

下面举例说明怎样做设计方案。

乙酰二茂铁的制备

【实验目的】

学习乙酰二茂铁的制备方法;学习用色谱分离法从反应混合物中分离提纯化合物的操作方法。

【实验原理】

二茂铁是一种夹心过渡金属有机化合物,其茂环具有芳香性能进行亲电取代反应,可以制得二茂铁的多种衍生物,二茂铁的乙酰化形成乙酰二茂铁,根据反应条件,可以生成单乙酰二茂铁[$C_5H_5Fe(C_5H_4COCH_3)$]或双乙酰二茂铁[$Fe(C_5H_4COCH_3)_2$]。二茂铁的单取代乙酰化反应如下:

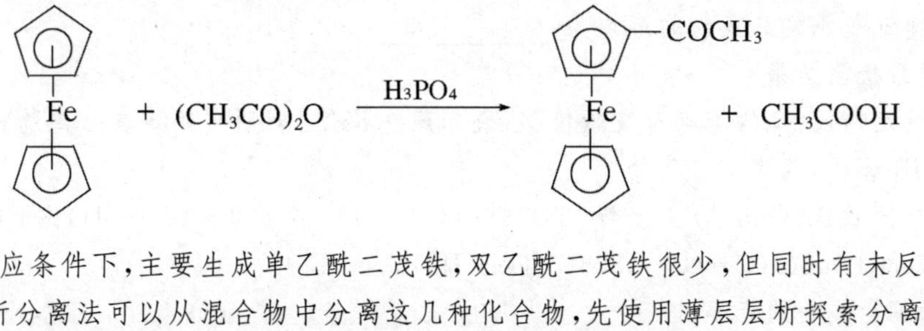

在此反应条件下,主要生成单乙酰二茂铁,双乙酰二茂铁很少,但同时有未反应的二茂铁,利用层析分离法可以从混合物中分离这几种化合物,先使用薄层层析探索分离这些化合物的层析条件,然后利用这些条件在柱层析中分离而得到纯的化合物。

【仪器和药品】

1. 仪器

100 mL圆底烧瓶、150 mL广口瓶、氯化钙干燥管、毛细管、烧杯、载玻片、色谱柱、脱脂棉、10 mL量筒。

2. 药品

1 g(0.005 4 mol)二茂铁、10 mL 乙酸酐、磷酸、碳酸氢钠、石油醚(60～90℃)、甲苯、乙醚、乙酸乙酯、二氯甲烷、苯、硅胶 100～200 目、硅胶 300～400 目。

【实验步骤】

1. 乙酰二茂铁的制备

在 100 mL 圆底烧瓶中，加入 1 g(0.005 4 mol)二茂铁和 10 mL 新蒸乙酸酐，在摇荡下用滴管慢慢加入 2 mL 85%磷酸。加完后，用装有氯化钙干燥管的塞子塞住瓶口，在沸水中加热 20 min，并间歇摇动。然后将反应混合物倾入盛有 40 g 碎冰的 400 mL 的烧杯中，并用 10 mL 冷水刷洗烧瓶，将刷洗液并入烧杯。在搅拌下，分批加入固体碳酸氢钠，直到溶液呈中性为止，需 20～25 g 碳酸氢钠。将中和后的反应混合物置于冰浴中冷却 15 min，抽滤收集析出的橙黄色固体，每次用 50 mL 冰水洗涤 2 次，压干后在空气中晾干。用石油醚(60～90℃)重结晶。

2. 分离提纯

(1)取少许干燥后的粗产物和二茂铁分别溶于 CH_2Cl_2 中，用细的毛细管分别吸取上述两种溶液，在涂好的载玻片(100 mL CH_2Cl_2 含 4 g 硅胶)上点样，分别用石油醚、甲苯、乙醚、乙酸乙酯、二氯甲烷做溶剂展开，计算比移值，从中选出柱层析分离时的最佳洗脱剂。

(2)参考文献装柱，在吸附柱中加入 3～5 mL 约 0.4 g 粗产物的二氯甲烷溶液，在加入时不要搅动硅胶，打开吸附柱活塞使柱内液体大约以每秒 1 滴的速度滴下，使硅胶充分吸附样品，当液面与硅胶相平时，再加入由薄层色谱中确定的洗脱剂，将粗产品中各个物质洗脱分离。

3. 检测

将得到的分离物，分别测定其熔点和 IR 谱图，以证实乙酰二茂铁。

【结果与讨论】

(1)载玻片上混合物的斑点数。

(2)R_f 值的计算

由 R_f 值可知，合适的洗脱二茂铁的溶剂为：____________。

能快速洗脱乙酰二茂铁的溶剂为：____________。

(3)样品检测结果

熔点测定，由测定的熔点与文献值(乙酰二茂铁 85℃)对照可确定其分离物。

分析 IR 谱图，确定其分离物。

乙酰二茂铁 IR(cm^{-1})主要峰：3 093(ν(C—H))，2 922(ν(C—H))，1 658(ν(C═O))，1 457 和 1 102(ν(C═C))，825(δ(C—H))。

(4)计算生成物的产率。

【参考文献】

[1]李明，刘永军，王书文等. 有机化学实验. 北京：科学出版社，2010:191-194.

[2]孙景琦. 有机化学实验. 北京：中国农业出版社，2010:50-54.

[3]李保国，孙海波. 乙酰基二茂铁的合成. 化学试剂，2001,23(5):292-293.

6.2 醇、酚、醛、酮、羧酸未知物的鉴定

6.2.1 设计提示

(1)实验前准备　复习关于醇、酚、醛、酮和羧酸的主要化学性质和鉴定方法，根据实验室提供的测试样品和试剂，拟定出未知样品的鉴定方案。

(2)实验给定的试剂　2,4-二硝基苯肼、饱和溴水、5%的硝酸银、10%氢氧化钠、1%三氯化铁、斐林试剂A、菲林试剂B、5%硫酸铜、5%重铬酸钾、浓氨水、浓硫酸、5%碳酸氢钠、酚酞、蓝色石蕊试纸、碘液。

(3)实验提供的未知样品　1-丁醇、乙酸、丙酮、异丙醇、甘油、乙醛、苯甲醛、苯酚(将盛有上述未知样品的试剂瓶编上号码)。

6.2.2 设计要求

(1)设计实验方案　包括目的要求、实验原理、实验用品、操作步骤、注意事项、预期结果及有关化学方程式。

(2)实验操作　实验方案要提前1周交给指导教师审阅允许后，学生独立完成实验。在实验操作过程中，应认真观察和记录实验现象，正确进行分析验证。

(3)完成实验报告　实验结束后，写出实验报告，将实验方案和实验报告一并交给指导教师。

6.3 苯甲酸的制备

6.3.1 设计提示

制备羧酸的方法很多，其中常用的是氧化法。醇和醛可被氧化剂氧化为相应的羧酸。本实验以苯甲醛为原料，选用合适的氧化剂将苯甲醛氧化为苯甲酸。制备实验按以下三个步骤进行：①粗产品的制备；②粗产品的精制；③产品的验证。

6.3.2 设计要求

(1)设计实验方案　包括目的要求、实验原理、实验用品、操作步骤、实验装置图、结果讨论和参考文献。

(2)实验操作　实验方案要提前3周交给指导教师审阅允许后方可进行实验。在实验操作过程中，要严格按实验方案步骤进行操作，认真观察实验现象并做好记录。

(3)完成实验报告　实验结束后，应先将实验记录交给指导教师审阅，然后在3日内写出实验报告。将实验方案和实验报告一并交给指导教师。

6.3.3 注意事项

(1)注意做好防火、防爆、防中毒等安全事项。

(2)严格遵守实验室规章制度。

(3)3 人 1 组完成实验。

6.4 信筒子醌的提取与精制

信筒子醌(embelin)是中草药的有效成分之一,主要存在于白花酸藤果的果实中,具有驱除肠内寄生虫的作用。信筒子醌为橙红色的板状结晶,熔点 142～143℃,属于带有高级烃基侧链的对苯醌衍生物。其结构式如右图。

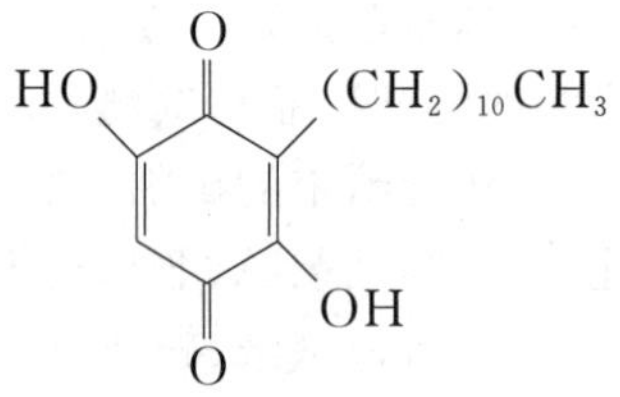

6.4.1 设计提示

(1)信筒子醌的提取　采用溶剂提取法从白花酸藤果的果实中提取信筒子醌。此步骤涉及溶剂的选择,原料的用量和粉碎度、提取方法、提取时间和设备条件等。提取结束后,将提取液浓缩即有结晶析出,分离后得粗产品。

(2)粗产品的精制　选用合适的溶剂对粗产品进行重结晶和脱色精制。

(3)产品的验证　通过测定熔点、化学分析和光谱分析法进行验证。

6.4.2 设计要求

(1)设计实验方案　根据实验室设备的条件,通过查阅文献设计出实验方案。包括目的要求、实验原理、实验用品、操作步骤、结果讨论和参考文献。

(2)实验操作　实验方案要提前 3 周交给指导教师,审查允许后方可进行实验。在实验操作过程中,要严格按实验方案步骤进行操作,认真观察实验现象并做好记录。

6.4.3 注意事项

(1)注意做好防火、防爆、防中毒等安全事项。

(2)严格遵守实验室规章制度。

(3)3 人 1 组完成实验。

附　录

Appendix

附录 1　有机化学实验常用名词术语英汉对照表

中文	英文	中文	英文
沸点	boiling point	熔点	melting point
大气压	atmosphere	蒸气压	vapor pressure
有机化合物	organic compound	固体	solid
水溶液	aqueous solution	液体	liquid
结晶	crystallization	溶液	solution
折射率	refractive index	蒸馏	distillation
重结晶	recrystallization	分馏	fractional-distillation
显色反应	color-reaction	过滤	filtration
试剂	reagent	萃取(提取)	extraction
溶解度	solubility	升华	sublimation
溶剂	solvent	温度	temperature
比旋光度	specific rotatory power	鉴定	detection
旋光异构	optical isomer	浓度	concentration
有机合成	organic synthesis	有机分析	organic analysis
定性分析	qualitative analysis	光谱分析	spectrum analysis
沉淀	precipitate	压力	pressure

附录 2　常见元素的相对原子质量

元素名称	相对原子质量	元素名称	相对原子质量
银　Ag	107.868	碘　I	126.904 5
铝　Al	26.981 54	钾　K	39.098
溴　Br	79.904	镁　Mg	24.305
碳　C	12.011	锰　Mn	54.938 0
钙　Ca	40.08	氮　N	14.006 7
氯　Cl	35.453	钠　Na	22.989 8
铬　Cr	51.996	氧　O	15.999 4
铜　Cu	63.546	磷　P	30.973 76
氟　F	18.998 40	铅　Pb	207.2
铁　Fe	55.847	硫　S	32.06
氢　H	1.007 9	锡　Sn	118.69
汞　Hg	200.59	锌　Zn	65.38

附表 3　常用有机溶剂的沸点(bp)及相对密度(d_4^{20})

名称	bp/℃	d_4^{20}	名称	bp/℃	d_4^{20}
甲醇	64.9	0.791 4	苯	80.1	0.878 6
乙醇	78.5	0.789 3	甲苯	110.6	0.866 9
乙醚	34.5	0.713 7	环己烷	80.7	0.778 6
丙酮	56.2	0.789 9	氯仿	61.7	1.483 2
乙酸	117.9	1.049 2	四氯化碳	76.5	1.594 0
乙酐	139.5	1.082 0	二硫化碳	46.2	1.263 2
乙酸乙酯	77.0	0.900 3	正丁醇	117.2	0.809 8
二氧六环	101.7	1.033 7	硝基苯	210.8	1.203 7

附录 4　常用试剂的配制

1. NaI-丙酮试剂

于 100 mL 丙酮中溶解 15 g NaI，溶液开始时无色，后变成淡柠檬黄色。将溶液储于黑色瓶中。如有明显的红棕色出现，则不可再用。

2. 1% $FeCl_3$ 氯仿溶液

于 100 mL 氯仿中加入 1 g 无水 $FeCl_3$ 黑色晶体，间歇性摇动 1 h，静置使不溶性物质沉降。倾出淡黄色清液密闭保存。

3. 菲林试剂(Fehling 试剂)

(1)Fehling A 在 100 mL 水中溶解 8.65 g 水合硫酸铜并将溶液稀释至 125 mL。

(2)Fehling B 在 50 mL 水中溶解 43.2 g 酒石酸钾钠和 17.5 g 氢氧化钠，并将溶液稀释至 125 mL。

4. Benedict 试剂

于 80 mL 水中加入 17.3 g 柠檬酸钠、10 g 无水碳酸钠，加热至溶解，补加水至 85 mL。另于 10 mL 水中溶解 17.3 g 水合硫酸铜，摇动下将其缓慢加至柠檬酸钠和碳酸钠溶液中。加水使溶液体积定容为 100 mL。

5. Tollens 试剂

试管经 10%NaOH 溶液清洗后，加入 2 mL 5% $AgNO_3$ 溶液和 1 滴 10% NaOH 溶液，摇振下逐滴加入 2%氨水，至氧化银沉淀刚好全部消失。氨水不可过量，否则试剂灵敏度降低。该试剂必须现用现配，不可存放，因为试剂在存放过程中会分解并生成具有爆炸性的沉淀。

6. 2,4-二硝基苯肼试剂

将 3 g 2,4-二硝基苯肼溶于 15 mL 浓硫酸，搅拌下，将此溶液倒入 20 mL 水和 70 mL 95%乙醇的混合液中，充分混合并过滤。

7. 西夫试剂(Schiff 试剂)

于 50 mL 蒸馏水中溶解 0.05 g 碱性品红，加入 2 mL Na_2SO_4 饱和溶液，静置 1 h。加入

1 mL 浓盐酸，静置过夜。该试剂几乎无色。

8. 碘-碘化钾溶液

于 80 mL 水中加入 20.0 g 碘化钾和 10.0 g 碘，搅拌至反应完全。I_3^- 使溶液呈深褐色。

9. Lucas 试剂

将 13.6 g (0.1 mol)无水 $ZnCl_2$ 溶于 10.5 g 浓盐酸，冷却。

10. Jones 试剂(铬酸试剂)

将 25 g 铬酐加入 25 mL 浓硫酸中，得悬浮液，搅拌下将此悬浮液缓慢地加入 75 mL 水中，冷至室温即可使用。

11. 硝酸铈铵试剂

室温(20～25℃)下，向 40 mL 蒸馏水中加入 1.3 mL 浓硫酸，然后将 10.96 g 黄色的硝酸铈铵溶于此稀硝酸溶液，待固体溶解后，稀释至 50 mL。此试剂须在 1 个月内使用。

12. 2%硝酸银-乙醇溶液

称取 2 g 硝酸银置于 250 mL 锥形瓶中，加入 100 mL 无水乙醇，使之溶解。

13. 盐酸羟胺-乙醇溶液

称取 18 g 羟胺盐酸盐于 500 mL 95%乙醇中，加热溶解。

14. Molisch 试剂

称取 α-萘酚 10 g 溶于 95%乙醇内，再用 95%乙醇稀释至 100 mL。此试剂使用前配制。

15. β-萘酚溶液

称取 0.4 g β-萘酚溶于 4 mL5%的氢氧化钠溶液中。

16. Millon 试剂

将 2 g 汞溶于 3 mL 浓硝酸中，然后用水稀释到 100 mL。

附录 5　常用有机溶剂的纯化

有机化学实验离不开溶剂，溶剂不仅作为反应介质使用，而且在产物的纯化和后处理中也经常使用。市售的有机溶剂有工业纯、化学纯和分析纯等各种规格，纯度愈高，价格愈贵。在有机合成中，常常根据反应的特点和要求，选用适当规格的溶剂，以便使反应能够顺利地进行而又符合低成本的原则。某些有机反应(如 Grignard 反应等)，对溶剂要求较高，即使微量杂质或水分的存在，也会对反应速率、产率和纯度带来一定的影响。由于有机合成中使用溶剂的量都比较大，若仅依靠购买市售纯品，不仅价格较高，有时也不一定能满足反应的要求。因此了解有机溶剂性质及纯化方法，是十分重要的。有机溶剂的纯化，是有机合成工作的一项基本操作，这里介绍了市售的普通溶剂在实验室条件下常用的纯化方法。

1. 无水乙醚(absolute ether)

bp 34.5℃，n_D^{20} 1.352 6，d_4^{20} 0.713 78

普通乙醚中含有一定量的水、乙醇及少量过氧化物等杂质，这对于要求以无水乙醚作溶剂的反应(如 Grignard 反应)，不仅影响反应的进行，且易发生危险。试剂级的无水乙醚，往往也不合要求，且价格较贵，因此在实验中常需自行制备。制备无水乙醚时首先要检验有无过氧化物。为此取少量乙醚与等体积的2%碘化钾溶液，加入几滴稀盐酸一起摇振，若能使淀粉溶液呈紫色或蓝色，即证明有过氧化物存在。除去过氧化物可在分液漏斗中加入普通乙醚和相当于乙醚体积1/5的新配制硫酸亚铁溶液，剧烈摇振后，静置分去水层。除去过氧化物后，按照下述操作进行精制。

在250 mL圆底烧瓶中，放置100 mL除去过氧化物的普通乙醚和3～4粒沸石，装上冷凝管。冷凝管上端通过一带有侧槽的橡胶塞，插入盛有10 mL浓硫酸的滴液漏斗，将浓硫酸慢慢滴入乙醚中，由于脱水作用所产生的热会使乙醚自行沸腾。加完后摇动反应物。

待乙醚停止沸腾后，拆下冷凝管，加入沸石，改成蒸馏装置。在收集乙醚的接收瓶支管上连接一个氯化钙干燥管，并用与干燥管连接的橡皮管把乙醚蒸气导入水槽。用事先准备好的水浴加热蒸馏。蒸馏速度不宜太快，以免乙醚蒸气冷凝不下来而逸散室内。当收集到约70 mL乙醚，且蒸馏速度显著变慢时，即可停止蒸馏。瓶内所剩残液，倒入指定的回收瓶中，切不可将水加入残液中。

将蒸馏收集的乙醚倒入干燥的锥形瓶中，加入1 g钠屑或1 g钠丝，然后用带有氯化钙干燥管的橡胶塞塞住或在橡胶塞中插入一末端拉成毛细管的玻璃管，这样可以防止潮气侵入并可使产生的气泡逸出。放置24 h以上，使乙醚中残留的少量水和乙醇转化为氢氧化钠和乙醇钠。如不再有气泡逸出，同时钠的表面较好，则可储放备用。如放置后，金属钠表面已全部发生作用，需重新加入少量钠丝，放置至无气泡发生。这种无水乙醚符合一般无水要求。

2. 无水甲醇(absolute methyl alcohol)

bp 64.96℃，n_D^{20} 1.328 8，d_4^{20} 0.791 4

市售的甲醇都由合成而来，含水量不超过0.5%～1%。由于甲醇和水不能形成共沸点的混合物，为此可借高效的精馏柱将少量水除去。精制甲醇含有0.02%的丙酮和0.1%的水，一般已可应用。如要制得无水甲醇，可用金属镁处理的方法(见本书“绝对乙醇的制备”部分)。若含水量低于0.1%，亦可用3A或4A型分子筛干燥。甲醇有毒，处理时应避免吸入其蒸气。

3. 苯(benzene)

bp 80.1℃，n_D^{20} 1.501 1，d_4^{20} 0.878 65

普通苯含有少量的水(可达0.02%)，由煤焦油加工得来的苯还含有少量噻吩(沸点84℃)，不能用分馏或分步结晶等方法分离除去。为制得无水无噻吩的苯可采用下列方法：在分液漏斗内将普通苯及相当苯体积15%的浓硫酸一起摇荡，摇荡后将混合物静置，弃去下层的酸液，再加入新的浓硫酸，这样重复操作直至酸层呈现无色或淡黄色，且检验无噻吩为止。分去酸层，苯层依次用水、10%碳酸钠溶液、水洗涤，用氯化钙干燥，蒸馏，收集80℃的馏分。若要高度干燥可加入钠丝(见“无水乙醚”的处理方法)进一步去水。由石油加工得来的苯一般可省去除噻吩的步骤。噻吩的检验方法：在试管中加入5滴苯，然后加入5滴浓硫酸及1～2滴1% α,β-吲哚醌-浓硫酸溶液，振荡片刻。如溶液呈墨绿色或蓝色，表示有噻吩存在。

4. 丙酮(acetone)

bp 56.2℃，n_D^{20} 1.358 8，d_4^{20} 0.789 9

普通丙酮中往往含有少量水及甲醇、乙醛等还原性杂质，可用下列方法精制：

(1)在 100 mL 丙酮中加入 0.5 g 高锰酸钾回流,以除去还原性杂质,若高锰酸钾紫色很快消失,需要再加入少量高锰酸钾继续回流,直至紫色不再消失为止。蒸出丙酮,用无水碳酸钾或无水硫酸钙干燥,过滤,蒸馏收集 55～56.5℃的馏分。

(2)于 100 mL 丙酮中加入 4 mL 10%硝酸银溶液及 35 mL 0.1 mol/L 氢氧化钠溶液,振荡 10 min,除去还原性杂质。过滤,滤液用无水硫酸钙干燥后,蒸馏收集 55～56.5℃的馏分。

5. 乙酸乙酯(ethyl acetate)

bp 77.06℃, n_D^{20} 1.372 3, d_4^{20} 0.900 3

市售的乙酸乙酯中含有少量水、乙醇和醋酸,可用下述方法精制:

(1)于 100 mL 乙酸乙酯中加入 10 mL 醋酸酐,1 滴浓硫酸,加热回流 4 h,除去乙醇及水等杂质,然后进行分馏。馏出液用 2～3 g 无水碳酸钾振荡干燥后蒸馏,馏分的沸点为 77℃,纯度达 99.7%。

(2)将乙酸乙酯先用等体积 5%碳酸钠溶液洗涤,再用饱和氯化钙溶液洗涤,然后用无水碳酸钾干燥后蒸馏。

6. 二硫化碳(carbon disulfide)

bp 46.25℃, n_D^{20} 1.631 89, d_4^{20} 1.266 1

二硫化碳为有较高毒性的液体(能使血液和神经中毒),它具有高度的挥发性和易燃性,所以使用时必须十分小心,避免接触其蒸气。一般有机合成实验中对二硫化碳要求不高,可在普通二硫化碳中加入少量研碎的无水氯化钙,干燥后滤去干燥剂,然后在水浴中蒸馏收集。若要制得较纯的二硫化碳,则需将试剂级的二硫化碳用 0.5%高锰酸钾水溶液洗涤 3 次,除去硫化氢,再用汞不断振荡除去硫,最后用 2.5%硫酸汞溶液洗涤,除去剩余的硫化氢,再经氯化钙干燥,蒸馏收集。

7. 氯仿(chloroform)

bp 61.7℃, n_D^{20} 1.445 9, d_4^{20} 1.483 2

普通用的氯仿含有 1%的乙醇,这是为了防止氯仿分解为有毒的光气,作为稳定剂加进去的。为了除去乙醇,可以将氯仿用一半体积的水振荡数次,然后分出下层氯仿,用无水氯化钙干燥数小时后蒸馏。

另一种精制方法是将氯仿与少量浓硫酸一起振荡两三次。每 1 000 mL 氯仿,用浓硫酸 50 mL。分去酸层以后的氯仿用水洗涤,干燥,然后蒸馏。除去乙醇的无水氯仿应保存于棕色瓶子里,并且不要见光,以免分解。

8. 石油醚(petroleum)

石油醚为轻质石油产品,是低相对分子质量烃类(主要是戊烷和己烷)的混合物。其沸程为 30～150℃,收集的温度区间一般为 30℃左右,如有 30～60℃、60～90℃、90～120℃等沸程规格的石油醚。石油醚中含有少量不饱和烃,沸点与烷烃相近,用蒸馏法无法分离,必要时可用浓硫酸和高锰酸钾把它除去。通常将石油醚用其体积 1/10 的浓硫酸洗涤两三次,再用 10%的硫酸加入高锰酸钾配成的饱和溶液洗涤,直至水层中的紫色不再消失为止。然后再用水洗,经无水氯化钙干燥后蒸馏。如要绝对干燥的石油醚则加入钠丝(见“无水乙醚”)。

9. 吡啶(pyridine)

bp 115.5℃, n_D^{20} 1.509 5, d_4^{20} 0.981 9

分析纯的吡啶含有少量水分可供一般应用。如要制得无水吡啶,可与粒状氢氧化钾或氢氧化钠一起回流,然后隔绝潮气蒸出。干燥的吡啶吸水性很强,保存时应将容器口用石蜡封好。

10. *N*,*N*-二甲基甲酰胺(*N*, *N*-dimethyl formamide,DMF)

bp 149～156℃, n_D^{20} 1.430 5, d_4^{20} 0.948 7

N,*N*-二甲基甲酰胺含有少量水分。在常压蒸馏时有少量分解,产生二甲胺与一氧化碳。若有酸或碱存在时,分解加快。由于加入固体氢氧化钾或氢氧化钠在室温放置数小时后,即有部分分解。因此,最好用硫酸钙、硫酸镁、氧化钡、硅胶或分子筛干燥,然后减压蒸馏,收集 76℃/4.79 kPa(36 mmHg)的馏分。如其中含水较多时,可加入 1/10 体积的苯,在常压及 80℃以下蒸去水和苯,然后用硫酸镁或氧化钡干燥,再进行减压蒸馏。*N*,*N*-二甲基甲酰胺中如有游离胺存在,可用 2,4-二硝基氟苯产生颜色来检验。

11. 四氢呋喃(tetrahydrofuran,THF)

bp 67℃, n_D^{20} 1.405 0, d_4^{20} 0.889 2

四氢呋喃具乙醚气味的无色透明液体,市售的四氢呋喃常含有少量水分及过氧化物。如要制得无水四氢呋喃可与氢化锂铝在隔绝潮气下回流(通常 1 000 mL 需 2～4 g 氢化锂铝)除去其中的水和过氧化物,然后在常压下蒸馏,收集 66℃的馏分。精制后的液体应在氮气气氛中保存,如需较久放置,应加 0.025% 4-甲基-2,6-二叔丁基苯酚作抗氧化剂。处理四氢呋喃时,应先用小量进行实验,以确定只有少量水和过氧化物,方可进行大量处理。

四氢呋喃中的过氧化物可用酸化的碘化钾溶液来检验。如过氧化物很多,应另行处理为宜。

12. 二甲亚砜(dimethyl sulfone,DMSO)

bp 189℃(mp18.5℃), n_D^{20} 1.478 3, d_4^{20} 1.095 4

二甲亚砜为无色、无嗅、微带苦味的吸湿性液体。常压下加热至沸腾可部分分解。市售试剂级二甲亚砜含水量约为 1%,通常先减压蒸馏,然后用 4A 型分子筛干燥;或用氢化钙粉末搅拌 4～8 h,再减压蒸馏收集 64～65℃/533 Pa(4 mmHg)馏分。蒸馏时,温度不宜高于 90℃,否则会发生歧化反应生成二甲砜和二甲硫醚。二甲亚砜与某些物质混合时可能发生爆炸,例如氢化钠、高碘酸或高氯酸镁等,应予注意。

13. 二氧六环(dioxane)

bp 101.5℃(mp12℃), n_D^{20} 1.422 4, d_4^{20} 1.033 6

二氧六环作用与醚相似,可以与水任意混合。普通二氧六环中含有少量二乙醇缩醛与水,久贮的二氧六环还可能含有过氧化物。二氧六环的纯化,一般加入质量分数为 10%的盐酸回流 3 h,同时慢慢通入氮气,以除去生成的乙醛,冷至室温,加入粒状氢氧化钾直至不再溶解。然后分去水层,用粒状氢氧化钾干燥过夜后,过滤,再加金属钠加热回流数小时,蒸馏后压入钠丝保存。

14. 1,2-二氯乙烷(1,2-dichloro ethane)

bp 83.4℃, n_D^{20} 1.444 8, d_4^{20} 1.253 1

1,2-二氯乙烷为无色油状液体,有芳香味。其1份溶于120份(体积)水中,与之形成恒沸混合物,沸点72℃,其中含81.5%的1,2-二氯乙烷。可与乙醇、乙醚、氯仿等相混溶。在结晶和提取时是有用的溶剂,比常用的含氯有机溶剂更为活泼。一般纯化可依次用浓硫酸、水、稀碱溶液和水洗涤,用无水氯化钙干燥或加入五氧化二磷分馏即可。

参考文献

[1] 孙景琦. 有机化学实验. 北京：中国农业出版社，2015.
[2] 兰州大学. 有机化学实验. 3版. 北京：高等教育出版社，2010.
[3] 张敏. 基础化学实验教程. 长春：吉林大学出版社，2005.
[4] 周建峰. 有机化学实验. 上海：华东理工大学出版社，2002.
[5] 北京大学化学学院. 有机化学实验. 2版. 北京：北京大学出版社，2004.
[6] 常英杰. 有机化学实验指导. 呼和浩特：内蒙古人民出版社，2004.
[7] 侯士聪. 基础有机化学实验. 北京：中国农业大学出版社，2006.
[8] 刘湘，刘士荣. 有机化学实验. 北京：化学工业出版社，2007.
[9] 薛思佳，季萍. 有机化学实验. 北京：科学出版社，2007.